U0185039

跟着节气过日子

一个人的二十年节气笔记

乔忠延 著

山西出版传媒集团 北岳文艺出版社 ·太原

图书在版编目(CIP)数据

跟着节气过日子:一个人的二十年节气笔记 / 乔忠延著. — 太原:北岳文艺出版社, 2021.9
ISBN 978-7-5378-6436-7

Ⅰ. ①跟… Ⅱ. ①乔… Ⅲ. ①二十四节气—基本知识 Ⅳ. ①P462

中国版本图书馆CIP数据核字(2021)第174708号

跟着节气过日子
——一个人的二十年节气笔记
乔忠延 著

//

出品人
郭文礼

选题策划
韩玉峰
古卫红

责任编辑
韩玉峰

书籍设计
张永文

印装监制
郭 勇

出版发行:山西出版传媒集团·北岳文艺出版社
地址:山西省太原市并州南路57号
邮编:030012
电话:0351-5628696(发行部) 0351-5628688(总编室)
传真:0351-5628680
经销商:新华书店
印刷装订:山西人民印刷有限责任公司

开本:787mm × 1092mm 1/16
字数:300千字 印张:22
版次:2021年9月第1版
印次:2021年9月山西第1次印刷
书号:ISBN 978-7-5378-6436-7
定价:56.00元

心灵的浪花（代序）

一九九九年的立秋时节，我写下了第一则节气笔记。现在回味，那一则不乏意趣："秋天带着斩钉截铁之势果断来了。"为何这样落笔？缘于这个夏天连续四十天没有下雨，天气热得怕人。白昼室外骄阳如火，夜晚屋内闷热难熬。可就在立秋的这天夜里，电闪雷鸣，暴雨倾盆，粉碎了盘踞多日的酷热。真如老辈人所说，节气不饶人。

也许当时看来，天气变化，温度升降，实属正常，如此走笔实在意义不大。如今二十个年头过去，每一个节气都有一篇三百字左右的笔记，回味这些文字，里面不只是天气阴晴，还有人生圆缺。这与气象部门仪表上抄录下来的数字截然不同，带着我的脉跳，带着我的体温。如果把这也看作气象资料，应该加上人文两个字。一次我去浮山县与临汾市气象局延雪花局长偶然相遇，谈及节气文章，她很惊喜，告诉我时光不会复得，这些资料无比珍贵。

延局长既是领导，又是专家，她认为珍贵，我受宠若惊，未料一件不经意的小事，居然会有非凡价值。回眸往事，自己为何要写节气笔记？那时，我探究中国传统文化，尤其是尧文化已经十年有余。十年间有个突出感受，别看我国现在属于发展中国家，与发达国家相比，处于追随状态，可我们曾经领跑于人类。在狩猎文明向农耕文明过渡时，我们不仅不落后，还处于领先地位。是什么动力推进了中华民族的跨越？就是二十四节气。打开《古诗源》有一首诗《康衢谣》：

"立我烝民，莫匪而极。不识不知，顺帝之则。"乍看有些不解，"不识不知，顺帝之则"，是要那些不识不知的平民顺从何帝之则？这个问题毋需我来回答。《论语·泰伯》记载："唯天为大，唯尧则之。"清楚了吧，是顺从帝尧的法则即可。那顺从帝尧的什么法则？《尚书·尧典》做了回答："乃命羲和，钦若昊天，历象日月星辰，敬授民时。"原来帝尧命令羲氏、和氏观天测时，钦定了最早的历法。而且，再往下阅读，还可以看出那时已经确定了春分、秋分，夏至、冬至。这二分二至对于春种、夏耘、秋收、冬藏关系至殷，也就是说，帝尧带领先民最早窥探出了上天的秘密法则，用于农业播种，推动我们的先祖由狩猎文明向农耕文明的大步跨越。那是距今四千三百年前，居住在这个星球上的人类，更多的人还在茹毛饮血，而中华先祖的食物已经以粟米为主了。可以自豪地说，那时我们领跑于人类。这种认识化作动力，驱使我开始写作节气笔记。

节气笔记一篇一篇写下去，写了十年，写了十五年，还在写。非但没有罢手的意思，还感到自己觉醒得太晚，要是十几岁动笔，可能会写一个甲子。将六十年轮回的节气对应比较，是否可以触摸温度的变化的规律？人生苦短，这个目标无法在我的手里实现了，此时才真正感到短得不无遗憾。好在已经写了十多年，那就坚持下去。即使如此坚定写下去的信念，也不会想到节气会成为中华文明的一个辉煌亮点。

二〇一六年十一月三十日，我应杭州文友的邀请前去讲授散文写作。课后，热心的朋友领我观瞻，看什么地方呢？西湖风光好，可阴阴晴晴都看过了；灵隐寺庙大，可早早晚晚都拜过了；西溪湿地美，可水路旱路都走过了，一时不知该去啥地方。朋友也不说破，上车载着我即走。及至停车，看得我咂嘴吐舌。到达的是G20领导人峰会的会场，皇皇建筑，巍峨坐落，体量巨大，风格现代，真不失一个大国的风度气派。最令我欣喜的是，宴会厅墙上的每一幅画都是一个节气，整整二十四幅，画出了一年的时令。我在陋室写节气，这里的大厅画节气，向世界展示节气，节气诚如我所认识的那样，确实是民族史，乃至世界史的一座里程碑。

我的欣喜绝不止于此，这天晚上回到下榻的宾馆，打开电视机一看，播音员正在播送：联合国教科文组织，批准中国申报的“二十四节气”列入人类非物质文化遗产名录。这哪能仅是欣喜，简直能让我跳跃起来，即使是一个人也想来他一把狂欢。

次日《人民日报》报道：“二十四节气”是中国人通过观察太阳周年运动，认知一年中时令、气候、物候等方面变化规律所形成的知识体系和社会实践。它指导着传统农业生产和日常生活，是中国传统历法体系及其相关实践活动的重要组成部分。这一时间认知体系被誉为“中国的第五大发明”。

第五大发明，只是就认知定位的时间而言，若是从发明的迟早排序，那二十四节气肯定是第一大发明。气象学家竺可桢先生在《天道与人文》中指出：“四季之递嬗，中国知之极早，二至、二分，已见于《尚书·尧典》。”早到何时？当然就是帝尧那时。那时中国在这个星球上可不是现在的地位，是人类文明的领跑者，而不是并行者，更不是追随者。因为，帝尧观天测时，确定节气，打通了天地之间的关系，释放出了最大的生产力。这前所未有的举止，这前所未有的创新，成为社会进步的能源，成为社会发展的活力。

是呀，帝尧“钦定历法”，催生了最初的国家，他的部族变为“唐国”。帝尧“敬授民时”，推进各部族向国家演化，一时间唐国周边万国林立，唐国恰好处于万国林立的国中之国。历史学家苏秉琦先生曾说，“中国”一词就是“国中之国”的简称。毫无疑问，古“中国”是帝尧“敬授民时”的产物，堪称最早的命运共同体。各美其美，美人之美，美美与共，天下大同，这正是中国优秀传统文化的精髓和精神标识。

中国传统文化推崇天地人合一，帝尧揭示上天的法则，以此指导种地取食，岂不是最早的天地人合一？无疑，这一创举也可视为天地人合一的文化根脉。“二十四节气”列入人类非物质文化遗产名录，标志着我国的上古文明在世界史上拥有了应有的地位。

回首往昔，真有点庆幸，庆幸在二十年前的秋日，我开始写下了第一则节气笔记，开始了生命与时令共舞的历程。如今，将这些笔记集束在一起，供专家研究气象变化，供世人鉴赏节气差异，不亦乐乎？乐乎，实在乐乎！

更为快乐的是，临汾市气象局的同仁们比我的视点更开阔、更敏锐。他们不只埋头做好当地气象预报工作，而且高瞻远瞩，力图为新时代输入文化自信和科技兴国的动力，早就开始了对历法、节气的探索、研究。我在为二十四节气列入世界非物质文化遗产名录而陶醉、欣慰时，他们已经开始行动，将临汾的历史文化宝库打开，对接典籍，依托考古，积极申报历法之源、节气之源。而且，此事得到临汾市委、市政府领导的重视，组成专家团队，正在付诸实施。正由于这样，我的节气笔记才能得到赏识，经他们策划步入结集出版进程。一个人的力量是有限的，能够加入他们的合唱，让节气笔记焕发时代光芒，确实是一件令人兴奋的事，为此我向他们表示衷心的谢意！

二〇一九年十月二十六日　尘泥村

目录

001-086

087-170

171–254

255-338

立春

二〇〇〇—二〇一九

窗外风不寒，迎春花爆开。
冰河在解冻，春天正到来。

桃红又见一年春

问山川沟壑，哪一种花的开放亮如火炬，可以消融遍地的寂寥？

桃花，桃花。

问江河湖泊，哪一种花的开放暖如艳阳，可以驱逐漫天的寒凉？

桃花，桃花。

如此说来，要是遴选春天的形象大使，那就非桃花莫属了？确实非桃花莫属。

且慢，在先祖的典籍里，梅花才是报告春天到来的信使，君不见王安石有诗写道："华发寻春喜见梅。"别急，你再往下看，王安石接着写下的是"一株临路雪倍堆"。既然临路雪倍堆，凌寒锁大地，那么春天在何处？是呀，梅花开时根本看不见春天的踪影。所谓信使，只是人们触景生情，见花思春，将对春天的热望寄寓于梅花而已。

倘若如此，那春天的使者该是迎春花了。当那屑碎的花朵出现在崖畔，不无乍泄春光的意趣，似乎春光就要到来，春光就在眼前。可是，先不要着急，迎春花的那个迎字便暴露了小黄花早开的隐秘，开是开得早，早早绽放不是与春天结伴同至，而是先行一步迎接春天的光临。君不见，白居易写下的诗句是"金英翠萼带春寒"，迎春花开放时天气仍然寒冷，冷到何种程度？宋人韩琦笔下的《中书东厅迎春》回答了这个问题："覆阑纤弱绿条长，带雪冲寒折嫩黄。"哦哟，白雪压枝条，寒冷得几乎能摧折嫩黄的花朵！

梅花的绽放，迎春花的爆开，都无法把冬寒的营垒攻陷。即使时光已是立春节令，即使杏花也粉嘟嘟吐露芳容，春天仍没有扎稳自个的营寨。春天的到来就是这般艰难，不断与酷寒柔道较劲。江南暖风悄然来，春天轻盈地迈进一步。西北寒流复又归，春天知趣地倒退几步。按照常理，既然造物主已把季节划给春天，春天就该抖起威风，鸣春雷，响霹雳，与寒流来个将对将，兵对兵，杀尔个翻天覆地鲜血红。才不呢，春天才不呢，才不会和那个冷面杀手争高低，比输赢。就是赢了又能如何？不知有多少凡俗草芥会生灵涂炭。春天不会以温馨的名义制造苦难，更不会以热望的目标激化苦难。春天用一份宽怀，两般忍耐，三舍退避，委曲求全。退避，退让，退后，退得寒流得意了，松懈了，迷醉了，春天再悄悄把无限温润撒向人寰。不过，寒流也不那么好糊弄，一旦苏醒，就会卷土重来。卷土重来，铺天盖地，春天只好再退避三舍，让出曾经温暖过的地盘。

你来我往，我往你来，直到有一天桃花开了，春天也就锁定了自个儿的营盘。这时候，冬天萎靡得再也无法抖起精神，寒流零落得再也无法收拾残局，只好心悦诚服地承认失败。退却，隐忍，静待另一个秋天的到来与远去，再从头收拾旧河山。此时看吧，无处不桃花，桃花遍天涯。桃花开遍南国，“小桃灼灼柳鬖鬖，春色满江南”；桃花开遍北方，“桃花细逐杨花落，黄鸟时兼白鸟飞”。桃花开遍河边，“短短桃花临水岸，轻轻柳絮点人衣”；桃花开遍峰巅，“山上层层桃李花，云间烟火是人家”。山里，坡里，沟里，川里，一扫往日的暗淡，突兀出罕见的靓丽，颜值高得令人竞相观看。

看吧，赏花人推开门扉，走出村落，驰出城廓，踏青去，采春去，拖儿携女，扶老携幼，老老少少，络络绎绎，前不见头人，后不见末尾。走在路上是人流，聚在岸边如人潮，攀上峰峦是人山。说是去踏青，去采春，可要是没有盛开的桃花，就没有春天的鲜艳，哪里还有赏景的兴味！是呀，桃花，自然天成的桃花，确实美不胜收。远望，灿若云霞，流光溢彩；近观，亮如蛾眉，风姿绰约。禁不住想吟诗，吟诵“桃花满陌千里红”；禁不住想绘画，绘出“不分桃花红胜锦”；禁不住想饮酒，“饮作桃花上面红”。这时候，任谁也得承认“桃花春色暖先开”。甚至，不由自主地翘起拇指点赞，桃花真乃温煦春天的圣火。

点过了，赞过了，再细细品鉴，却只见那桃花，花朵并不大，花瓣并不厚，轻轻柔柔，菲菲薄薄，却怎能有如此火热的能量？蓦然醒悟，是想起夸父逐日的神话。《山海经·海外北经》载：“夸父与日逐走，入日；渴，欲得饮，饮于河渭；河渭不足，北饮大泽。未至，道渴而死。弃其杖，化为邓林。”邓林者，桃树林也。原来这桃花出身不凡，是夸父手中那根拐杖的化身。夸父追赶太阳，快要赶上了，却口渴难忍，喝干黄河，喝干渭河，还不解渴，前往北方的大泽喝水，未到，却渴死在中途。他伟岸的身躯悲壮地倒下了，那相伴他集聚了无限热能的拐杖也悲壮地倒下了。倒下的地方，萌发了嫩芽，长出了桃树。桃树，原来是夸父的英魂，拐杖的化身；桃花，爆开了夸父的盖世豪气，超凡热能。

桃花将这热能，赐予高山，高山暖；赐予平川，平川暖；赐予江河，江河暖。哦，一岁枯草今又荣，百般红紫斗芳菲，千里莺啼绿映红，万条垂下绿丝绦，真真是摧枯拉朽满眼新，满眼新！

怪不得早有诗人吟诵：桃红又见一年春！

而我早被春光灌醉了，醉得一遍又一遍重复：桃花魂，桃花魂！

2000 年 2 月 4 日 · 农历腊月二十九 · 星期五

立春这日，天有些阴，温度上不来，路边的积雪消了没咋点儿，又凝住了。天气不如昨日好，昨日的大太阳，今天不见了，也就寒寒的。

想这春天的确来之不易。原以为春临大地，必然春光明媚，立时会暖洋洋的。人们可以松松筋骨，走出户外，呼吸一下变软、变润的空气。没想到刚刚临近的一点暖意，又被寒意驱逐远了。的确，春天来的不是一帆风顺，不是轻而易举，而是拼杀来的，冲刺来的，一路上斩关夺隘，攻克了一个又一个寒冷的城堡，才将暖流送过来。

次日是春节，大家都盼是个好日子。好日子要有好心情，好心情需要好天气。晚上看电视，尤其关心天气预报。预报时却看见有云团覆盖，像是要下雪。因而，看着春节晚会的节目，心里仍惦着明日的事情，稍稍有些不安。

一早，天灰灰的。太阳上来时红红的，无光，只有不刺目的颜色。尧庙庙会开幕式悠悠地进行着，天气无碍。一颗悬着的心放下了，尧庙修复之后，一心想着丰富人们的文化生活，并推动旅游，增加收入，因而首倡春节庙会。有人担心办不成，我也就提着心。好在办成了，人比想得要多。

正午的时候，太阳亮了，光色暖了，大地温热了，积雪和冰凌融化了，人们出来了，来赶春，赶会，庙里庙外，涌动着人潮。

细想，方悟立春了，这个春天太好了。初一夜喜记。

2001 年 2 月 4 日 · 农历正月十二 · 星期日

尧庙从昨日起有社火。一大早到了广场，挺冷的，游人不多。

天不亮豁，有云有雾，村里人说是铁疤般天气，干冷。

社火开始，看着看着，太阳居然出来了，红红的，晒得暖了。忽然想起今日立春。

下午天色更好，驱车去河津，往南走，雪消完了，田里的麦子返青了。麦苗长出了黄叶，绿绿的。

立春，总算挣出冬寒的重围，走向温热了。

但是，天气预报明日还有雪，真有吗？那气温就不是渐变了，而是拉锯了，是寒和暖拔河，一会儿寒气占上风，一会儿暖流占上风。立春当日手记。

2002年2月4日 · 农历腊月二十三 · 星期一

立春似乎成了一种形式。

其实，不用立春，春早光临了，而且，完全落脚在北国风光里了。除了暗夜和早晨还有些寒意，上午、下午都是暖的。

暖冬是人们对这个冬天的总印象。

也冷过几天，但不长久。寒冷是这个世界的过客，如果是冬天的主管，那他准是位敷衍塞责的主管，匆匆忙忙自北向南走上一遍，就可以向东家交差了。当然，这只是我的臆想，但不冷却是铁定的事实。

立春了，天暖了，新鲜的日子会更为称心如意。春节走笔。

2003年2月4日 · 农历正月初四 · 星期二

眼看着立春临近了，却落了一场雪。那是腊月二十八，傍晚时分，天上飘开雪花，不甚大，却絮絮繁繁下个不停。第二日一早，外面亮亮的，就知道夜里下雪了。

原以为，这一落雪，天就寒了，要过个寒春了。可是，春天就是春天，很快就化完了白雪，暖融着天地，待到立春这天，天亮堂得奇蓝，风柔和得缠绵，真是个好日子。

这夜回家晚了，炉火小了，熄了，懒得再去点燃，就苫一条毛毯于被子上，睡了。睡时还有些怕冷，没想到一夜暖烘烘的。

民谚说得好，打了春，被窝里温。立春次日谨记。

2004年2月4日 · 农历正月十四 · 星期三

大风卷着沙尘在阔野里疯跑，跑进了山旮旯里仍然疯跑。我从楼上下来，立即缭乱了我的头发，掀开了我的袄角，好冷！

风依然是冬天的风，触到脸上，如同刮起了河面上刚结凝的那层薄冰，利茬茬的，能划开一道口子。风是尖利的刀刃，刺刮出疼痛。

这哪里有点儿立春的意思？

没有。冬天不忍自己固守了数月的城堡崩溃，派出精兵强将，发动冲击，竭力要将南方的暖流截堵回去。果真暖流没来，人人都说天寒。

隔一日仍有风，风仍是西北风，仍是冷的，却是春天了。天很晴朗，阳光也浓稠了好多，照着人有些温润。夜里睡觉仍像往日苫了被子，却有些燠热，只好掀去。

春暖虽然没有张牙舞爪，却无声无息地来了。而且，就在那冷风的肆虐中来了。七日忽想，真不知道她是如何来的？

2005年2月4日 · 农历腊月二十六 · 星期五

等春天，等了好些日子。这是个春节前到来的春天。春天到来预示着温暖到来了，能过一个暖洋洋的春节了。

这些天是以暖洋洋的温情等春天的。前数天虽然降了一场雪，但天不算寒，很快就消融干净了。以后，气温一直平和，似乎是在迎接春天的到来。然而，春天竟用冬天的模样到来了。

一早阴沉沉的。去参加王卫母亲的遗体告别仪式，站了一个多小时，冻得浑身寒瑟瑟的，看别人鼻尖红了，莫非自己也成了那样？

下午阴得更沉重，还有凛冽的寒风。于是，盼第二天会有点儿春天的意味，以免让人太失望。

然而，失望又一次降临了！

今日阴得更重，还有丝丝缕缕的小雪花。和小平下楼打羽毛球，迎风走着，风吹进衣襟，确实冷。

晚上看电视气象预报，明天还有大雪，天会更寒。

2006年2月4日 · 农历正月初七 · 星期六

今年的立春是一篇经典作品。

作品的成功主要在于手法，手法的特征是抛弃平缓，注重跌宕。

立春这日，天不算暖和，可是人们感到暖融融的。原因是前三天刮了一场风，扫净了漫天的阴霾，也带来了北国的寒流。虽然，寒冷是有限的，但毕竟比先前冷了。这是春节后最冷的两天。

到了立春这日，风去远了，寒流也去远了。温和又重返人间，暖暖的气候让人们喜盈盈的，见面都说：

打春了,暖了。

暖和,打春了。

可是，立春似乎觉得这样还欠生动，不知不觉又来了跃升。谁也没有注意立春的傍晚天色有什么变化，谁也没有注意立春的夜晚浓云全面覆盖上来。然而，次日早上起来，长空白茫茫，大地白茫茫，诗意充满了天地：飞雪迎春到。

2007年2月4日 · 农历腊月十七 · 星期日

立春似乎是从这天开始的，走在地上已感到了春天的气息，地面多了绵绒，少了僵硬，踏上去很舒服。最令人舒心的是风了，风不再尖利了，变绒和了，吹到了脸上只有些许的凉，而不是冷。

可是，立春已过去了一周。

一周来，忙着筹划办理丁丁的婚事，从确定时间到八日完婚，仅有二十天的时间，要粉刷家，要购置新家俱，要准备一切事宜，忙得不可开交。若要用个词语，该是晕头转向。知道哪日立春，却无暇品味立春的味道。

立春就这么与我擦肩而过了。

当我松口气，直起腰，想要观望立春时，她早已去远了。只记得那日暖和平缓，而七日却下了雨，八日还起了不小的雾。雨让天气稍凉了些，可刚凉了点儿就停了，天又暖了。

2008 年 2 月 4 日 · 农历腊月二十八 · 星期一

冰天雪地，这哪里像立春。

这也是立春，是寒凝大地春意发了。

大寒以来虽然没有下雪，先前的雪至今没有消完，田野仍厚厚地覆盖着。城里的街道上若不清理，至今也消不完。消过的雪，晒不干，夜里一冷，冻成了冰。在路上行走，滑溜溜的。这才理解了谚语：三九四九冰上走。原以为冰上走，是河里结冰了，可以在上头走。年近六旬了，方才理解到是遍地成冰了。

南方遭了雪灾。大雪下个不停，高速路不通了，高压线压断了，火车不通了，广州站滞留旅客一度多达十万人。湖南郴州最为严重，断电，没断水，成了一座灾城。电视台报道，这样的暴风雪是自一九五一年有气象资料以来最为严重的一年。国家紧急救灾，领导分赴灾区，这情形让人想起二〇〇三年，那是非典，扰得国人不安。这场暴风雪，又下在腊月，在旅途急着回家的人很多。坐在家中看电视，看到南国的灾情忍不住念叨，该捐款了，应该有人组织啊！次日晨记。

2009年2月4日 · 农历正月初十 · 星期三

若有若无的细雨下了两天，润湿了去年一冬天未曾落雨下雪已经干裂了的地皮。旱地的小麦已死了不少，这点点雨不会有任何补救作用，但是空气湿润了，在外头行走呼进肺腑间有一种甜凉的感受。

过年之后连续接到了殡葬的通知，焕苗母亲病故，聪信父亲去世，宏刚母亲也走了，都是新近的事，就感到和干燥的气候有关。整整一冬天不见雪花的年头不多，偏偏去年遇上了。干旱不仅威胁到禾苗的生命，也影响人的健康，年迈体弱者闯不过这一关。

又阴了一天，到了立春这天，早上仍是阴的，中午也是阴的，正午时分太阳露脸了，光芒被薄云遮掩，淡淡的，似乎是在宣告春光来临。

傍晚同郭簃先生小叙，他很有思想，对教育的看法较为超前，自然谈得很投机。在春日与之相叙，便生出些许感慨。和思想者在一起，心田里不知不觉就播下了种子。当日欣然走笔。

2010年2月4日 · 农历腊月二十一 · 星期四

是该立春了。

连日去外头走，天不那么冷了，穿了一个冬日的外套脱了，走一走和先前一样的感觉，就知道暖和了。

暖和的日子来的很是平缓，不像冬天来临时，一个猛子扎下去就把众人都拖着进了寒窟窿。冷得一时不知该如何应对，只能硬着头皮把牙关咬紧。

可就那么一阵，过了那个入冬的关口，寒冷就不那么认真了，松气了，众人也就不那么硬撑了。中间也冷过几次，一次几日，只是冷，没有雪，在外头行走只留意扑面的寒气即可，不必像初冬那般时刻须警惕脚下的雪，和由雪凝成的冰凌。一忽闪间，寒流过去了，日子平稳了。

平稳的日子里，春天来了。

立春的次日，在大院儿里行走，吸一口气，绵绵的润肺，像是糖葫芦的味道，回屋赶紧动笔记下这种感觉。

2011年2月4日 · 农历正月初二 · 星期五

在所有的节令中，一切都可以突变，用很大的反差宣告它的到来，唯有立春不必要，只需渐变，悄悄地，不动声色地就来了。

今年的立春就是这样！

前几天还有些冷，冷一天逊于一天，待到中午的阳光绵绒而暖和了，这天就是立春。

立春不知不觉来了，到处都温情脉脉。而且，一天暖过一天，放在窗外的食物要赶紧往冰箱里移动了，否则便会变质。

正月初三，《太原晚报》傅晓玉女士发来信息，要一篇年后风情的文稿，写什么？一想就写打春牛吧！现在这活动减少了，但在往昔却是经常的。康熙时期，平阳太守还要在立春的前一天，组织人去东郊迎春牛。迎回来，安放进打牛场，立春这天鞭打破肚，里面的核桃、花生、炒豆迸溅出来，人们一拥而上，抢着吃，吃了可以消灾免难，可以五谷丰登。打春牛，寄寓了人们对新一年耕作、收获的企盼。

于是，就撰写了小文《打春牛》。正月初五谨记。

2012年2月4日 · 农历正月十三 · 星期六

立春没有立春的感觉。天空不明净，比前两天还增加了迷雾。气温没有明显回升，似乎还是老样子。这种现象可以用一种流行话概括：低调。

低调，是一种姿态，但不是谁也能够做到，不是谁也有资格。不是谁也能做到，是因为有些人一旦得势，总是尾巴比头发翘得还高；不是谁也有资格，是因为低调是对于可以高调者而言，若是本身就是弱势范畴，那低调是自卑，没有人认为是低调。如此分析，今年这春天该是最具美德的春天。

是不是？有待于以后来观察。

中午闫丽英约我和耀文君进餐，由孙锦枝作东。十年不见，据说锦枝大姐写了不少的作品，有诗词，有散文，是想让我看看散文。没想到在教育宾馆进餐，碰到了高树德诸位，真是无巧不成书啊！当日夜记。

2013 年 2 月 4 日 · 农历腊月二十四 · 星期一

想用明媚来形容立春，却没有这种兴致，实际是天气不给力。早晨站在阳台上向外望，雾蒙蒙，灰茫茫，是个阴天。好在天象瞬息万变，时近午时去财神楼，竟然有了日影。不算亮，不算明媚，但是一扫迷蒙和阴沉，也是不小的进步。在财神楼父母那里吃过饭回返，有了风，就盼再刮大些、紧些，把明媚的春光送归人间。然而，没有，及至傍晚还又变阴了。

晚上想写这篇短文，没有写，是想看看天气还有什么变化。今晨透过窗户，外面撒着一层薄雪，才知道昨晚还有寒意扑来。不过很小，不烈，没多会儿云淡了，阳光也露脸了。春天在费力走来。夜里谨记。

2014 年 2 月 4 日 · 农历正月初五 · 星期二

盼望，盼望一场雪！从立冬盼到冬至，从小寒盼到大寒，从蛇年盼到马年，雪似乎早就远离了人间，盼得人心焦无望。即使央视预报近期有雪，也不抱什么希望，好像薄薄的云被风一吹就散了。

然而，就在无数次失望后，希望漫天飞舞着来了。昨日中午小平开车从财神楼回三元新村，车在立交桥西头还没有下雪的意思，到了东头飘开零星雪屑。是雪屑，还不能称雪花。仿佛是转眼工夫，我下车来风搅着雪扑面飞来，大有来势汹汹之感。感到是要真下一场雪了！感觉没错，雪下啊下啊，飘洒到晚上八时许，天地皆白，絮起了厚重的绒衣。

连续百日无雨、无雪的日子宣告过去，旱象解除了，干燥过去了。立春就这么来临了，风风光光地来临了。

2015年2月4日 · 农历腊月十六 · 星期三

立春这日比大寒开头的那几天还冷，时令变得有点儿不可思议。

大寒应该是最寒冷的日子，却比刚入冬的时候还暖和，甚至让人感到像在正月十五过后。好在大寒没有继续敷衍塞责，赶紧打起精神，唤起冷兵来了一次扫荡，不仅冷了，还下了冬天唯一一场像样的雪。雪后一周像个数九天的样子。

如此冷着，还没有收敛起放纵的冷厉，立春便来了。因而，立春也就多是冬天的意味，少了春天的气息。

这个立春给我留下的好感是，天很晴亮。当然，这晴亮是刮风所致，自然天上不见一丝云彩，碧蓝得远远近近一个模样。还以为晴亮能维持几天，今天出去已沾染尘色。阳光没有昨日亮，天也灰灰的，只是不冷了。西北风停了。五日夜记。

2016年2月4日 · 农历腊月二十六 · 星期四

酷寒过去了，温润了好多，时令已是立春。

立春次日，刮了风，连杨树的枝杈也刮断了，可是天没加寒，只是冷。许是春风吧！

蓦然想写春风的文章，写下《春风第一吻》，找见这个题目便有了写作的动力，一个吻字可以活画春景、春意。随兴下去，完稿一看气韵不错。

趁着刮风，捡起地上的杨树枝，一看，蓓蕾鼓圆了。这不是叶芽，而是待放的花苞。树叶还未萌芽时，杨树遍挂花穗，继而满地飘落，原来不是春天才启动，而是凌寒生发。谁在严寒中不畏缩，不退却，能坚持，能生长，谁就能够挺拔。想起伟岸一词，又想起伟丈夫一词，杨树无愧。

2017 年 2 月 3 日 · 农历正月初七 · 星期五

立春没有立春的感觉，气温没有回升，反而在下降。尤其是立春后的六七两天都阴云满天，还有凉森森的风。早就希望阴了，希望能落点儿雪。去年以来，没有下过一场像模像样的雪，稍稍飘几个雪花，走个过场就应付了，这次如何？

七日晚从财神楼家中出来回三元，是有点冷，一走，走暖和了。原来，可以自身携带春天。立春最温馨的是《光明日报》整版刊发了我贺岁的文章《漫话中国文化中的“鸡”》，连续第四个年头了。写这篇笔记时，已收到了《人民日报》董宏君主任的短信，今日将整版推出我的文章《激活罗布泊》。

春从心中事来，春从键盘出，也暖人。八日晨记。

2018 年 2 月 4 日 · 农历腊月十九 · 星期日

春来早！春来好！

春来早，是腊月十九就已立春，即使不是最早，也算够早。

春来好，是天气好，长空碧蓝，阳光亮丽，视野开阔，气象不凡。

这仅为外表，内涵却难以与春天对应。春天的内涵应该是温暖，给人以温润是本质，然而，这个立春没有暖意，非但没有暖意，还比前些日冷了几分。原因是在刮风，风自西伯利亚来，带着寒流来的，而且源源不断，连续四天了。好处是扫尽了雾霾，长空碧蓝如洗，可以放心呼吸。当然，寒流也吹走了与雾霾同住的暖意，将立春装扮成威严肃立的模样。

岁岁年年春会来，年年岁岁春不同。文化的升温让我无法闲逸，前天电视台录制贺新春节目，昨日又为魏村羊舍村策划春秋文化广场。明天要去同盛实验学校讲尧文化，这倒有点文化破冰的样子。

2019年2月4日 · 农历腊月三十 · 星期一

这几天口腔有些发炎，上火了，原因何在？仔细一想是被子有些厚，睡醒来有点热。没有在意，继续盖这床被子。更没有在意，这是天气升温了。

立春，就渐渐光临了，光临在除夕。

中午去财神楼，出门时戴着口罩。行走一段，浑身发热，天气晴好，不见雾霾，干脆摘掉。到了平阳广场，摆摊卖对联、灯笼、贴花的很多，铺陈出新年气氛。接近财神楼商业街，摊点几乎都还没撤，卖的，买的，人都不少。未入腊月就有人置办年货，增添用品，已到年根还有人在买。

大年来临了，一早起床，窗外亮堂，虽不是蓝天白云，但雾霾不算严重，一个崭新的大年开启了，敲击记之。虚岁七十从今天开始。

雨水

二〇〇〇—二〇一九

细雨润发丝，阔野草木绿。
溪畔黄牛吼，杏花开满枝。

雨水有雨春意浓

“春前有雨花开早，秋后无霜叶落迟。”

古人遗留下的这副楹联，活画了春秋时节的自然景象。往昔我对这副楹联颇为赞赏。年龄渐长，竟然挑剔开其中隐藏的缺陷。从楹联的视角看，固然无可挑剔，若是以自然变迁的眼光审视，就有些牵强附会。春前有雨的概率极小，不是那时不下雨，而是由于气温尚未转暖，降落的雨滴会变成飘飘洒洒的雪花。可要是说成春前有雪花开早，那又不符合天地法则。下雪说明气温在零度之下，这样的低温草木无法复苏，何谈生长？而气温转暖立春是一个明显标志，所以准确的说法应是春来有雨花开早。可要是这么改动，整副楹联就不会那么工整了。

不必苛求这副楹联的准确与否，“春前有雨花开早”真是道出了一个自然秘籍，雨是春天的乳汁，可以滋润万物生长。按说立春就是大地转暖的界线，从这天起阴云落下的就不再是雪花，而是雨滴。然而，时令界线决不似泾渭那般分明，寒冽的北风常常越界，会把雨滴搅合成雪花。那么到了何时寒风的利爪就很难伸过来了呢？古人在立春后设定了一个较为可靠的节气，这就是：雨水。

雨水一到，说明春天已经站稳了脚跟，不会再让寒流肆虐属下的花草。即使寒流偶有越境，也会迅速被温暖击败。可以肯定地说，雨水节气一到，供养万物生长的主要能源就是雨水，当然这时候称作春雨最恰当不过。春雨就是花草树木蓬勃生命的最佳养分。

可是，不知缘何世人总是误解春雨，竟然乱点鸳鸯谱，将它的恩德赐予春风。别人出错也罢，诗人居然也出错。别人出错只是一时误导，诗人出错就会误导千秋万代。唐朝诗人贺知章就出错了，他写下的是：“碧玉妆成一树高，万条垂下绿丝绦。不知细叶谁裁出，二月春风似剪刀。”你看，把“万条垂下绿丝绦”的功劳直接奉送给二月春风了。好，就算是二月春风这把剪刀裁就了万千细叶，那既然要裁剪就需要有锦缎布帛，这锦缎布帛般的绿意何来，还不是春雨滋润出来的？遗憾的是出这般差错的不只是贺知章，就连白居易也出错，他那首《赋得古原草送别》便坠入这个窠臼。“离离原上草，一岁一枯荣”，这没有错，错在“野火烧不尽，春风吹又生”。难道原上草仅靠春风就能使之枯体重生？不会，必须要有春雨滋养，那才是原上草生长的内在热能。

相比之下，韩愈胜过一筹。在他眼里，“草色遥看近却无”是一年最好的景致，而且“绝胜烟柳满皇都”。这“草色遥看近却无”的景美从何而来？得益于“天街小雨润如酥”。一个“酥”字，韩愈就把春雨的无数委屈给洗刷得干干净净。酥，从酉，从禾。“酉”指“酒”。“禾”指“五谷”。“酉”与“禾”组合一体，表示像面粉加酒和糖制成的松脆点心，何其美妙！这样的食品供养闲歇了一个寒冬的根脉，岂有不蓬勃向上之理？因而，刚刚还“草色遥看近却无”，眨眼就会“绿柳才黄半未匀”，再眨眼就会“万条垂下绿丝绦”，再再眨眼就会“万紫千红春满园”。

雨水，给了草木蓬勃的生长活力。

雨水，给了春天蓬勃的生命意趣。

雨水是动力，也是标尺。用这把标尺一丈量，还可以知道年景是丰是歉。倘要是雨水如期到来，像是膏泽滋润禾苗，准会五谷丰登。倘要是雨水无雨，遍地干旱，草木禾苗有气无力，绝不会长出丰饶果实。倘要是雨水虽然无雨，却下了雪，那该比无雨要强些吧？未必。下雪是气温偏低的写照，刚露头的新芽会冻死。禾苗无法正常生长，丰收只能是梦境里的奢望。

如此打量，雨水又如一位饱经沧桑的白发长老，淅淅沥沥地讲说，天道无常，世道有理。

2000年2月18日 · 农历正月十四 · 星期五

不会想到下雨。

过年后天气一直很好，尤其是刚立春的那几日，大太阳，阔蓝天，气温一日比一日高，背阴处积攒下来的残雪几乎就要彻底融化了。人们觉得地上不硬了，开始疏松了，踏上去连浑身的骨缝里也酥酥的。

然而，昨日看天气预报，竟然有雨，去撕日历，看到了节令：雨水。

雨水就该有雨吗？预报就那么准确吗？

这一回真是应了。一早醒来，听见窗外有滴滴答答的响声。出屋四望，漫天灰褐，雨不大，稀疏地下着。真有点春雨的特点，天老爷珍视那“润如酥”的琼浆，吝吝啬啬地撒落。柏油路上光亮了，而土路上只是染深了尘色。

上午，雨停了一会儿，在尧庙要社火的人群连忙闹腾了一气。偏过午，还有朦胧的日影，不一会儿，又不见了，赶黄昏时，又有了滴滴答答的雨点。

雨水真是名副其实了。当日夜记。

2001年2月18日 · 农历正月二十六 · 星期日

天气和节气对着干了。

雨水不仅没雨，而且，暖阳高照，照出了过年以来最暖和的日子。春的气息就在那暖和里弥散到了每一个角落。背阴处的积雪消完了，暖阳下的土地解冻了，踩上去疏疏松松，有一种少有的感觉：绒和。

绒和的大地踩上去像有弹力。球场上的地面宜人得很。在上面蹦跳腾跃比平日省力得多，身心全舒展开了。

雨水的天气甚是妩媚可爱。

雨水的可爱不在于雨，而在于雨提前来过，早就给了大地该有的润泽。一旦润泽适宜，即是雨的节日，也不再落雨。这或许是对规律、规划、规定的违背，但这违背是正确的。

雨水次日欣喜记下：天气真好！

2002年2月19日 · 农历正月初八 · 星期二

雨水没有落雨的意思。

大太阳高高挂着，挂了整整一个白天。白天气温升高，高到了16℃，是过年后最暖和的一天。

天却旱了。

整个冬天没有落过一场像样的雪。雪倒是下了，下得不疼不痒，零零星星，挨着地皮就化了。地里的麦子缺水了，没有精神。气温高了，麦苗应返青生长了，却没有滋养她的水汁。

用这样的心境入梦了。

梦也是干渴的。

干渴的梦被淋湿了。湿漉漉的心猛然醒了，醒了，听见有滴滴答答的雨声，才知道，下雨了！

次日晨对着潮湿的地面想，是节气灵验，还是事出偶然？

2003年2月19日 · 农历正月十九 · 星期三

天悄悄地暖和了。正月十四还有点风寒，十五见了艳阳，天一天比一天好。渐近雨水了，莫非是要用温暖融化冰雪，遍洒春雨？

雨水却无雨。

全天亮晴，暖和成春日最暖和的日子。想想无雨也不稀奇，雨水该是天暖落雨，辞别冬雪的节令标识，不一定就非落雨不可。

夜里看电视，卫星云图上来了一大片云，重重压在了当顶，雨要来了，而且看上去来头不小。

雨是来了，二十一日晚才来的，还没有听见雨点的响声，就没了。二日又阴了一天，滴雨未落，云却无声无息地退了。真是春雨贵如油？二十五日下午谨记。

2004年2月19日 · 农历正月二十九 · 星期四

雨水没雨，却招来了雨。

雨水前四天，一天比一天暖和。过年的时候，还是严冬烈寒，这几日已春光明媚。在阳光下行走，暖烘烘的，烘热出人心里的勃发生机，觉得有无数的事要干，浑身有着干事的无限活力。雨水之日，我从水车巷出去，散步上班，走得好不爽快！

午后，天有些阴了，云不厚，薄薄的，应该说是多云。想起了气象预报说明日有雨，会吗？

今年雨难，整个正月没有落雨，也没有像样的阴过。一个晴色从头至尾。雨少了雨老，雨老了难落，很难相信，明日会下雨。

然而，今晨（雨水次日）还躺在床上，就听见窗外的滴雨声，而且雨点大，雨声紧。

春雨贵如油，好雨，好雨！

随风潜入夜，当真，当真！

2005年2月18日 · 农历正月初十 · 星期五

这是大年以后最晴亮的日子。

这是去冬以来最寒冷的日子。

去参加人大李吉秀主任的追悼会，在殡仪馆前的阔地上，冷风飕飕，人们瑟瑟，都说冷，都往人窝中凑，凑进去还是冷。

昨天下着雪，刮着风，在村南的田地里安葬大姑夫，冷，没有冷成这个样子。

三九时，在这里参加赵一先生的追悼会，冷，没有冷成这个样子。

时序有些混乱。

是有些说不来，昨日有雪，落地即化，成了雨。大前天有雪，落地即化，成了雨。而到了雨水这天，却来个了亮晴，晴得长空中没有一丝云彩，哪里会下雨呢？

不过，大年过后接二连三地下雨，今年的雨是够多了。

2006年2月19日 · 农历正月二十二 · 星期日

明媚。

这是我对今年雨水的印象。明媚对春天来说是个好日子，但是，对雨水来说却是失职了。我不能苛求雨水这日降雨，盼望近日能落点雨，让雨水像个雨水的样子。于是，等待着。

第二日，明媚。

第三日，明媚。

看来阴雨是无望了。没料到，次日起床，天上却是浓云密布，雨终于赶来了，虽然迟，来了就好。

可惜，我乐观得早了，阴沉了一天的日子转眼过去了。当再一个白昼来临时，又是个明媚的景象。

我再盼，又盼了个阴天，又有了希望，这是二十三日，我去曲沃中学送校本课程用书，天还真阴得像模像样。不过，返程时太阳稀落在田野上了。

这天，又是个明媚的春日。雨水，又失去了一次成就自我的机遇。

2007年2月19日 · 农历正月初二 · 星期一

春光明媚，是今年雨水的特征。

原以为这个雨水会降点雨，从电视上看气象预报，大年前后似乎有一个降水过程，然而，除夕的时候，天阴了那么一阵就过去了。接着，正月初一来了，天晴朗朗的。初二继续着昨日的晴朗。

正月初一和小平、新越一起去财神楼，父母今年在那边，中午一起吃团圆饭，可惜丁丁值班，一早就去了乔北站。

初二乔怡、闫峰带着速速来了，饭后我们一块去财神楼，丁丁和新越去了翼城。

明媚的阳光带来了春天的温暖，走亲戚是最佳的日子。好几年了没记得过年有这么暖和，暖和得让大年更为喜气洋洋。

这个年的确过得很好，由于年前为丁丁办喜事提前扫了家，所以有了几份从容，从容中体会年味，也体会这早临的春温。

雨水次日写这些文字，阳光透过明窗，照在桌上，纸面也添了不少温馨。

2008年2月19日 · 农历正月十三 · 星期二

雨水明丽而宁静。阳光鲜亮，高天亮蓝，一个鲜洁的时节。

没想到会是这么鲜亮的日子。头天雪花飘飘，准确说雪花早一日就飘起来了，天阴沉沉的浓重。只是寒气小了，雪花落地就化了。不光雪花化了，连年前冻成的积冰也在化。我住的九号楼前，有一溜很长的冰，就是在飞雪的这日化开的。

雪不算大，却很适时。正月初二回乡下去看姑姑，田里的雪已消完了。十天来多是艳阳当空，无疑会蒸发掉不少水分。落点雪，再补充些水分自然是好事，有助于麦苗返青。可惜的是，去年麦种晚了，苗没有发开，地里稀稀落落的，看来今年的收成难好。

难道鼠年的时运就是这样？

鼠年是在大面积雪灾中来临的，好在入年后气温日渐回升，南方的冰雪基本消融，人们恢复了正常生活。

雨水虽然没有雨，却是被一场饱含水分的雪迎来的，也好！次日上午记之。

2009年2月18日 · 农历正月二十四 · 星期三

雨水真有雨。一早起来阴沉沉的，以为要下雨。但是，到了午间居然有了些阳光。似乎天要晴了，不料午后转阴了，接着下起了小雨。虽然不大，地皮湿了。如此小雨，改善了空气，湿湿的，很是泽润，而且对小麦生长也有好处。只是气温又降了，晚上睡觉还有些凉，拉过衣服苫在身上方才好些。

编完了《万古乾坤》一书，在春雨的淅沥声里写了后记，至此，这本书可以脱手了。这是春天里撒下的第一粒种子。今年想法不少，一件件都等着落实，趁着春光开始播种。能收多少，那还要看时运如何了。俗语说得好，只问耕耘，不问收获。是这样，收获多少可以不计较，但辛勤耕作是不可懈怠的。

次日起床，太阳出来了。坐在窗前写这则小文，阳光照在身上，眼前一片鲜亮。春光好，清爽适意，读书写作都是好时机。

2010年2月19日 · 农历正月初六 · 星期五

雨水没雨，春光明丽。

春节就在明丽的春光中过去，过得温润平和。不过，春节却是在漫天飞雪中到来的。

腊月二十七飘了点雪花，二十八下大了，漫天旋舞的都是雪花。

地上厚厚覆了一层，到处银白，春节就在这种氛围里款款而至，真是瑞雪迎新年啊！

春节期间主要是校稿，已校完《抚摸台湾》一书。原以为不会再有错误，还是找出了不少。多亏下定了再看一次的决心，不然就太遗憾了。还是耐心看吧，将花甲文萃的六本书再过一遍，确保万无一失。

除夕和上海褚老师信息联系，得知《万古乾坤》一书已经出版，算是献给虎年的一份礼物吧！

初六下午去操场打篮球，看着柳树还很枯干，伸手挽住枝条，却是柔的了。春光已潜入了万物之中。雨水过后两天了，还是无雨，拔笔记之。

2011年2月19日 · 农历正月十七 · 星期六

雨水不见雨，天亦想下，使劲聚集了一番，似乎力不从心，云来的不那么多，没有阴了，只能算是个多云。因而，雨水也就难以名实相符。

也不是完全没有下雨的条件，十天前，正月初七还落了一场雪。雪下的不算小，悄悄地下了一天，又阴了一天。过了几天，背阳的地方还残留着雪。去云丘山商量今年农历二月十五的庙会。山上的雪多数没化，把大山装点得别有一种风情。雪来得及时，消融得缓慢，滴滴点点皆渗入土壤，滋养了草木生长，是场难得的好雪。

若是接着这场雪，再在雨水来一场雨该多好啊！可惜雨水无雨，空落的不是这个节令，而是去冬的严重干旱，仅仅缓解而没有解除。昨天下午和母亲聊天，她说，今年的麦要歉收，粮要涨价，问我有没有存下的面。我说有，她放心了。面牵动着母亲的心，也关乎着千家万户的生计。二十四日书写。

2012年2月19日 · 农历正月二十八 · 星期日

雨水没雨，而且之前好些日子也没雨，蓝天多数时间是明净的，偶尔罩上一层云纱，一阵小风就掀掉了，飘走了，又还原为明净。雨水就在这明净中来到了，与之相伴者是高照的艳阳。

没有急于写这则笔记，想等一个有雨的日子。等了一天，天稍稍阴了，就盼下雨，岂料次日早晨，没下雨，还露出了鲜亮的太阳。

那就再等，再等还是一样，即使有些云，也掩不住阳光，雨不知何时才能光临？天气是有些转暖，二十二日上午出席三晋文化二〇一二年工作座谈会，中午回财神楼家中休息，下午回三元新村，走得身上出汗。看来，下雨还很遥远，晚上拿出此本写这则笔记。

央视气象预报，两天后有雨，不知能下否？

2013年2月18日 · 农历正月初九 · 星期一

雨水这日下午是个晴天，似乎和雨水不搭界。

不过，这个晴天却是雨水浇灌出来的。准确地说，还不能用雨水完全概括，因为起初是下雪。雪下得不算小，漫天雪花飞舞，从九时许一直到下午三时。只是，时过正午，似乎是气温上升，雪花变成了雨点。不过，没多久就停了。

这日，村友复兴、家顺来家小叙。每逢过年都是这样，吃顿饭，喝点小酒。他们走后我去散步，刚出门还飘洒着雨滴，渐渐稀了，停了。天气清凉潮润，大步行走，吸进的空气都是甘美的。有一种享受自然的甜蜜感觉。尽管云很厚，仍然封盖长天，丝毫没有压抑。

没想到浓云会散，散出一个清新亮丽的雨水节气。二十二日记之。

2014年2月19日 · 农历正月二十 · 星期三

气象预报似乎是雨水的知音，早早就标出了要下雨的地盘，我一看云图将临汾覆盖了个严实。再看时间，可巧就在雨水这日，似乎是巧合，却也令人欣喜。

事实却让欣喜像头上的云一样，飘然而逝。是阴了两天，头天还很重，有点气势，可是没有下。到了次日，渐渐淡了，散了，露出了太阳，雨水没有滴雨。

没有滴雨，也不影响雨水这个节气的实质。所谓雨水，是说天气转暖，再要变天，不会下雪，应该下雨了。果然暖和了，昨日在路上行走，腿沉沉的，感觉应该是穿多了。今晨起床时减去了一条保暖裤。

连日忙碌《尧都平阳：华夏赋税摇篮》一书的排版插图，晚上又加班给图片配说明，忙得还有些累。前天初步定版，方才轻松些。二十六上午追记。

2015年2月19日 · 农历正月初一 · 星期四

雨水这日是春节。欢天喜地的爆竹迎来的不只是羊年，还有雨水啊！

不过，雨水并没有和羊年同时到来，它名副其实要等到晚上。是天黑不久，零星的雨点若有若无飘洒开来。夜晚回家，有雨滴润在脸上。我还担心会下大，没有大，渐渐感觉不到了。有微风，刮在脸上不寒冷，却凉凉的，有一种舌尖触到糖葫芦的滋味，凉却爽快。

雨不大，却也积蓄了一天，早晨起床就很阴沉。好在这是大年初一，家家欢笑，并没有冲淡喜气。十时从三元去财神楼，街上车真多，解放路立交桥不通畅，掉头去了临钢那边。岂料那边堵得更厉害，只得再返回来。临汾的路不如车发展快，以后怎么办？雨水是解答不了这个难题的。

2016 年 2 月 19 日 · 农历正月十二 · 星期五

雨水到来的这日，如果下雨，应该不再是飘飘洒洒的雪花，而是淅淅沥沥的雨滴。可惜，雨水无雨，天不算亮堂，气温却在泛暖。外边如此，屋里尤甚，穿棉拖鞋有些燠热，赶紧换过。

春天就是这样，温暖和寒流在拉锯，你来我往。是日夜里便起了风，习习吹来，吹亮了天。次日在床上未起，已能感到外面晴空的亮堂，亮的屋子里也晃眼。这就避免不了降温，出门寒寒的，似乎仍是寒冬。

寒冷站不稳脚跟了，没几日就溜走了。连日艳阳高照，温暖到处浸染，不急不躁，不吭不哈，便复归了被寒风逼退的温情。坐在屋里暖和，走在街头暖和，春天回来了。若是雨水有雨，那柳绿花红得准快，准早。元宵节手记。

2017 年 2 月 18 日 · 农历正月二十二 · 星期六

虽然无雨，却是雨水时节的温度。暖和超过记忆里的雨水，而且家里居然出现了蚊子。蚊子出现应在惊蛰以后，到那时蛰伏的动物、昆虫才应该出来活动。可是，今年刚到雨水，蚊子就登堂入室，这是气温上升所致。央视气象预报说，二月份相当于三月份的温度，是这样。

写了一篇关于桃花的文章，旨在表达春天落定扎根的时间。春光明媚，春花烂漫都是对晚春而言。早春往往是寒流与暖气赌气，你来我去，争夺地盘。

这不，今天（二十日）写着文章，温度已经下降了。前几日开窗户，几乎没有凉的感觉。今天一开，凉风扑面，而且发寒。寒流来了，过高的温度被打压下去。

2018 年 2 月 19 日 · 农历正月初四 · 星期一

雨水这日天气不亮丽，有遮不住太阳的薄云。

不过，似乎是为了迎接雨水，大年初二午后下起了雨，时间不长，却下湿了地皮，而且气温明显降低。次日早晨，从路东去财神楼，耳朵还冷冷的。整个冬天没有这种感觉，或许是我出去晚的原因。当然，冷也是短暂的，太阳一出，立刻暖和了好多。

最明显的升温是在家里盖了一冬天的棉被忽然有了燥热的感觉，时不时就想翻个身，透点儿凉气进来。下午小平驾车，同老妈和三个妹妹看老姨、姑姑，还去了苏村。晚归书写。

2019 年 2 月 19 日 · 农历正月十五 · 星期二

天气阴沉，却未下雨。前一天下了雪，雪后转阴没有放晴。

今年的雨水与元宵节恰好在一天，不下雨对于闹社火来说，是件好事。乡下、社区时有隐隐约约的锣鼓声传来，城里主要街道静寂无声，昔日红火围城转的盛事不再复现。好在主要街道亮化了，装了彩灯、彩带、彩树，与孙子轩宇夜晚行走，他说是火树银花，用词恰当。有雨，或无雨，都是雨水节气，气候不再冷冽，夜晚观灯便能仔细欣赏。夜归速记。

惊蛰

二〇〇一二〇一九

天空云滚翻，雷声响耳边。
惊蛰不耕田，不过三五天。

天雷惊蛰龙抬头

在二十四节气里，惊蛰这名称最富诗意。其余节气的名称也不能说不好，却有些直白。称得上文雅的还有清明，可要是和惊蛰相比，便不无逊色。

惊蛰，是紧随在雨水后面的一个节气。雨水是节气中性情温存的代表，从不虚张声势，从不威严厉势，反而温文尔雅，即使飘洒水珠也悄无声息。所以，诗人杜甫描绘出的形象是“好雨知时节，当春乃发生”，是“随风潜入夜，润物细无声”。别看此时的雨水细无声，却能够“晓看红湿处，花重锦官城”。在细无声里，一枝红杏出墙来；在细无声里，百般红紫斗芳菲。

到了百般红紫斗芳菲的时候，温润的气候增加了热度，流动的风云增加了速度。云来云去，云去云来，来来去去免不了碰撞。这就碰撞出了霹雳，碰撞出了雷电。照实说，雨水后的这个节气该称雷电，若是套用立春的模式该称鸣雷，若是借用民间通俗的说法该是响雷。只是如此冠名哪里还会有诗意，于是，命名的先贤来了个峰回路转，来了个别开生面。打雷不是会震动世间么，尤其是去岁中秋告别雷声，已经寂寂然几个月了，蓦然头顶一声炸响，真有些刘备听到曹丞相称之英雄般的恐慌，选取一个“惊”字来形容此刻的情状，真乃确切而贴切的神来之笔。

还有更神奇的，这就是天雷震惊什么。震惊什么似乎明摆着，震惊的是世人，震惊的是百兽，震惊的是禽鸟，震惊的还有花草和树木。可是，聪明的先贤不说惊人、惊兽、惊鸟，也不说惊物，偏偏说是惊蛰。

惊蛰，“蛰”是何意？

蛰，藏也。蛰伏、蛰地，都是潜藏在地下的意思。《月令七十二候集解》中说："二月节，万物出乎震，震为雷，故曰惊蛰。是蛰虫惊而出走矣。"惊蛰，原来震惊的是冬眠于地下的虫豸。这震惊不是震惊天下，不是震惊地上，而是震惊地下，何等深沉，何等不凡！

惊蛰的诗意就在这里。

当然，先祖不会是为追求诗意才给出惊蛰这个名字。冬眠在地下的虫豸要出头露面有一个先决条件，首先土壤必须解冻松软，否则，只能继续窝圈下面难能动弹。是啊，去年入冬以来，严寒不只把河流冻成冰川，也把大地冻成冰原。而且随着一九、二九、三九的日日渐进，渐寒，形成冰冻三尺之势。既然冰冻三尺非一日之寒，那解冻三尺也非一日之暖，自立春至雨水，天天转暖，时时转暖，暖流温热着大地。精诚所至，金石为开，冰冻的大地何为不是如此？冰封的原野，要开了！

何时开？

惊蛰开！

蓦然，长空炸响雷霆，大雨倾盆而下，河水激剧暴涨，浪滚波卷，急急湍湍奔向前方。

古人云：二月二，龙抬头。

诗人诵：今朝蛰户初开，一声雷唤苍龙起。

农人谓：惊蛰不耕田，不过三五天。

惊蛰一过，地门即会打开。地门开不开如何判断？好判断，青蛙就是最为守责的报时官。泥土稍一松软，憋闷了一个冬季的青蛙，活力顿添，禁不住使劲拱啊拱啊，拱出了地面。随即迎着鲜亮的阳光放声高歌：咕咕呱呱，呱呱咕咕……

青蛙不过是唱响再见艳阳蓝天的激动心声，黄牛听见的却是进军鼓，冲锋号。是啊，窝圈一冬天，浑身憋攒的闷气早该释放了，早该走进阔野去那里彰显倒翻泥土的威风了。春种一粒粟，秋收万颗子。奋蹄拉犁，奋蹄耕种，哈哈，真正是不用扬鞭自奋蹄！

早在宋朝的张元干激动地走笔：一声大震龙蛇起，蚯蚓蛤蟆也出来。

早在唐代的韦应物高兴地收录：一雷惊蛰始，耕种从此起。

2000 年 3 月 5 日 · 农历正月三十 · 星期日

无风，无雨，云是淡淡的。

天气有些平庸，平庸的天气如平庸的人，温良和善，没有一点脾气。

这样的天气，让人疲困。坐着，坐着，就要打盹。打盹就打吧，躺下了就是长长的一觉。长得真有些春眠不觉晓了。

田土松了。踩上去如同踩在了酵化好的面团上，好酥好软。堰垄边的枯叶间，似乎有了影影绰绰的绿意。细看时，间或伸出的新芽还有些白，有些黄，或者说白里泛黄，黄中露白，并没有完全泛绿。

看节令，惊蛰了。

蛰伏的虫该醒了，生机来了。

农人有谚：惊蛰不耕田，不过三五天。今年是当日可以耕田的，地消通了。次日晚走笔。

2001 年 3 月 5 日 · 农历二月十一 · 星期一

惊蛰用风惊动了万物。

去了一趟南方，南京、苏州、上海、普陀、宁波、溪口、义乌、杭州，联系旅游有关事宜，历时十天，每日都在阴凉中度过。原以为南国会比北方要暖和，去了才知道，在局部时段不能用这标准去衡量。十天中，除了在上海的鲁迅公园见了一会儿太阳，在去义乌的路上太阳从云里钻出一霎，天都是阴的。而且，不时就有雨下来。直到火车驶过长江，蓝天才亮晃晃在窗外。

回来问及家人，天气咋样？阴过，无雨，也不甚凉。

只是无端的大风来了，来得勇猛，携带着灰沙，搅得天昏地暗，一连刮了三日方才住了。

惊蛰真是惊人，夜里来风不过是礼貌地叩门，大风跟在后头呼啸而至。五日手记。

2002年3月6日 · 农历正月二十三 · 星期三

春光的和善，这日表现得最真切。

前天，阴沉落雨，天还凉丝丝的。昨天，晴了，太阳挂在了高高的天空。在太原开全省旅游工作会，间隙出来，看到了天气的转变，温暖光顾。

惊蛰这天，日光就更明媚了。下午，完会后去榆次，一路风和日暖。下车看城隍庙，柔柔的感受盈满胸间。还有点时间，忽然想起去大寨。早就想去了，那里曾是中国农业的方向，不知有多少人前去参观，可惜我一直未能去。说去就去，驱车前往。到了大寨，山秃田秃，树枯草干，却没了寒冷的意思。

夜里上山转转，下村走走，黑是黑，虽然天高无月，却有星星，走了好一程，好一阵，不仅不冷，还热烘烘的。

次日回返，过屯留，至安泽，田里绿了，树梢黄了。春景布满了晋南。十一日追记。

2003年3月6日 · 农历二月初四 · 星期四

前数日接水，看到了黑点在动。以为是水滴，没在意。关住水龙头，仍动，细看是个蜘蛛。离惊蛰还有七八天哩，这个小精灵已耐不住冬天的寂寞，跑出来闹春了。

春的意味很浓了，田里的麦苗扬起头，农人说，返青了。

然而，黑压压的云来了，还飘起了雪花。农时二月二了，是龙抬头的日子。龙是什么？没人见过，只说龙能行云播雨。龙抬头，是到了落雨的时令。雨多了，云当然多，风云相碰会有雷声。农人说，那是龙的神威。现在，这说法自然站不住脚了。可是，按照季候是不应该这么冷了，偏偏天冷得可以，用雪花厚厚盖住了大地。

惊蛰这日，上午还阴阴沉沉，迷迷蒙蒙的。午后，云淡了，太阳露脸了，但仍然寒寒的。

那个早出的蜘蛛呢？又缩回去了吧！别急，小精灵，再耐心等几天。八日谨记。

2004年3月5日 · 农历二月十五 · 星期五

打春以后，气温天天上升，屋里熄了火也能住人了。今春是个平稳的春，平静的春，没有大起大落，没有大进大退，春意便笼罩了大地。

在暖春中畅想，春早，农事也早，惊蛰该是耕牛遍地走了。

却来了个摔跌！

是风，从西伯利亚刮来的风，将寒气卷裹来了。风不小，刮得搭在小院的塑料棚起起落落，随时都有撕扯的可能。天寒冽，早上起来凉飕飕的，气温又回到打春时了。听人说，太原下了雪，天津下了雪。雪没下到临汾，寒气却飘散过来了。

好在风很快停了。惊蛰这日傍晚，纹丝不动了，大地静了下来，安静得像是甜睡的少女。次日回金殿乡下，柳条柔柔地垂着，河水绵绵地流着，好令人动心的土地，好令人动心的时节。我去官磑村参加平人学社的成立会议，一伙农人自发搞文化，让人兴奋。八日记之。

2005年3月5日 · 农历正月二十五 · 星期六

惊蛰标志着春暖又上了一个台阶。

这种认识是少年时进入记忆的，常听老人说：惊蛰了，冬眠的小虫苏醒了。

苏醒是不怕冻的表现。不怕冻不是因为自身耐冻，而是天气冷不到什么程度了。因而，惊蛰是春暖的新台阶。

寒流莫非也有这样的感觉？为什么在惊蛰到来之前突然肆虐了一番？

三日去夏县，刮大风，漫天沙尘，站在田野中看大禹时的废墟，浑身冷颤颤的。晚上，在温泉礼堂看蒲剧，背后冷风一阵接一阵，感到凉寒凉寒的，看了半个小时仓皇回宾馆。

四日继续在夏县参观，先看西阴村嫘祖庙，又看柳村柳宗元墓，依然很凉。但是，惊蛰时有了缓和。

六日参加完平人学社活动，去李二宝家襄汾尉村，天不那么冷了。在村里看旧房子，去村外看饮马大道，都有古意。据说，饮马大道是尉迟敬德留下的，唐代这里是他的封地。

2006 年 3 月 6 日 · 农历二月初七 · 星期一

清晨起床，爱人小平说没睡好，半夜后燥热。

出门上班，是个日光亮照的好天气。在阳光下走走，热烘烘的，回到屋里好一会儿了，浑身仍没脱了热乎劲。

午睡不如平日，燥热，盖了毛毯，仍然有些燥，尤其是脚，烘热烘热的。

起床了，在地上走，活动筋骨，脚也不来劲。知是棉拖鞋的原因，就换了单的，顿觉适意了。

去看日历，才发觉今日惊蛰了。应该了，已过了农历二月二，龙抬头了，草木萌发了，小虫子也该复苏了。

日历上画着两只青蛙，一只跃跃欲试，一只已奋身而起，向水中跳跃。我便想起一溪清亮的水，脱了鞋子，将双脚插入那凉沁沁的琼液中，自是有点惬意了。

春正在往暖里深去。

2007年3月6日 · 农历正月十七 · 星期二

如果说惊蛰是一声号令，那么，听到这号令走出自己暗屋暖室的昆虫肯定大失所望。

在我的记忆里，惊蛰是一座温暖的平台。抵达这座平台，就会出现无限的温馨，无比的舒适。其标志着一个平缓稳定的春天就这么到来了，在这里再也没有寒冷的威胁。

然而，今年的惊蛰却是另一种模样，或者说惊蛰徒有虚名。惊蛰的当天不见温暖，而后连着阴雨数天，到了正月二十方才见太阳露了一会儿脸。之后，明净的天气有过几天，但那是寒风劲吹所至，自然也就冷冷的。

我写这篇小文时，已是三月十八日了，眼看就要告别惊蛰了，但是连阴了三日的雨天仍未放晴，昨夜睡觉还有一丝凉意，不得不苫了一重夏被。好在该十五日停烧的暖气未停，我笔下的墨色和我都听见了窗外的锅炉声。

2008年3月5日 · 农历正月二十八 · 星期三

惊蛰如期到来了，而且不是名义上的到来，是表里如一地到来。

进入二〇〇八年后，连续三场雪锁定了严寒。严寒的营盘扎得稳实牢靠，像是铜墙铁壁。立春到来时带着暖流冲击过，却被碰得落花流水，大败了。当然严寒依然如铜墙铁壁，立春也就徒有虚名。

站在立春瞻望未来，以为寒凝大地，不是轻易可以被击败的，惊蛰只能像立春那样徒有虚名。

孰料，严寒说垮就垮，春温说暖就暖。早几天，在屋里已发现了爬动的扑湿虫，还有一两个小小的飞蝇在眼前晃过；就想到了惊蛰该来临了。果不其然，今日到了，暖到了16℃。

到处暖洋洋的，在阳光下行走，浑身绒柔柔地生暖。走不多远，脚里已黏黏的了。步子也迈不大了，觉得多了厚衣服的牵累。在家里写作，穿着有后跟的棉拖鞋，燥燥的，就换上了无后跟的。

次日居然觉得，落下的步子能赶上来，不仅人如此，节令也如此，随兴记之。

2009年3月5日 · 农历二月初九 · 星期四

正月十五以来，晴日少得可怜，多数日子是阴的，不时下雨，还下成了雪。春雪接二连三，似乎是要弥补去年冬天的缺憾，不是似乎，是旱象基本解除了。春雪、春雨大为有益。

只是天气有些凉，阴冷阴冷的，昨日同张振忠去贾得乡看望小学的同学田百宝、邢临生、赵志田等人。多年不见了，昔日的孩童今天成了花甲之翁。尽管天阴沉沉的，但是情感之真，谈吐之殷，令人温馨。回家后阴得更重了，傍晚准备去操场上打球儿，往外一看，又下起了雨。

雨，一直下着，使我的梦也湿漉漉的。

一觉醒了，未睁眼就感到屋里亮亮的。雨难道停了？真停了，而且云散了，阳光射进墙上，新亮得很。

多日没有这种亮堂的感觉了，精神为之一振，饭后回金殿给娃虎上礼，孩子周岁了。地上虽然泥湿，头上却阳光亮照，煞是欢悦。

阳光让这个惊蛰变得新鲜动人。当日写下这段文字。

2010年3月6日 · 农历正月二十一 · 星期六

过年不冷，惊蛰突然冷了。

冷得穿多厚的衣服也不厚，屋外一走，寒得如同数九天。

送来寒冷的不只是寒流，还有雨雪。白日先是下雨，下着下着成了雪花。雪花极有耐心地飘着，一直飘到了第二天，有一阵飘得极为密集，天色昏暗，屋里连字也看不清楚了。而且越往北走，雪下得越大，高速路都结了冰。乔梁去太原，路上走了四个半小时。第二天气温更低了，无疑已经泛绿的柳梢受到了意外地打击，萎缩也属正常。

这个春天，云丘山农历二月十五要逢庙会，作为文化顾问，接连去了三趟。十日又去了一趟，高速路边上的柳树梢头仍然见绿，挺坚强的。只是那些早早露头的小虫子遭殃了。连日奔波，十二日方才得闲，抓紧追记。

2011年3月6日 · 农历二月初二 · 星期日

惊蛰真是个生动的节气。试想，蛰伏一冬天的虫子被惊醒了，多么有动感，多么人性化呀！是什么惊醒了冬眠的虫子？是春雷，应该是春雷的第一声炸响。

今年的惊蛰，虫子不是被惊醒的，是自然睡醒的。寒冷的冬天，它们蜷缩肉身，蜷缩成土壤中的一个微粒，然后让时光变成长长的梦境。梦境里先出现的是坚硬，再出现的是峻酷，穿行其中战战兢兢，时而还要强打精神，咬牙切齿。这一切都过去了，不知从什么时候，咬紧的牙松开了，蜷缩的肉身也松开了，梦境变得绵软了。当绵软变得温润时，梦境穿透了，一睁眼就是春天。

虫子走进了惊蛰，惊蛰光临了人间。这个惊蛰悄悄到来了，带着温暖和晴朗，落户在黄土高原。一连两天都是晴天，昨日早上有云，却被风吹了一干二净。今日又有了云，风还会来吗？八日早晨随兴手记。

2012年3月5日 · 农历二月十三 · 星期一

不知是惊蛰来早了，还是寒冽去迟了，反正天气没有春天的意思，仍然还冷。在外边行走，还需穿冬天的装服。

掐掐算来，再有十天就该停暖气。照现在的气温，恐怕有些冷。今晚洗澡，出水面即凉，手抚暖气，感觉不到热，洗得不爽。

连续数日，天气都不够晴朗。今日有些风，不大，也没见刮散云翳。

二月底去了一趟蒲县。睡了一晚，第二天醒来满地是雪。蒲县文联杨先生说，这是阳春白雪。此言甚好。踏着雪上南屏山，别有情趣。看了晋文公祠的遗址下山来，雪已经消了。看景致，要逮个好机遇也不易。

明日去云丘山，但愿景致会好。惊蛰当日夜记。

2013年3月5日 · 农历正月二十四 · 星期二

惊蛰来临的代表性景物是，杨树絮和蜘蛛。

最近的天气不稳定，热一热，凉一凉。春天还没有挣脱严寒的臂膀。严寒拽着她，走不快，走不远。不管春天的脚步是快是慢，杨树却义无反顾地向前，向前。不是一叶萌发，不是一瓣花开，杨树絮却早早成熟，从高高的梢头落地，解放路上铺了一层。

今日小平生日，父母从财神楼家中过来，在黄河酒店就餐，吃得团团圆圆。饭后阳光灿烂，在楼拐角处发现有个虫子爬动。仔细看是一只蜘蛛，爬得不快，但充满了自信，好像它明白属于自己的时节到了，不应该再蛰伏，应该去看外面的世界。我明白了，惊蛰来临了，是在昨天。六日晚记之。

2014年3月6日 · 农历二月初六 · 星期四

惊蛰了，春天的气息似乎还很遥远，仍然凉，凉笼罩着天地，笼罩着万物。

把惊蛰带来的是蚊子。蚊子不知何时潜伏在家中，刚入三月，就迫不及待地出来了。那夜刚要入梦，就听见了嘤嘤嗡嗡的叫声。不想和它较劲，可它就是叫个不停，心里烦，烦它会叮人，只好开了灯找它。找见了，一巴掌拍下去，死了。蚊子死了，一只报告惊蛰来临的生灵就这么死了。

蚊子前赴后继，昨夜又来了，还不是一只。我想放过这一只，可就是翻来覆去睡不着。睡不着也不动手，算是对前赴后继的敬畏。次日，天晴亮亮的，春节后少见的明净天气！九日记趣。

2015 年 3 月 6 日 · 农历正月十六 · 星期五

很冷的一个惊蛰。

头天一早雪花纷纷，大有正月十五雪打灯的气氛。到了惊蛰这日，寒冷未消，清晨因为财神楼家中要更换天然气，早早过去，步行百米，寒气逼人。近十一时，老妈下楼买菜，回来还说很冷。

很冷，冷得不像惊蛰。今天（七日）姑父八十大寿，和小平、三个妹妹一同回村祝贺。小宇因为没人带，同去。吃到一半，他已饱，拉我去地里玩。土地疏松，地门打开，真的像是惊蛰的样子。仔细一看，天地里有一只黑蛾缓慢爬过，一只蜘蛛飞速穿越，蛰伏的虫子真的苏醒了。原来惊蛰不是来自天上，而是起始于大地。大地深处的暖流在向天盈溢。七日夜记。

2016 年 3 月 5 日 · 农历正月二十七 · 星期六

一阵大风刮来了惊蛰。头天，窗外黄尘滚滚，一阵高，一阵低。有两个塑料袋趁机飞扬，一个是蓝的，飞过了二楼，映入我的视线，刚悠扬走，又来了一个红的，飞得那么自在。

风过后，本想要有大的降温，西北风嘛，降温是惯例，却没有大降，仅仅停止了升温。出去走走，没有感到寒凉。只是，已过了雨水，天空仍不明净，灰蒙蒙的，仍像是迷漫着灰尘。其实不是，是天有些阴沉。阴沉是好事，久久没有雪，也没雨。早就盼望能来一场雨，一场小麦返青的及时雨，可惜前数日象征性飘了几滴，即草草了事，不解渴啊！七日写这则短文时，已近下午六点，天色该渐渐变暗，然而，没有，西天还有些亮豁。如此，云散了，下雨的希望也没了，干旱未影响气温，杨树的花穗开始降落，街头铺了一层。

2017年3月5日 · 农历二月初八 · 星期日

惊蛰这日，有淡淡的云，有轻轻的风。张振忠老母亲九十七岁无疾而终，连日在程村迎候客人。每日在阳光下进院出院，很为温煦。这日凉凉的，时而风来，还掠起地上的尘土。节气总是这样，不是哪一次都能体现它应有的风貌，让人质疑惊蛰真能惊醒蛰伏的虫类吗？

第二日，疑虑即打消了。安葬完张振忠老母亲从坟茔回到村里吃饭，村里的风习都是在巷里支桌子设宴，正吃着，忽然有一只蜜蜂飞来，在饭桌上缭绕一圈飞走了，这是今年首次在室外看到飞虫。惊蛰，真的惊醒了虫子。

蜜蜂敢于出来，是因为气温回升了。风一停，不在泛凉，在阳光下走或坐，都是暖融融的感觉。

此后，温度接连升高，今天（八日）阳光灿烂，天蓝如洗，会更暖和。

2018年3月5日 · 农历正月十八 · 星期一

如果有一只小虫真在惊蛰过后的这天准时露头，肯定会十足地抱怨：骗子，真是骗子。

谁是骗子？无疑惊蛰这个节气是个骗子。

惊蛰的前一天哪像春天，如同初夏，在路上行走，对面的人脸上都有光泽，一看就是体内的热汗蒸腾出来了。惊蛰未到，气温已如此高，惊蛰还会低吗？

应该不会。

偏偏世上许多事，都是不应该流行为应该，应该也就沦为不应该。惊蛰这天气温明显回落，次日不仅没有上升，反而下跌更甚。午后又飘了几点雨，寒凉寒凉的。接连数日的感冒，今日见轻了。这忽高忽低的气温，真难把握不伤风着凉。

2019年3月6日 · 农历正月三十 · 星期三

亮丽而绵柔的太阳一出来，就把春天的温暖撒向人寰。

不，是撒向天地，撒向万物。要不然何称惊蛰，蛰伏的动物何以从睡梦中醒来，走向生命的舞台？早晨下楼去金殿镇，出席平人学社成立十六年庆典。天凉凉的，对，凉，不是冷，更不是寒。早春的滋味已经满满的了。上午十时入会场，开到十二时，下楼照相，阳光更多了一份亲和感，映在脸上绵绒绒的，舒爽，惬意，一年的景致不是从立春开始。那是时间概念，一年的好景致应是从惊蛰开端。

今年这个惊蛰真好。算起来步入这个年头，就虚龄七十了。古人谓人生七十年古来稀，如今早已不稀奇，还可以干事情。从这个美好的时节再起步。

春分

二〇〇〇—二〇一九

田野香芳芬，桃花最迷人。
春分与秋分，昼夜正平分。

春景最美是春分

如果要在诗词的海洋里打捞一句作为春分的象征，我会毫不迟疑地选取“百般红紫斗芳菲”。

是的，百般红紫斗芳菲最能活画春分的容颜。

春分来临时，春天已扎定营盘，露头的小草长高了，发芽的绿叶变阔了，垂挂的枝条伸长了，而且，嫩黄变成了新绿，新绿变成了翠绿。更令春天富贵的是各色花朵次第开放，高高的树梢挂着花，低低的小草顶着花，柔柔的枝条串着花，蓦然城市成为花城，乡村成为花村，花色、花香弥漫了天地间。试想，不是百般红紫斗芳菲，又作何种描画？

不解的是这么花团锦簇的时节，为何要叫作春分？

春，好理解。分，分什么？

浪漫地说春分是分春光。分一分春光给黄鹂，两个黄鹂鸣翠柳；分一分春光给柳树，万条垂下绿丝绦；分一分春光给白鹭，一行白鹭上青天；分一分春光给燕子，飞入寻常百姓家；分一分春光给江水，春来江水绿如蓝；分一分春光给春风，春风一夜入乡梦；分一分春光给桃花，人面桃花相映红……

也可以说春分是分春色。分一分春色给杨树，杨树叶嫩嫩的翠绿翠绿；分一分春色给迎春花，迎春花灿灿的金黄金黄；分一分春色给梨花，梨花素素的银白银白；分一分春色给丁香，丁香花繁繁的紫艳紫艳；分一分春色给牡丹，牡丹花娇娇的浓红浓红……

春分把春天的恩泽分洒世间，滋养万物，多么无私的厚爱！

还是如实讲吧，春分确实是在分，可不是想象中的那种分，而是脚踏实地在分。董仲舒《春秋繁露》如是写道："至于中春之月，阳在正东，阴在正西，谓之春分。春分者，阴阳相半也，故昼夜均而寒暑平。"春分首先划分的是春季，到此时春天恰好过去了一半。徐铉五律《春分日》里的"仲春初四日，春色正中分"，恰是这个意思。接着划分的是昼夜，白天十二小时，夜晚十二小时，一点不多，一点不少，正如民谚所说"春分秋分，昼夜平分"。春分，何其公平，何其公正！

春分真是好时节。

好时节，美景胜画卷——

天将小雨交春半，谁见枝头花历乱。纵目天涯，浅黛春山处处纱。

南园春半踏青时，风和闻马嘶，青梅如豆柳如眉，日长蝴蝶飞。

好时节，美景扑鼻香——

春分昼夜无长短，风送窗前九畹香。

春分艳阳天，齿儿戏发发更藏。宜兰伴窗翠正好，笑扬。牵纤菜花青径香。

春分这香，不是陈酿老酒，早过陈酿老酒，香过陈酿老酒。这香味来自遥远的上古，这香气出自古老的《尚书》。《尚书·尧典》云："乃命羲和，钦若昊天。历象日月星辰，敬授民时。"钦若昊天，始知一年三百六十五日，始知春夏秋冬四季，始知十二个月，始知二十四个节气。敬授民时，人间始有历法，始有节令。自此耕作有了秩序，农人日出而作，日入而息。凿井而饮，耕田而食。这才有了小康人家，古老的炊烟里缭绕起丰衣足食。

数千年后，气象学家竺可桢先生仰望上古，驰目寰宇，激动地说，人类使用二分二至，中国最早。二分二至，即春分、秋分，夏至、冬至。很明显，春分居于其首。

春分，犹如一面旗帜。

中华先祖领跑于人类时，手中高擎的那面旗帜，就飘扬着"春分"两个光彩夺目的大字。

2000年3月20日 · 农历二月十五 · 星期一

春分秋分，昼夜平分。

春分来得很平静。

原以为交节会有些动静，气象云图也有下雨的征兆。但只有些阴，却没有落雨。

从临汾到太原，一路上都温温的。临汾的田里茵绿了，介休的田里才泛绿。柳梢也不同，南面看上去绿里带黄，北面看上去黄中泛绿。同样的春分，却是两种不同的景致。

天时是天时，地利是地利。有时候，地利显现不出什么作用，比如冬日，寒意透彻了晋地，南北气温虽有差异，但绿色绝迹，大地一样的光秃。如今，春风降临，给生命带来了新的天时，得地利的南面早绿，北面却迟迟难绿。这时候，地利就成为生命的重要因素了。

平静的春分，也在给人新的昭示。二十二日夜，从太原返回落墨。

2001年3月20日 · 农历二月二十六 · 星期三

阴了两天，滴了几点，天晴了。

刮了两天，灰了几日，天亮了。

最明显的感觉是，天热了，浑身暖洋洋的。在街上走动，竟然会出汗。早上穿的衣服，到了午间要换，下午在政府开关于旅游交通图的会议，浑身发热，胸背上有汗，感觉到往下流呢！

连续两天都是如此，春分成了炎热的使者。次日谨记。

2002年3月21日 · 农历二月初八 · 星期四

真没有想到，春分是沙尘暴送回来的。

前天夜里，忽然有了风声。风声渐密，渐高，梦也被装扮得有声有色。

天明了，明得却不亮豁，暗暗的，沉沉的。

出门一看，漫天昏黄，风卷着沙尘肆意挥洒。蓝天不见，太阳不见，相逢对面要识君，还得挨近再挨近。想起个词：暗无天日。正是。

晚间电视新闻说：北京等地出现了沙尘暴。

今日风稍小，尘稍轻。日光淡淡地洒下来，有气无力，被蒙蒙的尘灰一掩，黯然失色。

这是春分？

这是春分。

春分当日速记。

2003 年 3 月 21 日 · 农历二月十九 · 星期五

今年的春天似乎从春分才实至归名。

立春了，天气寒寒的；雨水了，天气寒寒的；惊蛰了，天气仍然寒寒的。直到有一天，阳光变得绵绒绒的，照在身上，暖进了骨肉里。第二天，仍是绒暖的光景。看日历，是春分了。

春分过后，又来了点寒流，却没有寒成体统，只是觉得凉了些。要去太原出席省作协理事会，怕北地寒冷，留心了气象预报，却是降温，走时添了衣服，准备抵御那寒意。没想到，失算了，天是阴了阴，风是刮了刮，气温却没有大的波动，仍然温温的。穿着保暖裤行走，腿黏黏的。

黏黏地游完了常家庄园，在太原歇了一晚，回家，临汾更暖，春天站稳了脚跟。麦子绿了，树枝黄了，花蕾鼓圆了。二十九日归来，下午即记。

2004 年 3 月 20 日 · 农历二月三十 · 星期六

暖和！

暖和！

暖和！

三月十四日已经暖到了穿羊毛衫浑身燥热，坐在车里有点闷热，居然把冷风也开了。

十五日才停烧暖气，而早几日就可以不烧了，屋里不加温也在17℃以上。黑夜盖棉被也有些燠热了。

暖气如期停了。

次日却降了温，外面凉冰冰的，屋中凉沁沁的。河南等地竟然落了一场雪。临汾下雨，雨没下成样子，却阴沉了好几日。

春分这天仍然阴着，仍然寒凉寒凉的。

第二天太阳露了个脸，却不亮堂，天空灰灰的，拔笔记下。

2005年3月20日 · 农历二月十一 · 星期日

一年当中最公正的一天要数春分了。这是从时间上说的。老辈人说，春分秋分，昼夜平分。平分当然是公正的。

从气温上讲，也应该算是公正的了。春分时节，不冷了，虽然还有些凉，不会寒气逼人。这样的凉天与热、炎热自然还有不小的距离。我以为，春分和秋分都是全年温度的平均点。

平均就会公正吗？不靠近你，不偏向他，应该说是公正。可是，这公正却是最大的缺失。既失去了冬，也失去了夏，大概一切公正都是有局限的。

今年的春分似乎是要走出这种局限，体现更多的公正。早晨是阴的，天暗；中午，太阳出来了，天晴；傍晚起风了，天灰蒙蒙的。当然，这种阴晴变化中少不了多云。春分一天演绎了多少气象变化呀，真不少！可是，也没有全部上演完呀，别说没雪，连雨也没有，缺失是不少的。

我在春分中忽然领悟到，公正是罕见的，而不公正却是随处可见的。

2006年3月21日 · 农历二月二十二 · 星期二

春分不是春水，却摆开了下雨降水的架势。

一早天气就阴着，去参加宋俊先生长篇小说《春天的忧思》讨论会，有那么点忧伤的意味。

步行走在街上，潮润润的，很好受，不像往日那么干燥。

过午，云更浓了，似乎随时都可能落雨，可一点雨也没有。第二日天晴了，太阳比前几日还要亮。

春分这天实在难受，头天切除了腋下的小粉瘤，也就玉米粒那么大。本不想切除，想吃药消解了，可是吃了好几个月，仍然消不了，吃些药小了，药一停又大了。干脆下决心切除。切除得很快，市医院李兰生大夫持刀，三分钟完事。伤口没有那么疼，不料，却带得半边头疼，眼憋，头发根也疼。

整整难受了一天。第二日，太阳高照，痛苦也减轻了。

春分就这么过去了。

2007年3月21日 · 农历二月初三 · 星期三

天还是凉，春分来了柳树只有了淡淡的黄叶。好在，这日天气明媚，祈望春光不再减却，温暖早驻世间。

然而，仅仅过了一天，太阳隐了，阴云重了，还滴起了小雨。当然，刚刚扬头的气温又有点下降。这个春天低温，虽然算不上春寒，可是没有达到应有的春温。

所幸，雨没有下成，几滴落地，停了。过一个暗夜，云散了。又一天来临时，亮出了红红的日头，滑落的气温上升了。

今日天气很好，为父亲作书稿。用父亲的手稿作书，虽然难些，但有点意思。安排好后在鼓楼边上接受电视台采访，关于洪洞移民的。这不是我的强项，可是记者非让说不行，真不愿扫他们的兴，就说了，说得还算顺畅。在春天里做事，事情能像春天般温馨，自然就好。

昨日，乔梁来电，去了深圳，今天去香港。南国的春天该是初夏了，同天不同温，尘世就是这样，差异无处不在。

2008 年 3 月 20 日 · 农历二月十三 · 星期四

早晨睡醒，下雨了。雨不算大，是春雨就有价值。麦子正返青，堪称及时雨，真是好雨知时节，当春乃发生。只是有些小，不多时就停了，不免有些遗憾。然而，好雨就是好雨，到傍晚时又下大了，淅淅沥沥地让人可心。

次日一早，有淡淡的雾，太阳却出来了。冬芹姨古稀寿辰，回村里去祝贺。空气润泽，满眼翠绿，麦苗已经油旺旺的了。看田边低洼处，还有湿湿的水洼子，就知道昨夜下得不小，雨润苗嫩，可着劲生长，算得上风调雨顺吧！

在这样的日子里写着长篇小说很是舒畅。大年之后已写了近七万字，而且觉得不逊于前头一部分。原先觉得这部分矛盾少，平缓些，因而写了民俗，让文章多了画面感，自觉还是不差。春分这日正好搁笔修整，让新雨滋润一下思维。然后，舒臂展肢，再奔向新的领地。这一部分的大冲突有了，关键在于细节的把握，调动积累，展开想象，不会有困难的。唯愿心域也能来场春雨，让长篇小说《苍黄尧天》像田里的小麦那样好好生长。次日有感而发。

2009 年 3 月 20 日 · 农历二月二十四 · 星期五

今日春分，结束了连续晴朗了多日的天气，阴沉沉的。傍晚还落下了雨滴，将去操场打篮球的我赶了回来。

不过，十八日确实晴得很为可心。天文学家推断，这日该是帝尧那个时候的春分。陶寺发现古观象已有几年了，研究工作不断深入，今年又进行陶寺天文考古研究实地模拟观测，相随几位领导前去观看日出。早晨七时前，已来到观测地点，静静等待日出。

七时五分，从六、七号土柱的缝隙望去，太阳的上边沿露出了头，金灿灿的刺目耀眼。来看的人不少，大家便排了队，依次站在观测点瞭望。我排在前边，看过一次太阳上边沿出山，连忙从观测点绕后去，又看了一次。这次看时，太阳全出来了，圆圆的，喷薄向上，映照得陶寺阔野金灿灿的。大家十分兴奋，实测又一次说明，这就是古观象台，当时帝尧就凭借这样观测来敬授民时。

当日写这则笔记，窗外很远的地方有沉闷的雷声响起，这是今年的首次响雷，春深了。

2010 年 3 月 21 日 · 农历二月初六 · 星期日

今天已是三月二十六日了，过了春分的第五天了。

如果回头去看春分，不是，如果现在站在春分那天，不仅可以看前头，也可以看后头。人们常说，人没有前后眼，今天就用前后眼来看一次天气吧！

这样去看，春分颇为幸运。幸运在一个明媚的日子里光临了。

头天，满天扬尘，西北风呼啸，刮得满地迷蒙，人的眼睛也很难睁开。下午风息了，天空渐渐明静，似乎是激战已经过去，逸出了一个平静的缝隙，春分就是这么到来的。

所以说春分幸运，是因为之后几日，简直就成了狂风和灰尘组合而成的世界。刮一天风，扬一天尘，风停了，尘落了，看来就要平静了，然而，这仅是风和尘的歇息。喘口气，又来了，卷土重来，接二连三。

这两天还好，风不大，尘没扬，但是降低的气温一直没升上来，昨夜盖的被子加厚了，方才抵御了寒气。

2011年3月21日 · 农历二月十七 · 星期一

刚刚有点温情，突然就消失了，春分与降温携手而至。

天冷也没有挡住老年人的热情，这天去老年大学讲课，提前到了十分钟，但比我早的大有人在。

按说，进入春分应该暖和了，然而，气温变化是人的愿望无法左右的，气候我行我素，一如既往的凉寒。按照往常十五日结束供热，热力公司体贴人们，延长到十九日才停。一停屋里就阴得厉害，不得不加衣保暖，披挂上最寒冷时的服装。当然，要是去外面行走，需要扒拉下一件。

人这么难受，树木呢？应该也不会好受。尤其是夜晚，温度不时就降到了零度以下，它们无法躲避。然而，在街边行走，杨絮落了一地，是开花了，它们在凌寒生长。大院里的雪松也较前来了精神，新发的嫩芽为之增添了活力。

春天，不光温情脉脉，还会冷风凛冽，似乎也懂得安逸会惯坏人的身体和性情。六日回望春分以来的气温，补记。

2012年3月20日 · 农历二月二十八 · 星期二

春分在夹缝中明媚着到来。

头天阴云四合，气温骤降。刚刚上升的春温一扫而光，冬装穿在身上一点儿也不热。前几天却不是这样，十七日在古县参加《散文选刊》颁奖会，会后游览不必穿外套。十八日回到临汾，更是如此，在街上行走，双腿也出汗了，有些湿黏，就想该换薄毛裤了。多亏没换，次日便春温不见，寒冷回潮。

然而，毕竟是春光的天下，第二日太阳一出便温暖重现，虽然不及前数日，但是不再冷，还暖烘烘的。这就是春分留给我的明媚印象。

可惜，只这一天。二十一日一早天便阴了，越阴越重，下起了雨。下午送奶的姑娘进门找我，下冰雹。我下楼去看，冰雹虽然没有，但雨点儿夹杂着水雪，该是冻雨吧！天，自然也冷了，回屋即拔笔记下。

2013 年 3 月 20 日 · 农历二月初九 · 星期三

春天的妙处在春分展现出来了。少见的晴朗，少见的温和，如果再明净一些，该是一个完美的春天。这时停了暖气，屋里也没有寒凉的感觉。一再叮嘱父母，要注意添加衣服，看来有些多余。

继续散步去财神楼，坚持一年多了。有效果，现在走来浑身轻捷，有些飘然之感。连日撰写关汉卿的传记，格外顺手，渐渐进入佳境。有时写出了兴奋，乐趣来了。在春天写作实在快活，写着，学着，乐着，真是难得的幸事。

两会结束，新任国家领导人履职，决心不小。希望国家变，但是也只能渐变，不能突变，更不能革命，革命的结果是送走冬天，迎来的还是冬天，只不过是以春天名义出现的冬天。二十二上午记之。

2014 年 3 月 21 日 · 农历二月二十一 · 星期五

晴朗到了可以用春光娇艳形容的程度，气温明显回暖。上周五去云丘山时发现柳树梢顶刚翘出黄叶，今日枝条已皆黄，黄中透绿。三元大院里的桃花开了，有一树花朵繁密，春姑娘亭亭玉立在了眼前。

昨日乔梁、张静带老妈和大妹延慧去了台湾，今日开始旅游。从天气预报看，那里的气候和临汾没有明显差别。关键在于北方晴朗，宝岛阴雨，也不知他们游览的地方下没下雨。

前天去了大苏，田里的麦子返青了，满眼新绿。只是从正月那场雨后，再没有下过透雨，要是能下场透雨，麦子长势会更好。牛马年好耕田便会又一次被证实，天能随人愿吗？

但愿梦想成真。春分当日夜手记。

2015 年 3 月 21 日 · 农历二月初二 · 星期六

过后读报才知道这个春分集合了诸多纪念日，二月二是中国的龙抬头，这日还是世界睡眠日、世界儿歌日、世界诗歌日、国际森林日。真是最繁荣的一天。

这一天的午后，阳光已有了初夏的意味。沐浴这种温热，我登上了延安的宝塔山。路好走了，早晨从临汾出发，三个多小时就到了。古人云，一寸光阴一寸金，寸金难买寸光阴。如今，寸金可买寸光阴了，发达的交通加快了速度，只要付钱就可缩短时间。

气温完全体现了春分的风范，不过体现易，操守难，次日下午已不见了头天的阳光。再过一天，虽然阳光仍有，但热度减少，不像春分那般温热。西行吴起镇回临汾，时而阴，时而雨，所幸没有下大，一路顺畅。今日已是二十五，再返日了，连忙追记。

2016 年 3 月 20 日 · 农历二月十二 · 星期日

晴且热，真是个春天的楷模。

在北京出席尧舜禹文化及当代社会核心价值研讨会。兰花开了，杨树垂挂着絮穗。原来怕冷穿得尚厚，不得不脱了秋衣。以为春天站稳了脚跟，岂料从二十二日天气发生变化，下午到云丘山时，间或有滴滴细雨。但是，至晚上入睡也未下大。

二十三日早晨依旧是零星小雨，时而就停了。云丘山举行了祭天仪式，还专门祈祷求雨，雨还是时下时停，若有若无。可是，天骤然变冷，坐在广场观看开幕式演出，越坐越冷，甚至恐怕自己感冒，赶紧动手浴鼻。饭后，盖棉被睡觉，方才好些。下午在细微的雨丝里，看了塔尔坡古村，六时许，回到临汾，家里也凉凉的，春寒复辟了。

2017年3月20日 · 农历二月二十三 · 星期一

春分这日在北京领“红色家园”征文奖。天气阴沉，好在中国现代文学馆里花已开了，梅花、桃花，红的火红，白的雪白，将嫩黄的柳条儿衬托得更可爱。领奖仪式很隆重，《人民日报》副总编吕岩松、中国作家副主席白庚胜出席，并由我代表获奖作家发言。会议结束有了零星小雨，下午有一阵下的不小，撑着一把伞去三联书店，雨打在伞上，犹如春歌。雨不大，从书店出来，已经停了。

次日天气晴好，路过天安门广场，街边的玉兰花大朵开放，美得亮眼。坐动车回返，过太原有了雾，渐行渐浓。到临汾天已黑，不知道行走在阴天中。晚上睡了个好觉，醒来窗外雨声淅沥，地面淡湿，下雨了。

好一场春雨，及时。24日上午记之。

2018年3月21日 · 农历二月初五 · 星期三

时隔一天，如同两个季节。昨日有初冬的滋味，今日是晚春的热度。

昨天是春分，但是十七日那场雨后阴了两天，一直没有恢复到原先的温度。不过，从实讲，下雨的前一天温度出奇，猛地攀升到25℃以上，在外面行走浑身燥热。热是植物生长的最好催生剂，前几日路边的白杨树才露出个嫩芽，此时已开了四五个小巧玲珑的叶子。只是，温度如同世事，不会直线上升，而是曲线运动，有升就有降，倏尔跌了下来，下雨时阴冷阴冷。雨后还迟迟不晴，温度降到10℃以下。

所幸，热力公司不乏人情味，暖气一直未停，若有若无，尽管如此也打消了家里的寒气。

春分次日午后，从财神楼家中回返，走着，解开夹克拉链还热，真想把外套脱了。回家记之。

2019 年 3 月 21 日 · 农历二月十五 · 星期四

降温，降温，突然袭来的寒流把春天送回了天涯海角。

春分这天正好是云丘山的中和文化节，屈指数来这是第十届了。从策划第一届中和节到这次，我每年都参加。头天下午到了云丘山，晚上起风，呼呼的声响几乎整夜不停。西北风带着西伯利亚的寒流夺取了春天占领的地盘。早上起床往院里一站，马上有身临冬季的感觉。风刮了一夜，却没有扫净满天云，云遮着太阳，天是阴的。

八时赶往中和广场看祭天大典，祭祀仪式中有一项是祈雨，董事长张连水带着三十名后生脱光上衣，赤膊跪地，由扮演神监的阎玉宁拿柳条抽打。且别说打得疼与否，这么冷的天脱光上衣就颇见赤诚。

下午六时许返回临汾城，下车即感到了寒冷。这个春分以少见的寒冷出场了，温暖需要加倍努力，收复失地。春分次日晨记。

清明

二〇〇〇—二〇一九

长空天碧蓝，大地绿满眼。
踏青走阡陌，祭祖上坟园。

意境当数清明美

清明时节雨纷纷，路上行人欲断魂。

自从杜牧的诗句传遍九州，清明在国人的心目中便成了忧愁凄哀的模样。这实在有违清明的本真意蕴。在我看来，二十四节气里面唯有清明风光最佳，意境最美。清，山清水秀，清新俊逸；明，春和景明，春光明媚。清晰，清澈，近观一清二楚；明净，明朗，远望天开地阔。往日，登高方能望远。清明，站在平地也可视际辽远。对此，唐代的刘长卿深有感触，在他的笔下："风景清明后，云山睥睨前。"寻常笼罩在云雾里的山峦，蓦然雄峙眼前，傲然俯瞰人间；而且"草色无空地，江流合远天"，青青绿草铺满大地，无处不在，就连江流汇合的远方天际也历历在目，这还看得不远吗？不远，再要远眺，遥远的京城都能尽收眼底："长安在何处，遥指夕阳边。"

如此适宜高瞻远瞩的时令，忧愁凄哀哪能是主旋律？主旋律该是清新爽朗，该是欢快勃发。

因之，在中国诗歌的长卷里，像杜牧这般惆怅的很少，而朗声颂扬的居多。韦应物写道："清明寒食好，春园百卉开。"如果说，韦应物笔下"春园百卉开"有点笼统，那元稹在《咏廿四气诗·清明三月节》描画得就细致多了："清明来向晚，山渌正光华。杨柳先飞絮，梧桐续放花。"是啊，先是杨柳飞絮，再是桐花开放，真是红杏枝头春意闹呀！

如此百卉开，如此春意闹，人岂能还像冬日一般窝圈在屋中？当然不能。走，春游去，踏青去。程颢来了，"芳草绿野恣行事，春入遥山碧四周"，"况是清明好天气，不妨游衍莫忘归"。美景迷醉了程颢，他提醒自己不要贪恋忘记回去。王磐来了，他的兴致留在《清江引·清明日出游》里："问西楼禁烟何处好？绿野晴天道。马穿杨柳嘶，人倚秋千笑，探莺花总教春醉倒。"欧阳修来了，迷醉春色，夕阳映红西天方才归去。因而，笔墨记下的是，"游人日暮相将去，醒醉喧哗。路转堤斜，直到城头总是花。"又有一个人，来了，游得兴味浓酣，兴味未尽却已红霞满天，只能回返，遗憾的感怀，"日暮笙歌收拾去，万株杨柳属流莺。"这个人是南宋诗人吴惟信，他的情绪留在《苏堤清明即事》里。

当然，清明和别的节气不同，还有节日的功能；而且是唯一将时令和节日集于一身的节气。其功能大家都清楚，就是上坟祭祀祖先；甚至在长期的流传中，清明还兼并了寒食的功能，将之收归属下。说到寒食，世人多认为那是祭祀晋国耿介之士介子推，其实在此之前就有了寒食，那是先祖更换火种的日子。清明时节主要是焚香祭奠，追思先祖。古人甚为看中此节，坟上有无香火是后代兴旺与否的标志。自从孔子提出"不孝有三，无后为大"，这上坟燃香祭酒，就成为一年一度的头等大事。哪位要是荒落了自家的祖坟，那可是大不敬、大不孝啊！

既然祭祀先祖是头等大事，杜牧那"路上行人欲断魂"岂不正合乎情绪氛围？也不尽然，清明是祭祀，不是安葬。面对祖茔，固然不无哀伤，可哀伤不是主旨。主旨是如何继承祖训，如何弘扬家风，如何光前裕后。而这靠伤心流泪不行，靠肝肠寸断不行，要靠清醒头脑，明心励志。古人上坟，要阖家团聚，荷载菜肴酒食，在祖茔摆放开来，与祖先同餐共饮。餐饮间年迈的长老会语重心长地讲祖训，话家风，勉励晚生效仿先祖，崇德上进。

清醒头脑，明心励志，这才是清明永恒的主旨，高雅的意境。

2000年4月4日 · 农历二月三十 · 星期二

前年清明大雾。雾浓得少见，已是中午十时许仍然罩严了大地。那日因为立碑的缘故，同爷爷回去上坟（往年都提前三天，那年清明上坟，是因为按风俗这日才能动坟上的土）。然而，由于浓雾遮掩只得开了车灯慢慢行走。

去年清明大风。正在尧陵祭尧，忽然飞沙走石，漫山遍野都成了风的世界。河谷里的风更是跑得最迅最猛。疾风搅上河岸，陵前尘飞沙卷，给每个人以朴拙的装扮。

今年清明是难得的好天气。早晨有薄雾，淡淡的。前两天下了场小雨，路上没有尘飞，驱车尧陵，满目新润。中午祭祀，丽日朗照，谷翠山青，一地明媚。

回返时，看见新叶黄茸茸满枝，突然冒出一个词语：稚绿。

的确，那绿色让人想到孩童跌跌撞撞的学步，叽叽哇哇的学舌，虽然，不成样子，不见行状，却有无限活力，无限生机！七日有感而发。

2001年4月5日 · 农历三月十二 · 星期四

早晨，晴，有太阳，光色柔和，清朗宜人。

今日祭尧，先在尧庙祭，又去尧陵祭。一早人流从四面八方涌来，尧庙香火繁盛。

九时许公祭，之后民祭。

民祭开始后，驱车赶往尧陵。尧陵祭祀十一时举行，民间鼓乐齐鸣，献上整猪、整羊。前来祭奠的人比往常更多。

结束后返途，才注意到天旱了，路上尘土腾飞，车后黄龙漫道。想想，春节庙会落了几场好雨，会后将近两月未下。旺旺的麦子，也有些干旱，黄了，而且叶片不如先前精神。

下午在室内阅文，觉得光色暗了，更暗了。出得屋来，竟然落雨了。好雨，落得好！当日手记。

2002年4月5日 · 农历二月二十三 · 星期五

清明时节雨纷纷。今年正是。

头天夜里，雨就沙沙沙响动了。春夜的雨声犹如美妙的乐曲，滋养着诗意的心境。子夜后雨声轻了，隐了，似乎是一台柔美的演奏会落下了帷幕。

天亮后雨又响起了。走到日历前看看，七时二十一分清明。恰是这时候。

雨越下越起劲，天地间灰蒙蒙的。尧陵今日祭尧，车到岳比村油路尽了，前面全是土路，一团泥泞。只好步行去，擦擦滑滑，走得浑身泛热。

午后雨歇了，云也淡去，淡去，太阳露脸了，天蓝了。空中清亮，地上明丽——清明。

2003年4月5日 · 农历三月初四 · 星期六

人们羡慕春天，赞美春天，并不一定能理解春天。

春天，其实不完全阳光灿烂，不完全春光明媚。春天是活在冬天和夏天夹缝中的。对于冬天说，春天是它欲望的流连；对于夏天说，春天是它生命的铺垫。没有春天，冬天结束得难完美。没有春天，夏天到来得太唐突。因而，春天只能用全部心思去装点这夹缝中的时光。

只是这夹缝中的时光，太令人难熬了。这不，春分那日，我刚刚感到了春暖，抒发了春天正式到来的情意，哪想到，清明的前四天便落了雨。冷雨浇灭了春温，天气一凉再凉，似乎又凉到春分前去了。

虽然清明前一天晴了，但清明这日又变得薄云遮顶，天不亮丽。

亮丽的日子来时，已是清明后的第二天了，随兴记之。

2004年4月4日 · 农历闰二月十五 · 星期日

好个清朗明丽的日子。

第一声燕子的啼鸣从高天传来，像是一曲清明的颂歌。

值得歌颂，这样的日子太难得了。从过年到今日，屈指数来，也不过就是三两天晴着。三四天前，眼看要上坟了，那个下午突然来了一阵风，西北风，带着沙尘，肆意地吼喊，狂虐地奔跑，一路上放荡不羁。正吃晚饭，就听见后窗有哗啦的碎响，停箸去看，一块玻璃摔了下去，斗大的风不住灌进来，无奈，只好找块三合板堵上，免遭风沙入侵。

今日真好，心情也一样清明。昨日为构思《山西古戏台》，郁闷辗转，难以定论。晨起，忽然来了灵性，落笔写下了《缘起》，一本书稿有了开头，有了基调，挥洒铺展，即可成卷。

春宵一刻值千金，把握住，把握住。当日乘兴走笔。

2005年4月5日 · 农历二月二十七 · 星期二

清明时节雨纷纷，路上行人欲断魂。

杜牧在诗中描画的情景哪里去了？

今年清明如同往年的“五一”节，太阳当空照射，火烈烈的。在外头行走，明显感到热黏热黏的。头两天还穿羊毛衫，这天脱了羊毛衫，穿着秋裤还觉得热。区委大院里的红色樱花，前天还只是个苞蕾，藏在小小的绿叶间，过了一天却面对炎热全开了。远远看去，不仅喊出“怒放”一词。

从记忆中搜索，似乎不记得这么热的清明。

过了清明，温度继续攀升，27℃—28℃，快近30℃了。

手机上出现了短信，气温要下降二十度。

会这样吗？

昨日起风了，仍然很热，到了傍晚出去，温度稍稍下降。

今日一早起床，天阴了。市委小陈来送文稿，我到门口去拿，出门时下起了小雨，不一会儿大了，雨滴大大的，地面很快湿了。这便有点杜牧诗中的意趣，可惜是清明后的第三天了。

2006 年 4 月 5 日 · 农历三月初八 · 星期三

窗外的桐树爆满了淡紫的花朵。每日临窗眺望，都未在意，似乎桐花是突然间繁盛的。

春深了，清明来了。

头三天回村上坟，天空明净碧蓝，大地禾苗茵绿，春嫩得能滴出水来，就想清明是个好日子。

偏偏清明这日，天上灰蒙蒙的，地上也灰蒙蒙的，把一个最应明净洁雅的节气搞得蓬头垢面。天阴了，气温低了，怕有风起，父亲要去伊村为姥姥上坟也没敢去，没有圆了心事。

电视预报，近日还有轻沙尘天气，清明第二天莫非也是这么灰暗？

然而，掀下一张日历，一个明媚的天气已显摆在窗外了。我伏在桌上写这篇短文，阳光从窗上进来，撒在面前，撒在本上，将窗台上的花草也投递了过来，美呀！

世事总爱和时令开玩笑，清明被玩了一把。

2007 年 4 月 5 日 · 农历二月十八 · 星期四

这个清明是从四川长宁赶回来的，因为要上坟。随中国作家代表团去搞笔会，看了南国的竹海，很开眼界。在那里闻知尧都区煤矿又出事了，为此把区长撤了。撤个不负责任的领导应该，可惜那些无辜的矿工不能死而复生。天去报应吧！

早晨出门去尧都区供电局做忠诚企业的讲座。天下着雨，点子不小，却不密。以为要下很长时间，也就让清明失去了明净。

八点半准时开讲，以故事说道理，一个连一个，一环套一环，一气讲了两个小时，在热烈的掌声中走下讲坛，走出会场，抬头一看，艳阳满地，天晴了。虽不明净，却没想到会出太阳。

今天，洪洞寻根祭祀活动进入主祭，规模不小，算是上天对人间的恩赐，若是有雨，自然搅了场子。

讲完课轻松了好多，睡了一个很好的午觉。一觉醒来，从窗玻璃上看天空，蓝得无比洁净，少见，少见，清明极了。披衣下床，站在阳台俯瞰，树梢摇摆，风不小呢，这便是天蓝的原因。

黄昏，下楼去打球，风吹得头发蓬乱，迎面还有些呛人。不过，总是春风，绵绵的，软软的，一点也不尖利，更刺不疼人。因而，就在春风中蹦跳出一身汗。

2008年4月4日 · 农历二月二十八 · 星期五

清明节早上灰云漫天，不算凉，随同父母去伊村上坟。坟早平了，在田垄上祭祀，表达一点心意。下午天晴了，很为明净，清明变得像模像样。

这个清明到来之前，在卧虎山安葬了小平父母及其兄长。先前，骨灰一直寄放在陵园中，和小平认识后，即说到入土为安，要安葬先逝的亲人。今年特约了王国平先生介入。他熟读《易经》，熟悉临汾地理状况，请他选个墓址。他带我们去了卧虎山，选好了一块儿山地。此地背依高山，眼望大川，甚好。

四月一日如期安葬，一早去陵园拜取骨灰，天阴沉沉的，出来后还落着零星雨滴，快到县底时，路面上湿湿的。担心雨再大会泥泞，车上不去，尤其是要立碑，很难拉到位。所幸，老天有情，没有下大。落葬后安碑时，太阳朗照，一切进行得十分顺利！

今年清明，头一次成为法定假日。尊重民俗习惯，这很好。当日记下。

2009年4月4日 · 农历三月初九 · 星期六

还担心清明节会有雨，没想到晴得亮堂堂。前两天下了点雨，还阴了一天，但清明时晴了，气温也上来了。

同小平、嫂子去卧虎山上坟，去年将岳父母安葬在这里。地理位置很好，像是个巨型的太师椅。老人落卧在椅子上，背有青山可依靠，前有阔野可俯瞰。进山，酸枣刺仍光秃秃的，枝干上不见一片叶子，若草木都这样那就太荒落了。好在桃花怒放，花色娇艳，山壑也就鲜活了。坟茔里栽植的柏树株株嫩绿，生机勃勃的。

时光好快，转眼就是一岁。去年树立的石碑还很新，碑上的墨色未褪，挺精神的。缅怀先辈，继往开来，节俗里有民族活着的传统。当日下午走笔。

2010年4月5日 · 农历二月二十一 · 星期一

连日晴朗，风和日丽，为今年的上坟奉送了好日子，也迎来了清明节。

今日去卧虎山上坟。地里的麦苗很高了，绿得茵茂。上过的坟上红艳着花圈，使春光多了几分鲜亮。今年小平开了自家的车去上坟，车盘极低，只能放在山脚走着去。弯弯曲曲的小路上浮着一层黄土，鞋子、裤脚都是尘色。

远远望去，山上多了些奇怪的木桩。近时才知是树，是新栽的树，还没拆塑料袋，这样可以减少水分消耗。到了自家的坟地，也有人栽上了。遗憾的是，栽晚了，将原先栽上的树围在当中，还影响生长。正在想是何人所为？就有两个拿钢锨的妇女来了，说是村上让栽，还要收费，每株六十元。钱是小事，不必要栽也栽，那就不是绿化，而是为钱而栽。说明了，她们不好意思地走开了。

小事一桩，影响不了清明这大好时光。七日夜忆记。

2011年4月5日 · 农历三月初三 · 星期二

预报说今天有雨，就想在昨天上坟。本来上坟应该在二日，但那天还在广东的丹霞山。一日从澳门赶赴丹霞山，随同出席澳门笔会的作家前往丹霞山出席征文颁奖仪式。按照安排，还应游览几日，但是因为上坟，我于三日赶了回来。四日不上坟，是因为有个习惯，这天是歇节，只有鼓手、戏子才上。因而，就约定在清明这天全家上坟。三日晚电视预报清明有雨，也无可奈何。

所幸，上午没有下雨，午时太阳还从云里露出了颜脸，光色不变，说明与下雨有一定的距离。这距离还真适度，下午乔梁一家赶往太原，步步下午四时许要上学报到，吃过饭即出发了。

雨到底下起来了，不过已是夜色覆盖大地的时分。乔梁他们早该到了。好雨知时节，好雨知人心。所谓天遂人愿，所谓风调雨顺，我想就是这么个意思。清明次日落笔。

2012年4月4日 · 农历三月十四 · 星期三

这是个百里挑一、明净温暖得令人震撼的清明节。

有这样一个清明着实不易。进入四月，一日天色清明，是个难得的好日子。二日却大变模样，阴阴沉沉，大风呼啸，气温下降，还有几滴带着尘泥的雨。三日间乎其间，风没有二日大，仍然在刮。真没想到，四日风停了，天空明净，再没一点云彩，一个蓝字似乎可以书写九万里晴空。

去卧虎山上坟。杏花开了，麦苗绿了，山顶上的小草探出了头，贴着地皮生长。田边的小渠里匆匆流淌着明净透亮的深井水，一种灵秀之感四处蔓延。这井水要是泉水多好，遥想当年这儿那一眼黄鹿泉，自然盈溢，昼夜流过，流过翟村，流过县底，流进二十里开外的临汾城里，滋润出一个生机勃勃的城市，还滋润出一个莲花池。曾想，莲花池中的绿叶红花该是多么美好的景致！

清明激动着我，止不住归来即坐在窗前走笔。

2013 年 4 月 4 日 · 农历二月二十四 · 星期四

清明时节雨纷纷，正是今日的写照。好在雨也知人心，在我们上完坟才下起来。往常多是清明前三天上坟，今年为了不影响上班、上学，决定清明这日再上。没想到这一来偏好，一大家子凑在了一起。延慧、延萍提前上过了婆家的坟，乔桥、乔梁分别从深圳、太原赶回来，张蕾、张蓓、徐栩也都来了，在老爸、老妈的率领下，开了五辆车，很有点兴旺之意。早晨出发，太阳虽然不甚亮，也在正常照着，没有一丝风，气温和暖。上过坟大家相随回到老院，忆及往事，感慨万千，纷纷留影。然后，去新院，说是新院，也建起三十年了。之后去龙祠天龙寺，游毕在山麓吃饭。饭后上龙山寺，此时天虽阴了，也没下雨的征兆，近二时回到财神楼，同乔桥一起看他的学习笔记，做得细致，有提高。三时回三元家中午休，落枕后窗外有了滴答滴答的雨声。

当日晚记。

2014 年 4 月 5 日 · 农历三月初六 · 星期六

真正的清明。不仅晴朗明丽，而且风和日暖。城外的田里，麦苗拔节了，蓬勃向上。桃花开了，梨花开了，到处粉嘟嘟白艳艳的。高处的红，低处的绿，互相映衬，比画家笔下的图画壮观得多，惹眼得多。站在卧虎山上，朝远处眺望，脚下翟村成了紫色的锦簇，桐树花全开了。

房屋遮掩在花簇间，别是一种风光。

今年春寒，原以为清明时节不会苗绿花红。岂料，近来的气温逐日攀升，已有了夏日的意味。今天（八日）午后回家，竟然想走进阴影里，躲开阳光的照射。温度高了，树木禾苗竞相生长，便生长出一个华丽的清明。

2015年4月5日 · 农历二月十七 · 星期日

清明真真是个清清明明的日子。

这个清清明明的日子富有戏剧性，至少让我觉得意外。

意外的事是从四月一日开始的，因为那天下了雨，还是一场少见的春雨。那雨下得人心都湿漉漉的，第二天要上坟，不知能否上成。所幸，第二天雨停了，还间断出了太阳。四月三日云丘山中和节，一早天气预报的图示中临汾被云层覆盖，大势不好。所幸，不仅没雨，偶尔还能见到太阳。而到了四日，却浓云笼天，不透缝隙，傍晚还滴落雨点。因此，当清明节的亮丽太阳出现时，意外而又惊喜。

清明前，两个孩子都回来上坟，昨天下午次子乔梁返太原，赴京，明日长子乔桥也要去深圳。他们千里迢迢回家祭祖，承续了乔门家风。

2016年4月4日 · 农历二月二十七 · 星期一

昨日盛夏今初春，流过汗水怨天寒。这就是清明前后的气温。

三月三十一日，去卧虎山给岳父母上坟，已感到天气热，只穿秋衣、秋裤也觉得热。四月一日回村上坟，更热，太阳晒得浑身燥热。第二天下午天阴了，晚上下了一阵雨，隔窗听见“沙沙”声，算是今年最大的雨，是一场极好的雨，对麦子拔节很有用处。可惜时间有些短，待睡觉时窗外已无声无息。

之后，连续两天不见阳光，也就有些冷，刚脱下的衣服，又添上了，夜晚睡觉，被子上遮苫了夏被，不然，发凉，发瘆。

如此天气，实在反常。大起大落，非高即低的温度，会影响麦子的成长。

2017年4月4日 · 农历三月初八 · 星期二

今年的清明在杜牧的诗里盎然走来。早晨起来地上湿湿的，看水坑仍在悄然动弹，细雨还在下。饭后给老妈去电话，关机，知是未充电。赶紧撑起伞走去，雨滴敲打着节奏，犹如一首春的打击乐。街边的花池里，黄杨更绿了，爆开的桃花粉面更白了，立交桥的丁香真的香起来了，花开得盛盛的。春雨似乎就是为蓬勃的春花歌唱，春花似乎就是为适时的春雨献礼。行走在这样的天地，心里明净地毫无尘色。

只是气温低了。好在下楼前穿了挂里的衣服，并未觉凉。全天待在老妈身边，雨不下了，可未放晴，浓云仍旧在天。还会下吗？

不会了，次日坐在窗前写这篇小文，外面已阳光灿烂。

2018年4月5日 · 农历二月二十 · 星期四

扬州的清明，既不清，也不明。自三日起，乔梁驾车，我、小平和张静南下，昨日即大降温，虽然提前从气象预报闻知了信息，但还是冷得超过预想。一早，四人相随来游瘦西湖，入园阴沉，并无烟雨，趋步向前，湖面时凸时凹，道路随弯赋形。岩边，路边，花色繁多，开得像是闹嚷嚷的一群佳人娇娘。人说瘦西湖不大，转了大半个上午也只转了个大半个湖。有资料称，瘦西湖是亢百万的后花园，富得堪称敌国了。早有观赏的意念，今日总算如愿。

出园向大东关走去，走进仿古街道，也走进了烟雨当中。撑起雨伞前行，游人摩肩接踵。之后，前往高邮，雨渐渐停了，找到了深巷里的汪曾祺故居。门锁着，无人来，与喧嚷的瘦西湖比，寂寞，真寂寞。晚上，已赶到了无锡，住在了太湖边上。二十四夜追记。

2019 年 4 月 5 日 · 农历三月初一 · 星期五

自从杜牧写了那句“清明时节雨纷纷”，清明的标准就含糊了。不知晴亮明朗是清明的标志，还是阴雨绵绵代表清明的意蕴？

今年这个清明是晴亮明朗的典型代表。天晴如洗，一蓝无限；而且没有风，少有的温和，滋润着万物。去卧虎山上坟，一路上行，天开地阔，桃红柳绿，紫色的桐树也来凑趣，美不胜收。

可惜如此美景，却辜负了杜牧的诗句意境。

之后，一天比一天热，七日居然热到三十度以上。行走在街上，大有进入“五一”的感觉。今日天阴了，降温了，也没有凉的感觉。过年后几乎没有一场像样的雨，昨夜看预报有雨，未免有些高兴。可惜空欢喜了，到落笔仍然未见下雨，明天会来吗，或者今晚来场“春夜喜雨”。八日夜记。

谷雨

二〇〇〇—二〇一九

雨声响沙沙，清流戏水鸭。
待到天晴日，遍地种棉花。

布谷声里雨色新

雨在二十四节气里出现了两次，前面是雨水，后面是谷雨。

谷雨和雨水大为不同。如若是绘画，雨水是水墨画，山还空蒙，地还荒秃；谷雨是水彩画，山已青翠，地已缤纷。如若是演奏，雨水是独奏，淅淅沥沥是雨声，飘飘洒洒是雨声；谷雨是合奏，淅淅沥沥是雨声，布谷布谷是鸟鸣。雨水是催春的雨，雨一洒，草初生，芽初萌，花初开，万物复苏一时新。谷雨是闹春的雨，雨一洒，草更绿，枝更长，花更艳，万紫千红春烂漫。再加上蜂蝶翩翩舞，紫燕闪闪飞，一幅立体画卷蓬蓬勃勃展现在天地间。

唐朝张又新泛舟长沙东湖，满目好景笔底收："栖树回葱蒨，笙歌转杳冥。湖光迷翡翠，草色醉蜻蜓。鸟弄桐花日，鱼翻谷雨萍。从今留胜会，谁看画兰亭。"这景色确实很美，湖光迷乱翡翠，草色醉熏蜻蜓，鸟鸣惊碎桐花，鱼跃打翻浮萍，静也美，动也美。只是美得还不够劲，还不够味。最够劲，最够味的在宋人元绛的胸腹间，他的彩笔点染，牡丹花绽放了："谷雨风前，占淑景、名花独秀。露国色仙姿，品流第一，春工成就。罗帏护日金泥皱。映霞腮动檀痕溜。长记得天上，瑶池阆苑曾有。"真是国香天色，啊呀，顿时谷雨变得富丽堂皇。不，是整个春天富丽堂皇啦！

如此景色美是美，也只是文人墨客供养在书卷里的春色。最富有生机的春色，不在案几，不在书卷，而是野外的农事和鸟啼。布谷鸟似乎是上天派来的发令官，只要"布谷布谷"的叫出几声，就等于发出了播种命令。种什么？种粟谷，种稻谷。河边的稻田里，顷刻成为一块块明镜，粒粒金黄的稻种撒进去，不几日就会一抹新绿向天生。这当口，高高的垣地上，丁零丁零响起铃铛声，一头黄牛拉着耧缓缓走过，响声过处，虚绒的黄土里谷粒已在做秋日的谷穗梦。诚可谓："春种一粒粟，秋收万颗子。"

因而，农人对谷雨有最接地气的解释：种谷子的雨。

农人还说，清明早，立夏迟，谷雨种谷正当时。

谷雨不只是播种的时节，还是收获的时节。桑葚熟了，紫红紫红的，鲁迅先生那百草园里弥漫开淡淡的甜意。他还在树下垂涎欲滴，闰土早爬上郊外的树梢大把大把采摘下来，送进嘴里。早熟的还有一物，樱桃。光鲜的樱桃不仅好吃，还好看，在阳光下流光溢彩。北宋曾觌先写樱桃的美貌："谷雨郊园喜弄晴。满林璀璨缀繁星。筠篮新采绛珠倾。"再写樱桃的美味："樊素扇边歌未发，葛洪炉内药初成。金盘乳酪齿流冰。"美貌美得"满林璀璨缀繁星"，美味美得"金盘乳酪齿流冰"。凭借桑葚和樱桃的早熟，谷雨在二十四节气里堪称收获第一节，可以在众生的喝彩声中领到一枚光色灿灿的金牌。

谷雨不为所动。谷雨还有机趣。

谷雨的机趣在于，自己不凡的出身门第。那门第在苍穹，在天宫，玉皇大帝挥手一撒，天庭的谷粒像雨水一样洒遍人间。玉皇大帝播撒谷雨，是在褒赏一个人，这个人长着四只眼睛。莫非是仓颉？不错。玉皇大帝是在奖励他造字的功绩。有何证据？《淮南子·本经训》记载："昔者仓颉作书而天雨粟，鬼夜哭。"天雨粟，就是谷雨。似乎不无牵强，不无附会，可是陕西白水县年年祭祀仓颉就在谷雨这日。这便不可小觑，古老的风情民俗，往往蕴蓄着创世纪的记忆。

不凡的身世，不凡的来历，更为谷雨增添了神奇的魅力。

谷雨不炫耀魅力，只为万物增添活力。

2000年4月20日 · 农历三月十六 · 星期四

谷雨就该有雨吗？

大连的天气也挺有趣。昨日晴朗得人精神好振奋，不仅脸上闪耀泽辉，心底里也无垠的明净。曾经登上白玉塔山远眺，一望无际的蓝天，一直蓝开去，在远方和海水蓝为一体。次日却换了一个眉眼，浓云重压，寒风呼号，站在街上冷得人直发抖。让人觉得这似乎是立冬的日子。

一幅要下雨的风景。

然而，雨竟然没有落下来。说没雨并不完全准确，因为还有那么几滴，让乡里人说，是颔水一样的。

之后，一个多月都没有痛痛快快地下雨，旱得小麦枯干了。

不知，谷雨要是下了雨，天还会旱吗？

从大连赴朝鲜，回来后陪妻子在太原住院，五月二十五日补记。

2001年4月20日 · 农历三月二十七 · 星期五

谷雨，是风送来的。

头天下午起了风。风不停地刮着，刮过黄昏，刮过傍晚，一直刮到了深夜。

连日的温热散了，天有些凉。夜里睡觉，棉被上又加了一条毛毯。

早上看屋外，暗暗的，天阴了。

去撕日历，谷雨了。

谷雨的雨是下午来的。天阴到黄昏的时候，越发重了，就有丝丝的雨落下。雨不大，随风飘着，水泥地上一会儿就泛亮了，而土路上只有些微的湿意。禾苗的叶面上闪动着亮色，嫩苗苗更嫩了。

谷雨有雨，二十二日谨记。

2002年4月20日 · 农历三月初八 · 星期六

这么热的谷雨不曾记得。

坐在屋里鼻孔里燥燥的，发干；走到户外身上黏黏的，出汗。有人早就耐不住热了，脱了毛衣、绒衣、秋衣，穿起了汗衫。也有甩着从短袖衣服中伸出的胳膊在大街上行走的。

出城走走，小麦已经长就了个头。老辈人常念叨：三月十八，麦抱娃娃。是说麦子鼓圆了肚子，很快就要吐穗了。屈指算来，离三月十八还有十天，但麦子早就鼓圆了肚子。上周六因为看出土石碑，去了绛县尧寓村，山地上的麦子都已吐穗了。

今年春早，气温已上升到了29℃；而且，不是今日上去的，前半个月就上去了，因为来了寒流落下来，近日又悄悄升上去。

谷雨，晴得好亮，无雨，连云也没有。次日下午走笔。

2003年4月20日 · 农历三月十九 · 星期日

谷雨，无雨，天气平和。

谷雨的雨下在了节气前。前四天好热，刚刚还气温20℃，突然便蹿高到30℃，热得人扒了厚衣，穿着薄衣上街。我那日从运城拍电视散文归来，碰上的人都说热。

次日，天突然变脸。午后打雷了，今年的第一声雷响动了。雨紧跟着来了，很是豪爽了一阵子。不多时，雨停了，天却不见开，又返热为凉了。凉得厚衣服复辟了！

谷雨这日，天算是晴和了，却不亮堂，又是满天的云翳，仍然凉凉的。

次日天又阴了，还零星了几点雨，似乎是补昨日的亏欠，要让谷雨名副其实。可是晚了，当日就是当日，次日就是次日。

2004年4月20日 · 农历三月初二 · 星期二

谷雨变成了炎夏!

大约二十年前，有份报纸征文，题目便是谷雨。拿到这个题目，我的心便沉浸在潮润润的天气中，不时还能觉得额上生凉，准是小雨点，光顾了天庭。雨点会变大，变密，痛痛快快将尘世洗浴一番，不光给人潮润，也给土地以潮润。于是，稻谷也就可以下种了。

然而，今日的谷雨早已面目全非。早几日便热了，我去阳泉、晋中、离石寻访古戏台，坐在车里必须开空调，否则，汗渍渍的，难受。归来一周，气温都在30℃以上。坐在屋面尚有些舒爽，走在街上却热燥淌汗。

谷雨这日，亮阳高照了一日，比以往更热，好在我赶写稿件伏案一日，没有到外头去，烈日未能炙烤我的容颜。

夜里看新闻，运城居然热达37℃了!

继续看电视，等到天气预报，临汾四月二十一日也达36℃了!

这是六月的温度，炎夏提前一个多月光临了。

2005年4月20日 · 农历三月十二 · 星期三

前天去许村，路上看树，树绿；看麦，麦绿。满眼绿色，绿的水滴滴的，像是抹了水，又像是涂了油，看得心里十分舒服。

仔细看麦子，已有两节高了，快挑旗了，这时候要是有场雨多好呀！只是大太阳高高的，满天亮堂，哪会有雨呀!

午后的天空不如上午明净了，渐渐有云，到傍晚天早早暗了下来。夜里十时，在窗前读书，有了滴滴答答的响声。侧耳听是下雨了；而且越下越大，不一会儿，声响闹嚷嚷的。掩住书本，品味这声响，禁不住叹出：

好雨知时节，当春乃发生。

次日一早，艳红的太阳上来了。天却不明净，有迷迷蒙蒙的感觉，过一会儿刮起了风，风中夹杂着沙尘。一阵大，一阵小，整整刮了一天。

谷雨这日仍刮，仍有沙尘。谷雨成了谷风。

前天夜里那场雨可能是谷雨的先行队，可惜后续队伍没有赶上来。

2006 年 4 月 20 日 · 农历三月二十三 · 星期四

夜晚下了一场雨，让谷雨名副其实了。

没有想到会下雨。前天沙尘漫天，去安泽开荀子文化研讨会，竟在风沙中去报到。昨日，天晴亮得出奇，会上组织参观荀子文化公园，游览黄花岭，遇上了难得的好天气。可惜的是，黄花精神不振，萎靡得松松垮垮。打听原因，是前头那场雨，哦，先是下雨，后来下成了雪，山上雪花繁盛，比这满地黄花还繁盛。雪寒凌侵，黄花经受不住折磨，破败了。

这场雪是四月十二日晚降下的。原先曾记得，一九八九年三月二十七日是最后一场春雪，不意今年又推后了半个月。那一场春雪，压折了市政府大院的柏树。这一场春雪，侵杀了满山黄花。

今日上午仍然晴好，参加了研讨会。因为张石山先生要去临汾，陪他先往回返。下午有了些阴云，但也没有多重。晚九时半从五洲酒店用完餐出来，步行回家，进大院时脸上有一点凉，疑是雨点，再注意时却没了。

回到家时，外面响起淅淅沥沥的雨声。

2007 年 4 月 20 日 · 农历三月初四 · 星期五

一连数天天气晴好，这日晨起，却见天色灰蒙蒙的，有了阴云。去撕日历，才发现上面标识着谷雨。

谷雨了，怪不得阴了，下点雨是应该的。

然而，这应该却没有如愿，中午天转晴了，太阳又露了脸。

一连数日，天气一天比一天晴，而且临汾不仅有了蓝天，蓝天上还飘着几朵白云。以为环境治理见了成效，心里喜喜的。晴朗的天气，继续增温，已有人穿上短袖衫。

二十二日回村时好热，只好脱下外套吃午餐。表弟忠岗为女儿过十二岁生日，人不少，可以说是热火朝天了。中午二时动身去太原开作协全委会，不敢穿厚了，上面去了秋衣，只穿件羊毛T恤，下面外裤中留了一条秋裤。如此坐乔梁车去太原，还有些热。

没想到第二天早晨起来下了雨，天气凉了，一下降低了近10℃，冷得连室外也不愿去了。好在，晚上雨住了，有了风，第二日天晴了，太阳红彤彤的，不那么冷了。

2008年4月20日 · 农历三月十五 · 星期日

谷雨的雨下在了节前。

十七日去太原，天便阴了，没有下雨。十八日午后，雨滴滴答答下了起来，虽然不大，却一阵一阵的。这日省作协召开全委会，并颁发2004—2006年度赵树理文学奖，我获得儿童文学奖。会上还表彰了作品转载的情况，我因刊于《山西文学》杂志刊发的文章《父亲是棵刺》被《散文海外版》选载而受表彰。次日，在太原转了两家书店，买了几本书，其中有王力先生谈中国古代文化的书，对当下写作尧的小说极有用，从并州回来，爱不释手。在太原上车时，细雨蒙蒙，到了临汾仍然在下，而且下得还比太原大。小平撑着一把伞来火车站接，躲进伞里，立即感到了春温。

这日雨停了，还出了一会儿太阳。但是时间不久，太阳又隐进云中去了，今年雨多，坐火车北行二百多公里，如在看一个画廊，麦子绿得葱茂，间或有一树树桃花、梨花，风光极佳。

今日二十二日了，我坐在桌前写这篇小文，窗外天色灰暗，似乎还要下雨。

2009 年 4 月 20 日 · 农历三月二十五 · 星期一

前日夜里下点儿小雨，昨日阴了一天，原以为会阴到今日，下些雨，谷雨嘛！未曾想，今日晴亮得特别，该用小学生作文的句子形容，万里晴空，不见一丝云彩。

一早赶到电视台，尧文化讲座从上周一开始录像，录了两集，今日继续录像。三十余盏天灯照着我，前面没有听众，实在不适应。讲不到几分钟浑身冒汗，尽量克制，也难以冷静，只好中间稍作停顿休息。做讲座不是一次了，但是没有观众的电视录像还是首次。出来时小平送我，我说，这又在跨越人生的一个高度。

还算顺利，赶中午十二时录完了三集。出来后，在楼道顿生凉爽之感。到了外面虽然太阳光光的，却没有热的感觉，浑身轻松。

太阳在天上反复轮回，我在太阳下努力攀升。倘若讲座成功，也算是花甲之年的一点纪念。

2010 年 4 月 20 日 · 农历三月初七 · 星期二

谷雨有雨，雨还挺大。

天是昨日阴了的。前天从临汾出发去太原开作协全委会议，太阳晒得很热，步行去火车站，出了一身汗，坐在候车室里才渐渐落下去。到了太原，乔梁、张静以及步步来接，说到天热，张静说明天就凉了。

次日果然天变了脸，一早起床，阴沉沉的，而且有雨点滴下。下午回返，从火车上向外望，榆次下雨，祁县下雨，霍州下雨，到临汾没有下，地上干干的，然而，天是阴的。

雨是从今日一早下的。早上起床，地上是干的，后来有了雨滴，不大，出去办事，不打伞也能行走。下午就大了，雨沙沙的。写这篇小文时，在窗口可听见雨滴声。早起停了水，现在还没来，到外面吃饭去，没伞不行。今晚要去韶关，吃饺子送行吧！

雨是场好雨，要不是持续低温，小麦丰收便有了希望。

2011年4月20日 · 农历三月十八 · 星期三

没想到谷雨会下雨。

早上起来，天色晴朗，写关于藏山的文章。近十一时出去，先到打字行，再到一位同事家，孩子结婚，上礼进餐。叙说间有人说今天有雨，此时，太阳仍亮，岂会有雨？

餐后回家午休，待醒来时已是天色灰暗，披衣来到窗前，就见外面雨滴已打湿地面。亢青山老师母亲高龄病故，乘郭刚勤的车前去。雨虽不大，下个不停，五时回到家中仍然淅淅沥沥。晚上看CBA男篮总决赛，不时还能听见雨声。

明日内弟建文的孩子完婚，这样的天气自然不利，上床时心里还忧忧的。

一觉醒来，早晨六时半了，感到不那么阴暗。迷糊一会儿即起，却看见有雾。所幸，不多时雾退了，太阳高照，是个难得的好天气。

谷雨，下了一场好雨。小麦正在孕穗，实在宝贵，欣然记下。

2012年4月20日 · 农历三月三十 · 星期五

谷雨真滴了几点雨。

雨该大点，多下会儿，有些日子没下了，天旱了。要是多下点，小麦会长得更好。可惜，上天不知人意。

十八日去太原开省作协全委会，王富山主席派了车，一路北上，过平遥有大片的梨花，如雪覆盖，一个银色洁净的世界铺展得浩无边际。十九日下午归来，晚上即和旅游局商谈丛书封面。天突然升温，晚上盖的被子显然厚了，有些燥热。第二日，天即阴了，以为会下一场透雨，岂知就应付了那么几滴。

二十一日晴，二十二日晴，温度还在上升。肖先华来临汾讲课，是一名很受欢迎的学者。我在会上讲，十三年前认识他，他是一位学生。后来是行者，现在是学者，他成熟多了。送走他，忙着改稿。今天已是二十三日，一天没出去。晚上看天气预报，今日太原高达30℃，那临汾还会低吗？可惜没感受到。预报明日有雨，不知能否降下？顺手记下。

2013年4月20日 · 农历三月十一 · 星期六

节令没有错乱，气温却已混乱。

有人说，今年没春天，突然从冬天跳到夏天。这话有些夸张，却不无道理。上周三、四，还有些凉，五、六、七日就热到了33℃以上。参加洪洞县三月三接姑姑，每天都是一身汗。正热得上劲，突然天气变脸，温度下降，最高温度只有7℃了。最有意思的是太原，雪下得很大。

太原下雪时，临汾下雨。淅淅沥沥下了一天，缓解了旱情，只是如此低的温度，很少见，又穿上了冬天的衣服。似乎从夏天又跳回了冬天。

谷雨这天无雨，却是昨日的雨迎来的。冒着雨去文联参加作协主席团会议，要换届了，由我主持最后的一次会议。

今晨雅安芦山县发生了里氏七级地震，已有一百五十九人丧生，可惜。

2014年4月20日 · 农历三月二十一 · 星期日

谷雨没雨，雨在前天下了，而且下得很大。

十八日下午动身去云丘山，三时零星小雨，上车后渐大，及至高速公路大点子往下砸，有些暴雨的意味。雨大，漫天迷蒙，嘱咐司机慢些。雨没停的意思，晚上也下，只是小了些。次日没雨，却阴了一天。预报二十日还有雨，但没想到是谷雨。

带着雨伞去看冰洞，走着走着云淡了，太阳出来了。天热了，浑身出汗，走不快。本想再往上走，但是准备不足，到了神塔即回返。下午三时返临汾，天又阴了，晚上看新闻，才知道今天是谷雨。

早到的雨洗净了山，滋润了草，遍地山花，花朵虽小，然而气势蓬勃，满眼新嫩，好不振奋。今晨推窗，昨晚又下了雨，地上湿湿的，积水处可以看到零星雨滴。

2015 年 4 月 20 日 · 农历三月初二 · 星期一

谷雨有雨，不过，雨是急性子，下在了谷雨的前面。

谷雨这日早晨起床较早，外面迷迷蒙蒙，不知道是晴是阴。害怕气温变低，衣服仍按下雨时穿。八时，随市妇联文化创业调研组去侯马，越走云越淡，到时已是晴天。太阳一晒，气温上升，坐在车里便有些热，只好脱去外套。回到屋里座谈，又发凉，侥幸衣服没有穿薄。下午四时回到尧庙看产品展销，天变得很晴亮。

次日一早去洪洞万安出席《千秋亲情看万安》一书首发式，沿途所见，麦子油绿，树叶嫩绿，春景迷人。古人说，春前有雨花开早，秋后无霜叶落迟，当真。春日有雨满目绿，无限生机遍大地。

今晨（二十二日）走笔，仍是个鲜亮的日子。

2016 年 4 月 19 日 · 农历三月十三 · 星期二

谷雨，摆出了下雨的架势，整整阴了一天却没下雨。第二日，云开日出，天气热起来了。

好在十五日下了一场雨，而且是今年最大的一场雨。去年入冬后，就没有下过像样的雨和雪，偶尔天阴落雨，也是象征性的，地皮刚湿，天便累了，即刻告罄。以为天是老了，衰了，实实无力下雨，可是那天的雨，为之挽回了面子，天没老，没衰，而且永远不会老，不会衰。午饭时，天阴沉沉的，以为像上次一样，只阴不雨。午觉醒来，没想到真下起来了。去临汾一中讲课，撑一把伞，缓步走去，如同行进在江南的街巷。在春雨声中讲课，别有情趣，效果出奇得好。

谷雨后还会有雨吗？别都下在南方，那里成灾了，匀给北方些。二十夜谨记。

2017 年 4 月 20 日 · 农历三月二十四 · 星期四

在重庆，住逊豪酒店，这日将返临汾。

早六时许下楼，雨滴滴答答不算大，冒雨去吃饭。不意饭后下大了，伞装在行李包，包在酒店，又无法等雨小，只能跑到酒店。七时许，酒店司机送往火车站，雨仍在下，小了些，淋着雨进站。

火车开出重庆，仍有小雨。再行，雨住，天阴沉。山不算高，说是丘更为准确。云忽浓忽淡，丘忽远忽近。房舍点在坡腰里，每一个丘凹里都有水田，田成梯状，已整平注水，就等插秧。田边有河水流过，不清，下雨浊了河水。河里有鸭子，白色的最招眼。

往北云淡了，到了秦岭北段，天晴了。

回到临汾才知道，前几天下了场雨，近日晴了，今日仍亮。二十一日上午记之。

2018 年 4 月 20 日 · 农历三月初五 · 星期五

谷雨这日，起个大早去太原。商务印书馆和太原新华书店安排了四个讲座，推介我的图书《成语里的中国历史》。看了天气预报，说要下雨，降温，怕冷，穿了保暖裤，但是不仅不冷，还出了个太阳，热到32℃。午饭后匆忙进宾馆，将保暖裤换成秋裤，这才幸免下午在杏花岭二中讲课时的炎热。

热到这种样子，本以为与下雨无缘了。岂知，课后赶往山西大学商务印书馆的图书体验馆，看会儿书，吃了晚饭出得门来，居然雨水沙沙。不得不加快脚步，冲过雨帘，慌忙上车。回到宾馆，还在下雨。

临汾下吗？电话问小平，答是未下。莫非我去太原，还是赶一场谷雨？

2019年4月20日 · 农历三月十六 · 星期六

写谷雨时，已进入谷雨第六天了。这个谷雨真下了一场雨，雨不算大，可在春雨里也颇像样子。应该说是这个春天最好的一场雨，小麦在拔节，需要水分滋养。

只是，谷雨前已冒出的夏天味道一下被浇灭了。那两天在街头已能看见有年轻人穿着短袖衣服行走。雨一来，气温急剧下降，穿棉衣也不会有热的感觉。气温上下浮动太快、太大，古人说二八月乱穿衣，这是三月了（这里指农历）仍然在乱穿衣。人可以凭借衣物调节自身温度，农作物不行，所以雨成为双刃剑，既带来禾苗提供生长的水分，又带来扼制禾苗生长的温度。

二十二日，国务院原副总理回良玉来尧庙，前去接待讲解。他很随和，对尧文化兴趣颇浓，有种春温和煦的感觉。

立夏

二〇〇〇—二〇一九

莲藕水田插，小麦正扬花。
燕子上下舞，野外唱青蛙。

立夏劲催万物长

每逢立夏总令人精神一振，“春眠不觉晓”的萎靡倏尔远遁了。

此刻犹如站在百米冲刺线上，神情昂扬，只等起跑的枪响，便弹射出去，而立夏就是那亢奋的枪声。说清这时的心情，需要打个比方。若是用上学作比，春天就像是读小学，立夏好比是升初中。小学是掌握最基础的知识，掌握未来求知、发展的工具。有了这积淀，就为未来的奋进提供了先决条件。立夏这个节令，犹如初中，是人生一个奋进跨越的最好开端。换个说法，若是用和农人息息相关的牲畜作比，春天诚如一头拉犁前行的耕牛，脚踏实地，一步一个深深的脚窝，划破了大地沉睡的梦境。立夏呢？立夏不再是负重耕耘的黄牛，变为腾跃行空的骏马。随着热浪的涌起，骏马扬蹄飞奔，奔出的征尘化入万里烟云。毋再赘叙，就这两个比喻大家也会明白立夏和春天的最大区别是速度，是万物成长的速度在加快。

速度来自温度，来自热度。

温度是这个世界上决定生死与否的外部要素，也是决定物体质变的外部要素。温度过低，无法生存，生物都会死亡。冬季里满目荒疏，就是气温过低造成的凄凉景象。春天万物复苏，百花盛开，则是气温回暖赐予的美好风光。记不起是哪个资料记载，多数植物在12℃以上才会生长。要是想生长得快些，那就需要相对高的温度，当今大量反季节种植正是驾驭温度的结果。立夏的到来，最明显的标志便是气温升高，为万物生长提供了最需要的热度。因此，如果说春天到来让万物发芽、开花，那立夏则向万物宣告，夏天来了，气温升高，快快生长，快快挂果，快快成熟。一个天高任鸟飞，海阔凭鱼跃的时节到来了，千万莫要辜负这施展生命抱负的大好时光。

农谚说："豌豆到立夏，一夜多一杈。"何止是豌豆，小麦也是如此，"立夏天变热，一天高一节"，农人称这是蹿个。蹿个，多么形象的说词。蹿，是很快的意思；个，是个头。蹿个，不就是很快地长高吗？长高了，就孕穗，就挑旗。挑旗，就是个头长成，不再增高，顶端撒出的最后一个叶片，犹如麦秆挑着一面旗帜。接着，当然就是秀穗、扬花、灌浆啦！

《逸周书·时训》云："立夏之日，蝼蝈鸣。又五日，蚯蚓出。又五日，王瓜生。"明代高濂在《遵生八笺》写道："孟夏之日，天地始交，万物并秀。"都是天气转热，生长加快的意思。这样的大好时令当然不能辜负，当然需要好好把握，好好操持。因而，自周朝起，立夏这日，天子要亲率文武百官到郊外举行"迎夏"仪式，大臣们穿的是红衣服，戴的是红玉佩，坐的是红车子，举的是红旗帜，连驾车的骏马也是红颜色。如此这般红彤彤一片，似乎才能表达人们心中的梦想：红红火火过光景。

自然，气温热到一定高度，不仅无益，反而会损伤人们的健康。因此，古人并不一味要众生在烈日下玩命，还提醒大家保健。明人刘侗在《帝京景物略》中记载："立夏日启冰，赐文武大臣。"朝廷设有专门掌管冰政的凌官，每到立夏这天要挖出冬天窖存的冰块，切割分开，再交由皇帝赏赐给官员。民间百姓自然无法享受皇帝赐冰的荣幸，不过也要在立夏这日喝冰水，饮冰茶。可见，在遥远的古代人性化就已形成习俗，就在日常的礼仪里提醒众生，劳作和保健不可偏废一方。

提速与养生并重，立夏的习俗里蕴含着发展与生存的永恒世理。

2000年5月5日 · 农历四月初二 · 星期五

有人进得屋来，穿着短袖衫，脸上红扑扑的。

有人进门就说：热了。

太原的天气应该比临汾凉，一般情况下要低5℃左右。想必临汾更热了吧！

出去走走，太阳亮得很，刺目，灼人。

地上腾着热气，是太阳撒播的。迈步过去，人就在这热气中云游。裤筒里的热气，往心窝里扑来，两胳肢窝里就往下滴汗。鞋里成了个小蒸笼，脚在里面太不自在了。一回到屋里赶紧洗脚，洗过了就清爽好多。

这一天，就这么平平常常地过去了。

三天后回到了临汾，那热劲容我反思，翻开日历一看，才知道立夏了。

2001年5月5日 · 农历四月十三 · 星期六

夏天是一位堂堂正正的好汉。这位好汉道德而又义气，该自己登场了，不推不托立马就亮相了。而且，一上来就身手不凡，把天弄晴了，日弄亮了，温度弄高了，满街的人都说：热了！

热得干练，洒脱。

近半个月来，天气以阴为多，有些凉。前些日曾热了热，给人捎了个转暖的信儿，可是，转了个身，阴了，凉了，时而又寒寒的。

昨日可好！刚刚立夏，就猛猛地热了。夏天，真如同戏台上的武生，锣鼓家伙一响，一个鹞子翻身就跃上了台口。

立夏了！

2002年5月6日 · 农历三月二十四 · 星期一

夏天来得匆忙，忘了择个相应的日子。

昨日落雨，雨下得很耐心，细密而认真，从早上就滴滴答答的，紧一阵，慢一阵，整整落了一天。白天湿湿的，夜里也湿湿的。从日历上看，立夏是零点五十五分，没准夏天被淋个溃湿。

早晨雨停了，云仍没退，太阳没有出来，天暗暗的。如同我的心境。妻子冬芹去了，三日凌晨去的。患病十六年了，知道病体难愈，迟早要去，但去时仍揪心得难受。

天不晴，日不暖，夏天来了，却没有夏天的意思。

不知是日子委屈了夏天，还是夏天委屈了日子。

2003年5月6日 · 农历四月初六 · 星期二

不知是天气和人有某些相似，还是人和天气有某些相似。五一的时候，天气已经热了，屋里屋外有种燥烘烘的热流，在屋里吃饭，在屋外走动，会出汗的，一副夏天的架势。但是，没有立夏。

立夏这日，下了雨。雨是真下，沙沙沙飘落不停，不是偶尔小一阵，没有停的意思。

次日还断断续续下着，下了一会儿渐渐停了。天气却凉了，凉得不穿秋装不行，夏衫上又套了厚衣服。夜里，睡觉找出棉被盖上。

今日已是雨后的第三天了，天也晴好了两日，却仍没有热起来。莫非，降一场大雨，像人患一场大病，要缓过劲来，还原先前的样子需要多将养些日子？

气候喘息时，人却慌了。非典突然来了，临汾已发了数例。五一期间，车辆稀少，街头无人，连尧庙也不得不关门了。据说五日只卖出一张票，可怜，可笑！人们恐慌地喝绿豆水、打干扰素、放爆竹，抵御不期而至的灾难。

2004年5月5日 · 农历三月十七 · 星期三

这是一个重新到来的夏天。

立夏不乐意坐享其成，不乐意在自己尚未付出努力时就让天气热得轰轰烈烈。所以，四月二十日已经成形的夏天后退了，而且退了很远，由高达36℃的气温，又降到了14℃左右。穿上单衣的无不感到凉飕飕的，赶紧添衣。时光不是跳到秋日，就是退回初春了。

立夏施展着自己的能量，待他到来时也才高到24℃左右。

这样理解完全是善意的。当然也可以换一种视觉，立夏是新上任的官员，对于前任的政绩总是持否定态度，因而，之前已创造的炎热他不愿继续，竟然大踏步后退，退到了春天的气温。然后，他重来一次，向世人宣称自己的政绩。

这样理解立夏是有点贬义，可是，这种贬义到处招摇过市，并不稀奇。

2005年5月5日 · 农历三月二十七 · 星期四

阳光灿烂，灿烂中还有几份明丽亮眼，今日立夏。

夏天该热了吧？没有！仍是春天，春温宜人。

夏天什么时候来呀？其实，早几天就来了。谷雨过后不几天，已热到了35℃，像是往年割麦子的气温。出外走不多远，就汗涔涔的，热粘得难受。

只是，夏热没有站稳脚跟，露了几天脸儿，就被一阵寒流撵得没了踪影儿。寒流是昨天来的，傍晚的时候还只是阴云，夜半起了风，响起了雷，就有雨点在外头敲打，敲打了好一阵子。

是一场好雨，虽然迟些，也还有些用处。麦子早坏了，歉收已成定局，但这雨还能增点粒重。

眼看，炎热就要迎到夏天了，大获成功了，不料却被寒流打败了。

2006 年 5 月 5 日 · 农历四月初八 · 星期五

雷声在窗外吼叫。

天灰蒙蒙的，大白天如同已是黄昏。夏天来得像模像样。

夏天的本质应该是热。热是前一周就已光临了，在外头走走，想避开日晒，走阴凉处了。待久了，走多了，就汗涔涔的。

天气预报为：33℃。有，只高不低。

好久没有下过透雨，旱象出来了。热劲上来后就盼下雨了，盼来了云，忽散忽聚，游荡了几日，落了几点雨，也就湿了个地皮，云就去了，不解旱情。

然而，天不如前数日热了。

今天，气温不如先前，热劲一直没有上来，却已是夏天。所幸，夏天将自己威严厉势演绎了一番，让人们真切听到了今年的雷声，看到了今年的乌云。这似乎是夏天发表宣言：

我来了！

2007 年 5 月 6 日 · 农历三月二十 · 星期日

今日立夏。夏天的滋味在屋外已经具备了，表现为：

第一，阳光热烈，晒过来发烫，穿短袖的人不少了；

第二，在室内开窗，扑面而入的是热风，不像先前，拉开窗扇进来的是凉意。

在屋内，气温适应，仍然可以穿长袖衣服，穿羊毛衫。如果去客厅，去卫生间，阳光照不到的位置背上还发凉，不时得披挂坎肩。

其实，半个月前就有这样的气温出现了。四月二十二日去太原，气温就这么热，可惜第二天下了雨，天气就变了脸。让人冷得猝不及防。

此后，气温渐渐升高，经过十多天的努力，终于可以和先前持平了。五月三日下午去尧庙，阳光烈烈的，多亏小平给拿了遮阳帽，免受毒晒。次日去永济访柳宗元故里，登五老峰，天气同样毒热。夏天就这么一步一步走来了。

这便是夏天到来的轨迹。八日上午写此文时，窗外阳光鲜亮，今天又热，气象预报今天将达30℃。

2008年5月5日 · 农历四月初一 · 星期一

夏天来了，窗外已经全是夏天的世界了。从街头穿过，着短衣之人到处都是。我去临汾市艺术学校给教师们讲课，上场即脱下外衣。室内是有些闷。这节课是讲尧文化。本是个熟悉话题，很难讲出激情，然而，今天讲得很有生色，或许是夏天的热烈带给我的吧！

归途接到临汾三中书记许俊良先生的电话，去东港湾一聚。中午进餐，还去了几个朋友，是冲着那种田园风光而去的，可怎么也找不到田园风味，得到的只是形似，而不是神韵。有树，有花，少有轻风；有山，有水，还有水声。水声却不是外头那种潺潺的韵味，和说话的声音交织在一起，成了噪音。所幸，几个人尚投缘，谈笑不断，渐渐忘了噪音。

次日，区宣传部和文联为我开座谈会，说祝贺获得赵树理文学奖，集聚三十余名文友，气氛热烈胜于夏天。

夏天在自然和人为的双重热烈中到来了。我的写作在热烈中继续，五日下午为隰县写散文一则，七日下午撰写此文。

2009年5月5日 · 农历四月十一 · 星期二

夏天的味道已经出来了。

好一段儿没有下雨，入五月时滴了几点，地皮未湿就停了。几乎没有什么用处，降不了气温，也润不了禾苗。因而，近日温度连续上升，穿一件衬衣出去，丝毫没有凉的感觉。满街的行人，多穿短袖，夏天的表演由他们代表了。

人说，牛马年好耕田，是说庄稼收成会好于其他年景。我看今年要例外，至少小麦收成不会高。去冬无雪，今春少雨，夏天又热热地来了，地里缺水，还要大量蒸发水，庄稼生长太难。

庄稼的危机和人的危机凑在了一起，人在金融危机中生活，今年的财政收入不好，上周去机关闻知，发工资都遇到了困难。

当日写这则笔记，没敢穿单衣，还穿了一件厚T恤，否则后背会生凉，夏日的热还没对人构成威胁。

2010年5月5日 · 农历三月二十二 · 星期三

在重庆尝到了夏天的滋味。

出行半个月了，先去丹霞山出席散文海外版举办的笔会。结束即去长沙，看了韶山，转道去沈从文故里凤凰。而后，又去张家界，转宜昌乘船而上，经三峡到达重庆。

上午去看舅舅，八十多岁了，身体不如先前，但精神还好。叙说了一上午，下午和小平去看三峡博物馆，天气热成了大夏天，34℃，我穿一件薄T恤衫还汗涔涔的。在公交车上开着空调，还好些，下车后就出汗。到馆前已是四时，不再卖票，只好去解放路逛书店，书店很大，图书很多，一口气转了两个小时，出来还是个热，进餐又热出了一身汗。然而，第二天却变了脸，冷，穿两件衣服还凉飕飕的，仅隔一天，竟然到了深秋。原因是晚上雷电交加，下了暴雨，重庆的垫江等地遭了灾。直到昨日离渝，气温也没升起来。十一日凌晨五时到家，赶紧追记。

2011年5月6日 · 农历四月初四 · 星期五

立夏在说明什么是名副其实。说透了，也简单，就是热。热得不少人穿上了短袖服，坐在家里鼻孔都是干燥的。

世事似乎要说明道理。说透了，不简单，是混沌，是非不清，黑白交杂。说中性些是，你中有我，我中有你。

这不，今日是九日，即立夏后的第三天，炎热就被颠覆了。夏天的味道全部消解了，完全是立秋的感觉。昨晚下了雷阵雨，今上午没下，但阴着，天就凉了。在财神楼家中穿着秋衣校稿，身上凉凉的，就找个毛巾被盖上。这才有些适意。

午休起来，步行回三元新村，一路走得凉爽宜人。到家改稿，窗外仍阴，不多时却响起了鞭炮，未免奇怪。抬头看时暴雨连天，响声震耳。屋里更凉了，又添衣衫。

2012年5月5日 · 农历四月十五 · 星期六

立夏真的带来了夏天。连续几天气温都在30℃左右，最高已达32℃。今晨下了几滴小雨，天阴了一时，以为可以凉爽些，但九时左右太阳出来了，气温逐渐上升，坐在屋里鼻孔燥燥的。夏天从屋外闯进了室内。

立夏的这天下午，北京一家文化公司来了几位客人，和尧文化会一起商谈春节文化。细一想，春节之源也应始于临汾。因为没有历法，不知节令，就不会有春节。而且，从立夏这日的温度真切体会到，时令也罢，节气也好，都是根据临汾当地的气温确定的。因而，适宜华北大部分地区，东北、江南则不然。东北离夏天还有一程距离，而江南早就是夏天了，由此更坚定了尧时期始有农时节气的认识。

文化活动多了，忙了。这个月要去保德县出席报告文学研讨会，还要下常州开散文笔会，时间还有交叉，需要合理安排呀！七日急就。

2013年5月5日 · 农历三月二十六 · 星期日

要不是立夏来迟了，那就是炎热来早了。

早在上个月就曾有几次最高温度攀升到33℃的记录，只是持续不了几日就会下滑。滑下来，似乎不甘心，于是又使劲上攀，攀到一个满街青年男女都穿短袖的日子。可惜，热力非常浮躁，只有打天下的勇气，缺乏守江山的毅力，因而，一晃间温度下降，又被掀翻了热天的龙椅。

立夏就这么蹒跚而来。上午有些阳光，还没有热上去，下午就阴了，却没有下。没有下，是说身边，别处肯定下了，晚上出去进餐凉凉的。小平又去和惠云、小明商量露露调动工作的事，已经有半个月了，还没着落。本来最好的发展应在云南，那里天地广阔。

2014年5月5日 · 农历四月初七 · 星期一

气象预报，雁北下雪，怪不得凉凉的。下午去云丘山，晚上不是凉，而是寒，只好换上羊毛衫。次日云丘山多宝灵岩寺开光，早晨似乎沉浸在春寒中，太阳升高才渐渐温暖。

这就是立夏，气温反差极大。

就要去云南旅游，该穿什么衣服？电话了解，前天穿短袖，今天穿长袖，还有穿羽绒衣的。真有些怪！

岁月来来去去，时光不曾古旧，气候呢？也在不断变换面孔，大规则里拥有小自由。七日晨记。

2015年5月6日 · 农历三月十八 · 星期三

夏天来得激情高昂。六日本是个晴天，可是午后就有些变化，到了下午六时竟然打雷闪电，暴雨如注，似乎在发表炎夏宣言，告诫人们千万不要小看夏天的威力。不过，终归是暴雨，其兴也勃，其亡也忽。一个小时后云透日出，斜阳映照大地。此时，我接到黎城客人，在汾河公园里赏景了。

次日，艳阳高照，气温升高。

再次日，仍然艳阳高照，气温升高。我陪天津客人去壶口，居然看到黄河变清，翡翠跌落，飞花泄玉。平生去壶口瀑布十多次，这是唯一。

再再次日，早晨站在阳台上，地上有些湿，是下了一阵雨。怕再下，今天要陪客人去尧陵，有雨自然看不好。正想着，雨就下大了，无奈。无奈地吃饭，吃过了，雨停了，赶到尧陵时太阳高照。一天晴朗，气温升高。

再过一日，十一时下了雨，先是暴雨，再是细雨，整整下了一天，气温骤降。晚上看电视，承德等地居然下了雪。

2016 年 5 月 5 日 · 农历三月二十九 · 星期四

这个立夏在九寨沟度过。

这个立夏过的丰富多彩，早晨天气晴朗，坐大巴进景区，心情如丽日，在青山绿水间游走，风光怡人，自然真美。时近中午，太阳隐去，上到一个叫长海的景点，居然阴云密布，丝丝凉风吹来，令人发瘆。再往下走，雷声滚滚，似乎一场暴雨无法避免，所幸雷声大，雨滴稀，一路下行，没有遭受大雨洗礼。坐车返回镇上，去看演出《藏谜》。一个小时过后演出结束，出来时居然满地是水，而且大雨未止。匆匆上车，还淋了一头水。

上车后，导演小贾说，刚才还下冰雹。

这九寨沟的天气真是变化多端，如同临汾的盛夏。

立夏，将盛夏演绎了一次。十二日夜追记。

2017年5月5日 · 农历四月初十 · 星期五

反其道而行之。

立夏渐近，已是五月三日，下了一场雨，雨很大，浇灭了刚刚升高的热度，天变凉了，夏天到了。

立夏后天是晴的，可只晴了两天，气温还没有升到雨前，沙尘暴来了。临汾沙尘不算大，上午漫天昏暗，下午转好，然而，天亮堂了，沙尘暴带来的低温却徘徊不去，仍然没有恢复到雨前的温度。

四月末的日子，带了母亲、小宇，以及深圳回来的乔桥，游了涝河公园，又去村里的幸福河农庄吃午饭。饭后，进园中采摘玫瑰，那才是夏天的滋味。大太阳炙烤着人，直想戴顶大草帽。小宇不怕热，却怕妈妈热，说，你去休息，我来摘。

摘了好多玫瑰花，现在屋里边还盈绕着纯净的芳香。

2018年5月5日 · 农历三月二十 · 星期六

立夏这日天气没有升温，反而降温了。

降温的原因是天气由晴转阴，而且下开了雨。天气由晴转阴，继而下雨不稀奇，只是往日间隔时间较长。短时间转换也常见，但多是暴雨。昨天不是暴雨，是细雨。中午十一时我从三元新村去财神楼，阳光很厉烈，不得不躲在树荫里走。如此，还走得几乎出汗。吃过饭午休，一个多小时醒来，屋里昏暗。老妈站在阳台上，我问她下雨了？她说下的不大。果然，出去看是细细的雨丝。

下午在金都花园接受《发展导报》记者采访，尧都区下个月要举办旅游文化节，有个论坛，委托社科院退休的贾克芹承办，他提前做铺垫。聊完一块儿进晚餐，餐后回家，小雨还在滴答。

今日早晨动笔时，雨不再下，天还阴着。

2019 年 5 月 6 日 · 农历四月初二 · 星期一

立夏的到来似乎在说明一句与之毫不相干的老言：反其道而行之。

之前，在四月里就曾经有几日，温度迅速攀升，让人尝到了夏天的滋味。似乎那滋味在向人宣示，今年气温高。灵动的年轻人，猪年天热他先知，早早穿着短袖衣服招摇过市了。

然而，突然气温就来了个反跌。阴是阴了，却没有下雨。昨日刮了些风，风不算大，今晨开窗立即感到了凉意。往日我在街上行走，外套拿在手中，或搭在胳膊上。那是预防进屋落座里面发阴，今日出门即把外套穿上了，行走了一路也未有热的感觉。前几天绝非如此，从财神楼到三元新村往往浑身燥热，汗都快出来了。

今天还不是阴天，上午布满天空的云，不一会儿就淡了，阳光洒遍了大地。

小满

二〇〇〇—二〇一九

小麦浆未满，石榴花正艳。
万事莫迟缓，农家已磨镰。

麦穗初齐小满至

小满，这名字朴实无华，直截了当写照了小麦生长的景象。

满地的麦子秀齐了麦穗，高高翘起的麦芒挂上细密的小花。未几日，小花飞落，麦穗开始灌浆，籽粒就要饱满。

《月令七十二候集解》中云："四月中，小满者，物致于此小得盈满。"小得盈满，不就是小满？是，恰如诗云："小满温和夏意浓，麦仁未满粒还轻。"麦粒虽轻，但是麦穗已经长成，只待往里面灌注乳汁。这时候，要是有一场小雨那可是价值连城啊！好雨真要是知时节，不只能当春乃发生，而且也要小满乃发生。发生还必须是润物细无声，若要是夜来风雨声，那可就坏了，此时小麦头重脚轻，说不定会躺倒一地，大为减产。因之，祖祖辈辈的农人都在祭祀神灵，春祈秋报。春祈什么？不就是祈求风调雨顺么！风调雨顺，方才能丰衣足食。人对自然的敬畏，对自然的依赖，至今也未能摆脱。想想，谁还敢对天地狂妄？

小满时节，是一年里人心最为舒爽的日子。春日虽好，那是缘于刚刚摆脱了寒冷的挟裹，从内心泛起的一阵欣喜。那时暖流还在和寒流拔河较劲，时而暖流占了上风，大地微微暖气吹；时而寒流又卷土重来，飞沙走石冷簌簌。唯有到了小满，这种拔河才成为往事，暖流站稳脚跟，再也不会让寒流侵袭自己的地盘。请注意，是暖流，而不是热浪。即使温度增高，还少有热浪，气候不热不凉，也就不必像前些日子一会儿棉衣裹身，一会儿单衣短袖，若是更换衣服不及时，不是着凉，就是上火。小满时节的气候，最一个适宜了得，用刻下的时尚话讲，最为适宜人们生活。

小满不只气温好，风景也好。高处的农田里是丰收在望的小麦，麦秆壮，麦穗大，看一眼就喜滋滋的。低处的水田里插下去的莲藕初露锋芒，点缀在清粼粼的水面，真是“小荷才露尖尖角，早有蜻蜓立上头”。蜻蜓立上头是飞累了小憩，燕子却累也不敢休息，忙着衔泥垒巢。闪电一般掠过水面，又闪电一般射向高空，再看时早已飞进谁家的院落。诗情画意弥漫了田间，弥漫了村落。这风景令欧阳修看得眼馋，他在《归田园四时乐春夏》里写道：“南风原头吹百草，草木丛深茅舍小。麦穗初齐稚子娇，桑叶正肥蚕食饱。老翁但喜岁年熟，饷妇安知时节好。野棠梨密啼晚莺，海石榴红啭山鸟。田家此乐知者谁？我独知之归不早。乞身当及强健时，顾我蹉跎已衰老。”是呀，麦穗初齐稚子娇，田家此乐谁知晓？可惜，自己年已蹉跎身衰老啊！

小满的魅力何止于此，还有深厚的文化积淀。据说，蚕神节也在这日。蚕神可不是普通神，是国人眼里的体面神。古人云，下人争吃，上人争衣。在他们看来，吃饭填饱肚子就行，穿衣则要讲究。讲究是体面的需要，衣冠不整抛头露面就是丢脸。那时最好的衣服就是绫罗绸缎，可这绫罗绸缎哪一样也离不开蚕丝。中国的丝绸是华美的服饰，老外一见就爱不释手，因而源源不断运往亚欧各国。张骞开辟的那条国际贸易通道，交流物资很多，所以用丝绸之路定名，是因为运送出去的丝绸最多。中国人离不开丝绸，外国人也离不开丝绸，可想而知蚕神的地位是何等重要。蚕神重要，蚕神节也就很重要。

那为何要在小满时节祭祀蚕神？那就再看看欧阳修的诗句“桑叶正肥蚕食饱”，这是小满的真实景象，桑叶肥，蚕食饱，过不了几日就会吐丝结茧。在此时祭祀蚕神，岂不正好？

好，好个小满，令人、令神都满意啊！

2000年5月21日 · 农历四月十八 · 星期日

小满，麦子籽粒该灌浆饱满了。

今年能饱满吗？

我看难。从历史的经验看，籽粒要饱需要两个条件：一是温度要高，二是水分要足。温度，今年没问题，高于历史同期。然而，持续干旱水分成了大问题。

山里大旱。丘陵大旱。川里也大旱。

汾河从洪洞以上难见流水了。

能浇的田里麦子悄悄地灌着浆。无法浇灌的麦子蔫了，黄了，枯了，连干瘪的籽实也难收回来了。

小满，只能是个节令名了。

2001年5月21日 · 农历四月二十九 · 星期一

小满该是个啥样子？

这应从小满的意思理解。小满是说麦子该灌浆了，籽粒开始饱满。籽粒要饱满，没有水分不行，没水怎么灌浆呀？可是，没有阳光也不行，光照不足，或者说阴雨过多，气温太低，也不利于籽粒饱满。看来，小满应该多雨时转晴，久旱时落雨。这样的标准当然够难为小满了。小满跳起来摘果子，恐怕也难以摘到。

果然这样！小满这日大太阳高照，已经多日无雨了，也不落点雨滴，麦粒怎满呢？

2002年5月21日 · 农历四月初十 · 星期二

小满，会满吗？

现在真难回答这个问题。

人们说，牛马年，好耕田。是说牛马年一般都风调雨顺，有利庄稼生长，大多五谷丰登。

今年是马年，是否能应了“牛马年，好耕田”的古谚？从雨水来看，雨勤雨大。仅就五月，已连着下了三场雨，而且还有暴雨，降雨量着实不小。

不过，多雨气温难高，近六月了，气温仍没超过30℃，能感觉到热的，也就那么三五天。常识提醒农人，低温会使庄稼歉收。

小满这日，有太阳，虽然不亮，却不阴，不雨，气温也就平平白白的。因而，疑虑小满会满吗？

2003年5月21日 · 农历四月二十一 · 星期三

小满来得甚是平静。平静得没有一点夏天的性情。气温一直没有上了30℃。上个月比此时早两天，温度骤然上去了，但落了几天雨，又变凉了，现在虽然有些回升，却还没有热过那时。

日子却不平静。非典闹腾了一个多月了。原以为是在电视里，距自己很远，突然间就近了，来到了眼前，临汾早有了，而且达到了二十例。人类遇到了十分可怕的灾难。

好在随着小满的到来，非典疫情逐渐得以控制，染病人数少了。临汾街头也开始缓和，蛰伏的人们走出了憋窄的小窝，街上人多了。

今日又阴了，是否又要下雨？如此，今年的小麦会因为积温不够导致减产。

羊年，羊年，莫非羊太和善了，镇不住歪风邪气？

2004年5月21日 · 农历四月初三 · 星期五

天气晴和。

晴，是万里无云。从临汾去曲阜，坐火车到了郑州，天亮蓝亮蓝的，一个样。只是由于气温的差别，临汾的麦子尚绿，而洛阳的部分麦子已收割过了，郑州的麦子大部分则黄橙橙一片。农人收获麦子，我收获文事。受山东作家亚兵的邀请出席在曲阜举办的笔会，认识了新的文友，不错。归途在西安转车，正巧《美文》举办散文编辑聚会，与贾平凹、刘会军、谢大光、贾兴安诸君一聚不亦快哉！

和，是气温平缓，没有突然攀升，也没有突然降低。多数时日都在28℃—32℃左右，没有太热的感觉。自从四月下旬冒高一次后，一个月来温度平和，很为难得。我自四月二十一日动笔，至五月十五日封笔，在平和的气温中完成了《山西古戏台》一书的写作。

在村里走走，人们说，麦子不错。

在田里看看，果然不错。穗大，粒大，正在灌浆，但愿灌满灌饱，灌出一个丰收年景。

只是，去年麦子种得晚，分蘖有限，高产怕难。

2005 年 5 月 21 日 · 农历四月十四 · 星期六

好长时间没有见过这么蓝的天，从头顶一直蓝到天边，渐渐淡去，淡出了少见的开阔。

这日，我从齐齐哈尔坐火车到了五大连池市。下了火车又坐汽车，穿越平原，进入丘陵，一路的风景让人百看不厌。天亮晴，又不热，观看火山群，我仍穿着T恤衫和夹克。火山群令人震撼，更为令人震撼的是竟然有一座寺庙盖在火山口上！

这里的景色迷人，气温更宜人。

我的家乡是什么模样呢？

从手机短信上看，气温没有超过30℃。那是由于连日下雨的缘故。这比五大连池热多了，此日这里最高为18℃。

地域差别大，温度差别也大。

前两个月桃花、樱花、丁香就在我的家乡喧闹过了。但东北的花儿这会儿才怯怯地露出花蕾，吐出花瓣。真是人间四月芳菲尽，山寺桃花始盛开。

东北不是山寺呀，犹如山寺。

2006 年 5 月 21 日 · 农历四月二十四 · 星期日

头天回村里一趟，而且去了田里。好久没有在农田里走动了，满眼是扬花的麦子，绿中泛白，白中透黑，是一地丰收在望的好庄稼。

从田垄上走过，就发现和过去不大一样了。草长得很高，密密匝匝，看上去很少有人走动，更少有人割草了。这才知道，人们疏远了田间，即使住在村里的人，也很少下田了。喂牲口的少了，喂羊的少了，草也没人割了，于是由着性子疯长。

在田垄上细看，麦田里白花花的，地皮是硬的，明显是旱了，这时候能落点雨多好。天上有云，不厚，看上去没有下雨的意思。

两点钟回城，天骤然间黑了，雨下起来了，是一场不大的暴雨。时间不长就停了。

第二天，就是小满，正是麦子灌浆的节令。可能是嫌昨天的雨没有下够，到傍晚又下了一阵雨，把田里喷洒得湿润润的。小麦喝了天水，灌饱浆，就是一季好庄稼。

2007 年 5 月 21 日 · 农历四月初五 · 星期一

写这则笔记时已近芒种了，大太阳在窗外烈射，屋里烘烘的热，鼻孔是干燥的。出行半个月，今日凌晨才回到临汾。

半个月去了不少地方，先到太原领奖，《山西文学》给评了个优秀作家。领奖回来即赶赴邯郸，王克楠组织了个散文笔会，要我讲讲散文，盛情难却，不可不去。之后赶往南京，与先期到达的小平会合。

小满这天凌晨三时，匆匆到了南京。南京的夜尚有些凉意，可上午出来，那太阳的火热比今日的临汾还盛。午后，在烈日中去见薛屹峰先生，江苏少儿出版社连续三年为我出了三本书，他均是责编，可是只通过话，却未见过面。这次终于坐在了他的对面，交流了对少儿图书的看法，我对少儿书有了新的知识。在农村，小满是麦子灌浆饱满的意思，今日我也有新的收获，没有虚度这个节令。

更为有趣的是，从出版社出来，时光尚早，同小平直奔夫子庙。先看了江南贡院，又走进了乌衣巷。在巷中觅一清净小店，点菜吃了顿晚餐。饭后，天色已暗，同小平乘船游览秦淮河。浆声灯影的秦淮河，现代文学家的笔意留在我的心中。上次匆匆一行未能体会，那时和旅游局的人来，有公务，不自由呀！这次终于乘了船，向河中荡去。于是，远去的世事，像远方的灯影渐渐近来，我又有了新的收获，何止小满，算是大满了！

2008年5月21日 · 农历四月十七 · 星期三

上午晴热，午后逐渐有了云，蓝天不见了，到了傍晚浓云密布了。我以为要下雨，这样的阴法已是第三次了，前两次都下了雨。这是在一周的时间内接连演绎的，手法的重复让我以为天都要落入俗套。前一场雨是暴雨，响雷闪电气势汹汹，就这也罢，还下冰雹。乡下的电话里传讯，地上铺了一层，麦穗打掉了三分之二，减产已成定局了。

小满，很难满了。

更为惊怕的是地震。五月十二日十四时二十八分地震了。那日我在洛阳与爱人小平参观天子驾六，是个地下陪葬坑。返回正门口看石磬，身后的编钟响了，以为有人在敲，没有在意。孰料，感到了头晕，眼前的石盘晃动了。说给身边的小平，也有同感，顿悟地震了！三脚两步垮出门来。门外是广场，到处是惊悸的人们。以为是大地的小小摆动，岂知一个比唐山大地震还大的灾难降临在了汶川。连日来看电视以泪洗面，以泪洗面的民族凝聚起来，众志成城抗震救灾。

这日傍晚的雨没有下成。第二天晴日朗朗，顺手记下。

2009年5月21日 · 农历四月二十七 · 星期四

一梦醒来已是小满了。早晨五时五十一分，这小满来得够早了。

时令的小满早到了，地里的小麦却很难小满。前天去尧陵看施工情况，途中看到山上的小麦不少已经枯干了，实在难以结籽。太旱了！

上一周下了几天雨，还不能说小，用农民的话说是下透了，地里的墒情不错，可惜下迟了。雨前几乎一个多月没有雨，也不见阴，太阳烈烈地照着，小麦岂能不枯干？

途经涝河水库，水面下去了好几米深，虽然仍然碧蓝，但是不光水浅了，而且库面窄了，就少了往昔的阔绰。

天影响着地，也影响着地上的风光。天可以使地阔绰，也可以使地富有，而地的阔绰和富有又决定人的日子。人就是天地的附庸，想要逃脱天地的逻辑，难呀！小满次日书写。

2010年5月21日 · 农历四月初八 · 星期五

天气不热，但在今年也算热了，气温总算摆脱了低迷的纠缠，渐渐升高，达到夏天应有的高度。

该这样了，自过年之后，气温一直偏低，似乎高昂的温度是一匹骏马，而这骏马被拴在低矮的棚厩，稍一抬头就有可能碰疼，于是连忙低下头来，就这么一直窝圈在狭小的空间。

小满之际观望，这匹骏马像是被放了出来，可以扬起头伸展肢体了。因而，这夏天方才有了些应有的意味。那么这骏马会放纵自己吗？

往年这不稀罕，临汾的夏天热得厉害。时常一过五一，不少人就穿上了短袖衣衫，而今，着短袖服的不过只是个别的出墙红杏。看来，这骏马窝圈惯了，还没有恢复原始的野性。

二十六日写这篇短文，气温像是要印证我的判断，天阴了，雨下了起来，又降温了。

2011年5月21日 · 农历四月十九 · 星期六

小满到来，适时下了一场雨。雨真是及时，地里已有旱象，看着窗外如注的雨，心想值钱无数啊！

雨在小满的前一天下起，小满这日虽然停了，但是都能用于小麦灌浆。可以说，一滴水就是一粒粮食。在二十四节气中，小满的叫法和作物生长联系最为紧密，而且和临汾的小麦灌浆紧得恰到好处。由此，印证了一个结论，临汾是二十四节令的诞生地。而且，从陶寺遗址发掘出观象台看，应当就创始于帝尧时期。

小满里蕴藏着历史文化。

下雨是好事，也不全是。温度降低，对小麦生长有负面作用。雨后两天了，还凉凉的，穿着长袖服在外行走还有些冷，赶紧回屋加衣服。低温是小麦生长的最大障碍，今年收成如何，尚需拭目以待。24日夜谨记。

2012年5月20日 · 农历四月三十 · 星期日

没有想到小满这日天气会变脸。

头天，非常有戏剧性。早六时从常州出发回家，天气阴沉，时不时落几滴雨，继续昨日的业绩。气温下降，换上长袖衣服还凉，将外套也穿上。穿到南京，穿上飞机，到了咸阳却立即脱下，大太阳高挂，气温30℃。坐大巴车五个小时回到临汾，虽然已在暮色中，也还有些热，感慨：这南方和北方正好打个颠倒。

谁知我把南方带回了北方，睡一夜醒来，天阴了，降温了，出门走了几步，长袖衣服也挡不住寒意，赶紧回屋又披上外套。天阴了一日，时不时还落几滴零星雨。这雨不错，对于小麦的灌浆有好处，可惜有些小。

雨下大是两天后了，晚上下了暴雨，而且有雷声。这是今年第一次响雷，随着雷声雨点响得隔窗入耳。二十四日在雷声中走笔。

2013年5月21日 · 农历四月十二 · 星期二

天显然热了，气象预报这日最高是34℃。不过早上出去没有热的感觉。放开脚步，在清爽里行走不无惬意。到三监狱门口刚近八时。丽勇今日出狱，已来了不少亲人、朋友。太阳格外鲜亮，是个好日子，他新的里程从这里起步。

去看母亲，早几日晚上腿难受，睡不好觉。想让中医调理，又难于找到放心的大夫。想到按摩，想到家里就有按摩器。拿去用上，母亲说近两日睡得不错。回家后给《太原晚报》撰稿，快写了一节，傅晓玉约写个玩具类的稿子。快近天黑，初稿已完，得三千五百字，写出了童年自制玩具的乐趣。

此时，窗外有雷声，不高，听着很远。盼望有一场雨能下来，但终归没有，雷响过一阵也渐渐消失。二十二日晨记。

2014年5月21日 · 农历四月二十三 · 星期三

小满这日是在昆明度过的。

中午气温很高，嫂子领我和小平去观瞻聂耳故居，迎着扑面的热浪，身上黏糊糊，汗不断往外浸。刚进夏天就这么热，那盛夏岂不更热？昆明人说，这就最热了，很快雨季就要来临。

临汾呢？热不热？

二十二日下飞机，问来接的司机，回答不热，刚换上短袖衣服。果然如此，次日天气变阴，午后下雨，穿长袖还凉，赶紧加上坎肩。二十四日已经放晴，有凉风，仍不热，夜晚谨记。

2015年5月21日 · 农历四月初四 · 星期四

小满，是指小麦开始灌浆，渐至饱满。灌浆，需要的是水，水是小麦此时生长的第一营养。小满的雨，金贵，金贵。

金贵的雨如期而至。早晨起床，屋外就淅沥不止，要去关工委开会，只好坐了小平的车，先送了小宇，再去。开完会，到打字行校对云丘山书稿。九时半去市党校给妇女维权培训班讲课，雨滴稀了，不多时停了。讲完课，在党校进餐后出来，地上已经见干。在财神楼午休到三时许，睁开眼屋里亮堂，透过窗玻璃看去，街上的树梢上栖息的是阳光。

天，晴了。

只是温度有些低，拿着外套本是防备，结果一天都没有下身。要是温度不低，更利于小麦生长。次日记。

2016年5月20日 · 农历四月十四 · 星期五

阴天，无雨的阴天，在两头晴朗中夹杂着这么一个阴天，这就是小满。未下雨，气温下降不大，又减少庄稼在烈日下的水分蒸发，也算不错。

时节的妙处，代替不了灰暗的心情。今日举办帝尧文化、旅游经济研讨会，规模不小，还请了不少专家学者，当地也就我们几个，但是中午未安排休息的房间，也没有午餐，一散会和那些参会的各县来人顿作四散。

任何事过了头，便将会好事办坏，此事亦然。二十二日记之。

2017年5月21日 · 农历四月二十六 · 星期日

小满带来了炎夏的热度，晚上盖着夏被都热燥，白天走在街头如同顶着火炉一般。央视气象预报说，今年夏热早于往年。临汾还不明显，东北居然有38℃的地方。

从微信上看到，二十四节气中有小即有大，如小暑，大暑，小雪，大雪，小寒，大寒。唯有小满，没有大满，原因是国人说话办事不自满，不封顶。满盈则亏，到顶要下坠。这是思维的谦和方式。当然，若让我看，二十四节气产生于临汾，临汾此时的小麦还在灌浆，麦粒还未饱满，称之小满名最为恰当。

灌浆最需要的是水，小满的第二天下午起了雨，下得还很大，真是及时雨。雨停，放晴。今日阳光亮丽，对于小麦生长很适宜。二十三日记之。

2018年5月21日 · 农历四月初七 · 星期一

连着下雨，这是第三天了。下得不大，时下时停，停的时间比下的时间长，总是不见阳光，温度也就低多了。

小满就这样到来了。

麦子正灌浆，确实需要水。十七、十八日，气温高达34℃，在外表行走，已有了盛夏的感觉。十一日去北京，穿着长袖衣服，连日升温，感到热，却没短袖衫。十五日回到临汾，热得和北京一样，原来夏天统治了北国大地。以为会连续不断热下去，岂料，十九日下了雨。雨很及时，小麦籽粒会更饱满，丰收在望。值得隐忧的是，温度降低，这是植物生长的大忌。天凉了，我前天去云丘山就穿上长袖衣服加外套，今天坐在家一样。小麦无衣御寒，再凉会减产的。预报明白还有雨，忽然盼晴了。当日傍晚记之。

2019 年 5 月 21 日 · 农历四月十七 · 星期二

小满是谦怀的象征，体现了中国传统文化的特质，也体现了中国人格的特质。

今天到来的这个小满恰是这种特质的体现。前天刮风，刮也罢，还带来了寒流。刚刚露头的夏天热度，脚跟未稳就被一风吹了。虽然立夏十多天了，仍然不乏凉意。凉风过后，阳光亮照，赶紧升温。可是，升温也有个过程，昨天十一时下楼去财神楼，穿短袖汗衫还有些发凉，赶紧把薄外衣穿上。

小满就这样来了，从一个新的低点出发，提升温度。筑牢夏天的营盘。当然，小满不是饱满，麦子还在灌浆，有一场细雨最好。需要细雨，而不是暴雨。

芒种

二〇〇〇—二〇一九

杏子树上黄，麦子割回场。
忙收又忙打，只怨黑夜长。

芒种忙收又忙种

芒种的特点一个字即可以概括：忙。

忙什么？忙收又忙种。收什么？种什么？

这么说实在太乏味，干脆用两首诗说明吧！描写收的代表作，是白居易的《观刈麦》："田家少闲月，五月人倍忙。夜来南风起，小麦覆陇黄。妇姑荷箪食，童稚携壶浆。相随饷田去，丁壮在南冈。足蒸暑土气，背灼炎天光，力尽不知热，但惜夏日长。……"看看忙到何种程度？忙到"足蒸暑土气，背灼炎天光"。如此辛苦还不敢休息，"力尽不知热，但惜夏日长"，足见这收麦子的事多么重要。确实重要，麦熟一晌，午前还有点泛青，正午太阳一晒，立马灿黄灿黄。此时若不收割，风吹会落粒，雨淋会霉烂，更怕遇上冰雹打，那样成熟的粮食会碎烂在地里。农人说，五黄六月，龙口夺食。真真是夺，抢夺，和狂风暴雨抢夺，和雷霆冰雹抢夺。现在收获用收割机，省了多少事。先前用一把弯弯的镰刀割麦，割得汗流浃背，割得腰酸背疼，疼也不敢歇息，一气要割得日落月升才敢直腰，可此时腰哪里还直得起呢！有人在诗中这么写道："父亲用弯弯的镰刀/把麦子割倒 / 麦子用弯弯的月亮/把父亲割倒。"写得富有情趣，活画了收割麦子的辛苦。

描写种的代表作是杨万里的《插秧歌》："田夫抛秧田妇接，小儿拔秧大儿插。笠是兜鍪蓑是甲，雨从头上湿到胛。唤渠朝餐歇半霎，低头折腰只不答。秧根未牢莳未匝，照管鹅儿与雏鸭。"读此诗像在看一幅劳作画，不，是在看形象逼真的电视纪录片。"田夫抛秧田妇接，小儿拔秧大儿插。"全家都动员起来了，而且分工明确，轻重有别。接秧、拔秧活儿轻，小儿、田妇干；抛秧、插秧活儿重，田夫和大儿干。干得有条不紊，干得热火朝天，干得“雨从头上湿到胛”，也不敢停歇，还得抢着干。抢什么？抢时间，分秒必争。农谚说得好：“春争日，夏争时，五黄六月争来回。”春天是一天一天往前赶，夏天是一个小时一个小时往前赶，而在播种插秧的关键时刻，则是一个来回一个来回往前赶。这是农人长期积累的经验，播种插秧倘若推迟一个来回，秋日庄稼都可能成熟不好，不争行吗？

最有意思的是芒种这个节令还潜在着农家哲理。民谚说：“四月里芒种到芒种，五月里芒种过芒种。”这是说收割麦子的时间，若是农历四月芒种，那芒种这日准能收割；若是农历五月里芒种，那肯定要过了芒种麦子才能成熟。乍一听令人纳闷，五月比四月靠后，为何要待过了芒种才能开镰？细一想是因为农历有闰月的年份往往要推后一个月，时间差别很大。若是五月里芒种，那准会因为气温低，麦子的成熟姗姗来迟。这其中是不是有些辩证道理？

大千世界，无奇不有。农人如此辛忙的时候，达官贵人却闲适得无事找事。曹雪芹在《红楼梦》里记下了女子们的情形：“或用花瓣柳枝编成轿马的，或用绫锦纱罗叠成千旄旌幢的，都用彩线系了，每一棵树上，每一枝花上，都系了这些物事。满园里绣带飘飘，花枝招展，更兼这些人打扮得桃羞杏让，燕妒莺惭，一时也道不尽。”这是干什么？是祭饯花神。夏日渐深，百花开过，芳姿凋谢，花神自该退位。于是，礼貌的饯别送归花神。这岂不是典型的没事找事？

世事就是如此，忙的忙死，闲的闲死。不过，常常遇到的是忙的还未死，闲得已经死了。大观园突然分崩离析，是不是这个道理？可要不是这样，社会就会有天塌地陷般的变易。

2000年6月5日 · 农历五月初四 · 星期一

难得的晴天。

接连下了两天雨，雨不稀奇，稀奇的是一个多月无雨了。抗旱已在各种新闻媒体传播开了。但是，抗旱的效果如何？天知道。既有的水利设施尚可以发挥点效果，临时的措施，只能是无奈时的无奈。

总算下了雨。下得还不小。刚刚热燥的气温又变得凉爽宜人了。因此，芒种是个难得的好日子。

农谚说：四月里芒种到芒种，五月里芒种过芒种。

农谚是多年农时物事的科学总结，其中还有些辩证道理呢！上个高度，也可以说是民间哲学。

这条农谚是对临汾割麦时间的基本定位。这里说的时间当然是农历。意思为四月里芒种，芒种时即可以收麦，而五月里芒种，则要过了芒种才能收麦。

今年是五月里芒种，果然开镰还需两三天。这又一次印证了农谚的科学。

其中的道理，想想闰月变化，就会明白。

2001年6月5日 · 农历闰四月十四 · 星期二

天晴得真好。夕阳西照时，向东天一望，好久没有见过这么亮蓝的天了。

亮蓝的天上，当然没云，整整一天都是这样。大太阳把威风抖了个遍，天好热。虽然昨儿个傍晚响雷闪电，风闹雨飘，但是同洒扫庭除一般，地皮都没有全湿了。因而，今儿这热是一种燥热。

午间睡觉，热燥燥的，喉咙是干的。

白昼来去，热燥燥的，鼻孔干得如抹了辣椒。

热度总算上来了，今年前半年气温不算高，按节令，应该开镰割麦了。可是，丘陵的高地上，只有一小片一小块的麦子能插镰。

2002年6月6日 · 农历四月二十六 · 星期四

芒种了，不像芒种。

不是气温不像，而是麦绿得不像。连日气温都在37℃，热得人如在酷伏，汗流不止。过去是“公子王孙把扇摇”，现在是“公子王孙开空调”了。可是，热也迟了。过年以后，气温一直偏低，进入五月仍然穿着二三月的衣服。好像老天突然间醒悟，知道已是炎夏了，一下把气温提了上来，热得屋里屋外都成了火炉。只是，已经迟了，麦子生长是个漫长的过程，每天都要靠一定的气温生长，气温不到，生长自然偏慢。这不，芒种了，不少麦子仍然透绿。民谚说，四月芒种到芒种，是说农历四月若有芒种，就该割麦了。然而，今年麦子透绿，咋割？

芒种不像芒种了。

2003年6月6日 · 农历五月初七 · 星期五

端午节过了，芒种来了。

芒种来得很平和，天气热了，但还不是那么火热，烈日的说法与时下的天气还有距离。春节之后，气温便是这么个样子，没有大的起伏，也没有达到炎热的程度。这样的气温，人们生活颇为适宜，而对于作物的生长是否会受影响，便值得观察思考。据说，芒种一到麦根便死了。如果麦子成熟了，自然无碍，熟不透，就会养分倒流，籽粒干瘪。在植物学上，有个名词是积温。积温是指植物从出土到成熟过程的积累起来的总温度。时日够了，积温不够，植物是难成熟好的。

春节以来，最惊悸的是非典疫情。四月下旬至五月上旬，弄得人如履薄冰，有几天街头看不到人，车也很少，似乎回到了二十世纪六十年代。好在现在总算控制了，街头的人又恢复了常态。只是不知非典的突发与这种不温不火的气候有无关系？

2004年6月5日 · 农历四月十八 · 星期六

平和、温润。

芒种了。应该，田里的麦子由柳黄逐渐金黄，快成金灿灿的样子了。就在这个当口，下了一场雨，雨不算大，也下透了，而且下雨的地盘大，又将兴冲冲的热气浇湿了，浇透了，也就降温了，降得天气凉凉爽爽的。

气象预报说，芒种这日还有雨。

早晨起来，天阴阴的。中午仍阴，只是云淡了些，太阳并没有亮堂出来。于是，气温平和、温润。

次日，去龙山寺参加平人学社文化活动，天仍是阴的，午后云散了，亮阳出来。天蓝亮，云白亮，山绿亮，亮得身魂都闪闪的，像是有诗兴要发。

七日，天仍晴亮，气温上升，为麦收准备着相宜的热度。

2005年6月5日 · 农历四月二十九 · 星期日

一场雨迎来了芒种。

芒种又下了一场雨。

头天晚上有些阴，不经意睡着了，睡得出奇的香，一早起床倚窗向外看，地上有些水洼洼，才知道下雨了。

回村去。梁晋军父亲病故出殡，到了村里方才明白雨下得不小，地上积水成泥，不好走。凑巧今日还有点事，内弟建明得孙第七日了，亲戚小聚，从贾册村出来到了金殿村。叙旧谈天，就餐，饭后返城，雨又下了起来，滴滴答答不停点。

到家后小憩，接着写《平阳史话》，坐在窗前，写着写着，屋里暗了，暗得连字也看不清了。窗外浓云罩天，雨下得更长劲，像是到了傍晚。黑沉沉的天色持续了半个多小时，大雨也就瓢泼了半个多小时。天色复明时，是雨小些了。

芒种，下了一场淋漓尽致的雨。

2006年6月6日 · 农历五月十一 · 星期二

芒种到了，麦子未熟，还要一周的时间才能收割。今日平人学社组织纪念桑拱阳逝世三百六十二周年的活动。从城里回村，看到麦子黄中透绿，还不成熟。今年五月十一日是芒种，麦子不熟也就理所当然了。

农谚说得好，四月里芒种到芒种，五月里芒种过芒种，真准。

由这农谚，我想到了节气。节气在我们乡下称节令，细想该是关于节气的命令。命令是必须服从的，其实，不服从不行，这命令是数千年农业耕种的科学总结，只有服从，才能适时；只有适时，才能有好的收成。这实际是顺天之则。当然，天之则是人揣摩出来的。

芒种过后，天一日好于一日，一日热过一日。许是有些风的缘故，天持续蓝了三天了。今天（九日）我坐在桌前走笔，仰头看天还是蓝碧碧的，一尘不染，难得，难得。

2007年6月6日 · 农历四月二十一 · 星期三

夏天的浓烈让芒种真切而又实在。

从南方归来，每天都在炎热之中。白天热还罢了，芒种这日夜里也感到热了。毛巾被盖不住了，只好穿着睡衣入眠，可醒来时还有些口干。这个节令来得有些平静，不是骤然而至的，是一日一日推进来的，从35℃到36℃，又到了37℃，今天居然到了38℃。真是赤日炎炎，似火烧呀！

好在夏收在即，需要的就是这般天气。

中午回家时，坐在车里听广播，有司机反映县底镇一带农民在公路上碾打麦子。这不会是大数，可能是小面积、进不去收割机的地段。尽管如此也难为他们了，现在没有场院，不去公路上收打去哪里？谁为农家操这份心呢？可是，公路不是麦场呀，司机驾车麻烦了，需格外小心，不然，就会出事故。

世事就是这么混沌，什么时候才能变得格外清纯呢？我总觉得遥远而不可即。

2008 年 6 月 5 日 · 农历正月初二 · 星期四

芒种是在杭州过的。上月二十九日动身来的，在中国作家协会孟庄的创作之家疗养。这地方旁依灵隐寺，背靠北高峰，在无限风光的怀抱中。早晚可以去灵隐寺散步，登上北高峰能够眺望杭州全景。白天，还有点游人的声响，到了夜里静得没有一点游人的声响。躺在床上，全身的困倦就在温润的静寂中消融了。

一早出发去乌镇，十时到了。由于汶川地震的缘故，游人不及先前，上次人挤人，许多地方看不见。这次看得很好，在村巷里看看故宅，走到河边看风景，拍照片，感受着水乡的韵味。游到大寺的时候，还有点时间，又往前去，一直走到村中小河和大河连接的地方。问及孟庄创作之家主管叶先生，得知，乌镇的水得益于京杭大运河。水不仅孕育了乌镇人，还成了乌镇人的又一条通道。乌镇的发展、发达与这条通道息息相关。

这个芒种过得颇有意趣，乌镇晴，杭州晴，有些热，不要紧，但听说临汾刮大风，有的地方树也被刮倒。九日回家后方记。

2009 年 6 月 5 日 · 农历五月十三 · 星期五

这是一个平常的芒种，已近六月天还不算太热，最高也就34℃吧！

唯一令人印象深的是，连续两个下午刮了两次狂风。风来得很烈，上午、中午都有太阳，天气晴好，下午亦热，然而到了五时左右就陡然变脸，风卷起尘灰弄得天昏地暗，似乎要下一场暴雨，终归没有下来。连续两次竟然很相似，就这么迎来芒种。

芒种过去一日，暴雨下来了。这天十一时我去财神楼，下午回家走到立交桥时雨点密集了。其实，天是很仁慈的，从财神楼出来就阴沉沉的，本应直接回家，却又去了邮局，结果走到立交桥时天终于忍不住了，大雨如注，只好躲避。很快桥下人车挤满，当然车是摩托车、自行车和三轮之流。人们堵塞了道路，但是每有车过，总会自觉躲让，可见礼敬之风还没完全丧失。半个多小时后，雨几乎停了，方才回家。

悠闲地享受了一回平民布衣的待遇。三日后书写。

2010 年 6 月 6 日 · 农历四月二十四 · 星期日

气温一直没有上到最高水平线，在屋里看书校稿，还有些凉，时常就穿了长袖服。按照季节，旱地的麦子应该收了，今年显然有些迟了。

接到作协通知，要我和小平去河北省兴隆县创作之家去度假。那里是新开的一个创作之家。小作歇息，抖掉一身疲劳也好。只是临走前事多，忙得不可开交。一位文友要帮他修改《尧陵之光》，要了材料，抓紧定稿。为市委宣传部撰写的《可爱的临汾》一书，增加了文章，完善了封面，初步可以定稿了。唯一还要等待的是领导题词。

去年下半年就忙了，自从涉及云丘山的事就忙得没有停下来。原先认为退了后可以清闲，没想到还这么忙，忙也乐哉！

度假时将未校完的两本书稿带上，能静心校对也好，回来临汾就应是炎夏了。芒种当日走笔。

2011年6月6日 · 农历五月初五 · 星期一

芒种与端午喜相逢，自开始写节气日记为首次，算起来十余年了。立夏一个月了，天气这才像是夏天。

六月二日去黎城县考察旅游文化。去时坐在家里还穿着长袖衣服，早晚加上坎肩。出发时怕凉还带了长袖衣服，去时没用上。回来就变了模样，从到家就穿短袖，一连数日都是这样。没有凉，也没有热，屋里不开空调还可以，但在大太阳下就燥烘烘的。

端午节去财神楼，同父母亲共同进餐。步步随他爸、他妈从太原回来了，吃饭时和我交流。我告诉他一个人要努力，不努力就会失去人生的机遇。他听得很认真，不知能否记住。时代变了，用过去的尺度要求他们不合适，可上进的尺度不应变呀！十一日落笔时仍记忆犹新。

2012年6月5日 · 农历闰四月十六 · 星期二

这日从太原回临汾，经历了晴天和阴天。

上午在太原，天气晴朗，去出版社见李慧平女士，将草根文化丛书的两本交给她，有了先前旅游丛书的合作，这次更为愉快。下午返回，太原挂着太阳，坐火车过了霍山，天气灰暗，像是在下雨，探头看窗外，没有下。下了火车，在阴沉中行走，虽然不热，却不凉爽。第二日阴云散去，阳光悄悄出来了。

雨还是下了，是在六日下午，而且是阵雨，雷声不大，应付了几声，弄得雨也没有了心情，不一时就云开日出。

现在已是闰四月，小麦收割还没有开始，这和低温有关。往常这时节，气温高达37℃-38℃不稀罕。已是八日，最高温度不过32℃，小麦自然成熟晚了。

2013年6月5日 · 农历四月二十七 · 星期三

天气毒热了三天，最高已达35℃，中午畏热，不敢再步行去财神楼，改由下午六时去了。顺时而行，适者生存。

按照农时节令，该收麦了。往昔收麦，是人与天争斗。分分秒秒地争，来来回回地争，争割，争运，争打，争晒，直到把小麦晒干装进瓮里方敢松口气。这期间，倘遇暴雨就会影响产量，丰产不等于丰收。最怕的是连阴雨。即使不割倒麦子也会在麦穗上发芽。粮食白糟蹋了！

如今没有这样的危机了。收割变成了机械，只待收割机滚过去、滚过来，农人在地头撑开口袋装粮食。地头是等待的人，闲来无事竟然打扑克。过去一个月麦场弄不净，现在不到一周即收得一干二净。那种“春争日，夏争时，五黄六月争来回”的日子成为往事。当日夜晚记。

2014年6月6日 · 农历五月初九 · 星期五

这一天从炎夏回到了初春。

早上红日初上，天气便名副其实着夏日。我去云丘山，十一时出发，刮起了风，沙尘飞扬，车窗外迷茫一团。赶到乡宁时风停了，却阴云满天。不过气温并不低，到了寒山顶寻找纪鸾英反唐前演兵的地方，冷风扑面，穿着短袖衫冷得发抖。这不是回到料峭生寒的初春吗？

下午四时到了中土地村，古色古香，房屋规整，正在观赏，太阳出来了。一直到了云丘山，天气都很好，只是气温未高。晚上看演出，温度更低，长袖外套穿上还觉得凉。

终归时令到了，八日上午返临汾时，山前的麦子已经收割了。

2015年6月6日 · 农历四月二十 · 星期六

温度突然增高了。头天虽然已经升温，但是前数日天气阴沉、多云，还有间或的雨，并不甚热。五日天气晴朗，少见有云，太阳便释放了自己的能量，近几日就感到烈烈的了。

芒种这日，继续升温，室内也不再是阴凉的感觉。财神楼家中和三元相比，温度要高。于是，只穿短袖过去，连外套也未拿，而且待了两个多小时也没有着凉。中午一起吃饭的人不少，乔梁、张静下午去北京，算是送行。

七日这天，太阳没有昨日亮，天上薄云覆盖，一路走去不很热。可室内温度已经上来，不是轻易能降下去。坐在桌前，鼻孔发干，微微难受。昨天还写了关于万寿邮票的文章，今天无从下笔，只是修改旧作。想写点短文，《太原晚报》约稿，总下不了手。不是没有意念，还理不出个头绪，有可能自己设置的目标有些高，降低了不愿为之。

2016年6月5日 · 农历五月初一 · 星期日

阴了一天，正午露了一会儿太阳，太阳隐去，云便加重，有了雷声，好在不大，一会儿即消失，雨也没有下大。

近来就是这样，时阴时雨，气温没有高起来，往年，早已是37℃，38℃了，今年还在30℃徘徊。昨日随同万安村的人接娘娘，田里的麦子还没有泛黄，仍绿。按说，芒种麦根即死，成熟在即，今年要迟了，真是“五月芒种过芒种”。

最有趣的是昨日，整天时阴时晴，到了下午七时，天气突暗，阴云加急，迎娘娘大队正走，便有雨点落下，加快脚步行走。进庙里，大雨倾盆，突起雷声，二十分钟方见小，驱车前行，始知庙是雷音寺，对联上写着：雷音震天地。偶然乎？灵验矣？

前行，雨未下，雷未响。当日夜谨记。

2017年6月5日 · 农历五月十一 · 星期一

今年又是农历五月芒种。麦子尚未开始收割，再次应验了“四月里芒种到芒种，五月里芒种过芒种”的农谚。农谚是规律，是古老的农业科学技术。

下雨，雨下的不小。从早晨就下，下到中午稍小些，徐彬儿子周岁生日，小平开车接了老妈去人大培训中心赴宴，下车时雨不密集，不用打伞。进餐完毕出来，复又下大，不打伞不行。雨到下午才稍稍懈慢松劲，晚上停了。

次日，天缓缓变晴，只是温度骤然降低，似乎是到了初秋，外套也不得不穿上。记得一九七六年就是如此，进城在二招参加夏收动员会，也是下雨，也是降温，穿个短袖，去借衣服，也没借到，硬顶。那一年小麦减产，不知今年会怎样？七日记之。

2018年6月6日 · 农历四月二十三 · 星期三

热得确实像是收麦的日子。想想先前，割麦子就需要这样的日子。只是高考来临，教室里没有空调对学子不利。似乎上天知道我的心意，七日便没有那么亮的太阳，热度也就下降了些，到了下午逐渐阴沉下来。

八日阴得更重，温度明显下降，穿短袖衣服在外面行走，胳膊发凉。上午十一时和小平去平阳北街，安安明天结婚，借用三荣的住宅起身，我们共同去看，便觉得有些凉。饭后回家，渐有雨滴落在车前，越来越大，整整下到天黑，方才感觉小些。自然这样的气温有利于考试。

外孙速速高考，多了一份牵挂。好在天遂人愿，热度下降。明日孙女安安结婚，雨会停吗？当然我希望不要再下，还应天遂我愿。八日夜记之。

2019年6月6日 · 农历五月初四 · 星期四

芒种从一个低点再度出发。

要说芒种是夏日的延续，而不是夏日的开始。可是，一场雨把夏日冲溃了，打退了。是一场暴雨，下在四日晚上，提前阴了，却未下，待到半夜，严格说该是五日凌晨了，下开了，而且打雷闪电。这是二〇一九年的第一次雷电，也是二〇一九年的第一场大暴雨，堪称倾盆大雨。大雨过后是阴天，阴到了五日晚上还在阴，还在下零星小雨，以至于尧文化旅游节的闭幕式也滴滴不止。六日晴了，晴得不够突然，还有间或的云团覆盖。尽管如此，温度马上回升，让夏天还原应有的面目。次日，继续上升，仍未到了今年的高度，因为间或有云遮掩。

今天，云开日丽，展示出夏天应有的风采。八日谨记。

夏至

二〇〇〇—二〇一九

田野忽光秃，麦粒装仓屋。
刨土种黍豆，汗滴禾下土。

燕飞蝉鸣夏至时

夏至到来才会发现，立夏只是炎热发射的一颗信号弹。炎热的大队虽已出发，可是直到夏至才占据了整个昼夜。先前也热，每每红日西坠，天暗夜阑，热气就会消散。收割、碾打小麦疲困的肢体，只要在凉沁沁的屋里睡一个长觉，就会浑身清爽。然而，一过夏至就不行了，炎热的大队充塞白昼不说，还把暗夜也挤占了。这时候，要是夜色初暗走进屋里，也会汗涔涔的，难以入睡。好在屋外时不时会有一缕凉风，乘凉成为必修课。如此，要将困倦的劳累全甩掉不那么容易了。所幸，农活没有前数日那么紧迫，不必起早贪黑抢时争分那样去干了。

农人云，夏至不见"要"。

要，是腰子。要子，是捆麦子的草绳。草绳不见了，说明麦子收打完毕，已经颗粒归仓，"五月人倍忙"的那页日历总算翻过去。农人稍稍能够松口气了。

与人相比，燕子却没有这种福气，还在忙，加劲地忙。人们忙收割时，燕子忙衔泥，忙垒巢。人们忙打场时，燕子忙产卵，忙孵化。人们从蒸笼里取出喷发着麦香的馒头，大口大口咀嚼时，燕子更忙了，倏尔一道电光划去，倏尔一道电光划来，长空里横竖画满了它们的紫色闪电。每一来去，梁架上的窝里都会传出"叽叽喳喳"的吵嚷声，那是刚出壳的雏燕呼唤着吃食。燕子们辛忙着哺育自己的亲情。

自打大观园里那伙婀娜多姿的裙衩祭饯过花神，花儿明显见少，花神知趣地告别了五彩缤纷的时光。不过，花神不是断然辞行，而是依依惜别。依依惜别的方式，是仍把两种花色赐予人世，给人以美艳，给人以向往，向往来年百花再开，让花神再现自己的五彩缤纷。那两种花，一种开在地上，一种开在水田。开在地上的是石榴。石榴花不开则罢，一开就怒放不止，艳红艳红的花朵开满了枝枝杈杈，还在开，先开的是低处，再开的是高处，一直开到了梢尖，还在开；一直开到前面的花朵早已长成了圆鼓碌碌的石榴，还在开。石榴花几乎要开满整个夏天。

开在水田的是荷花。荷花似乎姗姗来迟，那可不是摆谱，是无意争夺春色的谦和做派。别的花朵闹嚷得万紫千红春满园时，荷花还在泥沃的水田里孕育，早生的也仅仅“小荷才露尖尖角”。河畔上，院落里的石榴花一开，荷花就添了当仁不让的气魄。“接天莲叶无穷碧，映日荷花别样红”的盛景一天天铺陈开来，一直要铺陈出“毕竟西湖六月中，风光不与四时同”的美景。这时节无雨则罢，倘要是落些雨滴，你看那些莲叶吧，“嘈嘈切切错杂弹，大珠小珠落玉盘”，江州司马信手拈来，赐予铮铮琵琶声，就让半老徐娘再现芳心。

骤雨初歇，红日复出，不多时悠长的音韵在天地间荡漾开来。不似笛音，多过笛音；不似琴音，多过琴音。是蝉在鸣，蝉在歌，蝉的叫声和人本没有关系，只是抒发洞穿幽暗、终见光明的心声。可是人们却把蝉声作为对未来日子的提醒。民谚曰：“蝉，蝉，你别谗，做下棉裤鞹子给你穿。”棉裤，自不用说，是御寒的下衣；鞹子，是古人用兽皮缝制的上衣，也是冬天御寒的。这就有些奇怪，夏热方兴未艾，却怎么让蝉穿棉衣？这哪是给蝉穿棉衣，分明是提醒人早做棉衣。精明的古人，总是未雨绸缪，真比未雨绸缪还要未雨绸缪，时在盛夏，就在绸缪度过寒冬。果然，倘若下雨不能出工下地，勤谨的农妇已在缝制棉衣了。

这当然是往昔的图景，像泛黄的历书一样早无法对应今日的光景。不过，那图景里闪烁的智识非但不会过时，还会映亮未来更多的人们，更多的日子。

2000年6月21日 · 农历五月二十 · 星期三

夏至来临的时候，该是正正经经的夏天了。记得先前，每当麦收，天气就会突然热起来，赶到夏至又会掀起一个热浪，之后也就热定了，持续下去，一直要热到秋的光临。

今年例外。夏至这天凉爽，像春更像秋。

春天，不会太热，和这日的气温相近。然而，春天是干燥的，又与这日的状况不同。这日，不热，或说还有些清爽，还有些温润，是因为连着落了两天雨。雨也下得有趣，间或有雷声，有大大的雨点。但更多的是小雨，断断续续，遮掩了艳阳和蓝天。虽然，交节的这日是晴了，是有了太阳，但热度没有抬起头来，仍然蔫蔫的。因而，天气也就清清爽爽的，出现了难得的凉夏。

凉凉的夏至平淡地过去了，我回眸的时候，已是昨天了。

2001年6月21日 · 农历五月初一 · 星期四

夏至似乎是夏天办的一个展览。

首先展出的是热，热到了36℃，像个夏天的样子了，烈烈的阳光用火一般的热情拥围了一切。

进而展出的是雷。日历标出十六时十二分夏至，时间刚过，也就是过了十几分钟，天空轰然一声，打起雷，响声接连不断。

有雷便有雨，晴空突然出现了乌云，不大，也弄得天暗暗的。落雨了，大大的点子，可惜，没落几点，地皮没湿。

当然还有风，风从来都是雷雨的助阵者，鼓荡者。只一忽，全过去了。

不过，傍晚又来了一遍，只是没听见雷声。

夏至又像是在进行夏天的实战演练。

2002年6月21日 · 农历五月十一 · 星期五

夏至默默无闻地来了。

前几天有些热。自从芒种后下了场雨，天就没有再狂热起来。收麦子的天气不算太热，却一直晴着，有利收割。

夏至这日却阴了，阴了却不凉，闷闷地热。天气像一位老人，不吭不哈，让人去揣摩他的心思。不知道他是累了，还是躁了。累了歇歇脚，让人凉爽凉爽；躁了平平气，让人轻松轻松。这么沉着脸，真让人猜不透心思。

夜里，落雨了。如同我心中的泪滴，这日妻子冬芹尽七，按乡俗是五十天了，日光好快，心中好沉，沉闷得如同天日。

2003年6月22日 · 农历五月二十三 · 星期日

众人都说，今年热得迟。是，与往年相比，热的是不够劲。可是，也热起来了。夏至前一天有35℃的记录，白天热，夜晚也热，晚上睡觉也有了热闷闷的感觉。

夏至很怪，不是将已有的热度往前推进，却是反其道而行之。头天便夜来风雨声，这日又淅淅沥沥了一上午，午后方才歇了点劲。这便降下了已经攀上去的温度，外面凉爽了好多，屋里稍有些闷热。动笔写关于祖茔的文章，头木胀木胀，不那么清爽。

雨后气温渐高，还原到了雨前。热了两日，又阴了，但只是象征性落了几滴雨，却凉些了，是周边下雨了。

非典疫情控制了，旅游宣传启动了，从电视看，停开的铁路客车正在恢复，不知国庆节时能否掀起高潮。

2004年6月21日 · 农历五月初四 · 星期一

夏至这日又热了起来。

连续数日了，不热，还有些凉。十三日去河北邢台参加散文笔会时还不甚凉，穿了短袖衣服出发。次日开会，也还可以。十五日天变了，下起了小雨，凑巧这日安排游览天河山，一路爬上去，衣服湿了，歇下来就有些凉。赶到山顶，凉得更甚，有人要了白酒增温，大碗盛满，捧起痛饮。所幸，我带了长袖衣服，连忙换上。

换上后，再难脱下，一连过了四五天。

十六日从邢台去太原，小雨仍下，天气生凉，车过昔阳时停下来小解，凉得人发颤呢！到太原时，天虽晴了，却仍然不热，次日也一样。太原的文学活动是由山西文学院组织的，请了曹文轩、格非、谢大光先生讲学，很开脑筋。

十八日陪谢大光先生登雁门关，在大太阳下穿长袖服正相宜。

二十日热了，在太原城里换上了短袖袄。手机上有临汾的信息，最高气温是37℃。二十一日依然。明日是端午节，民间有语：吃了端午糯，才把棉衣送。热是该稳定下了。

2005年6月21日 · 农历五月十五 · 星期二

端午节的粽子还没有吃完，夏至到了。

好个夏至，带着夏天的威严厉势猛腾腾杀过来了。或者说，夏天的威严厉势带着夏至杀过来了。无论怎么说，酷热持续一个多星期了。

刚开始时的热只是在正午，正午热到35℃，人们就说热了。

接着热到了37℃，不仅仅是正午了。由正午向两边延伸，上午和下午都热得厉害。

不日，热连黑夜也不放过了，黑夜的热度降不下来，人们连觉也睡不安稳。

再热就屋里屋外热透了，热成了一锅粥，热得中央气象台报出了高温42℃，范围就有山西南部，还有吐鲁番等地。

在屋里写作需要开空调。关了空调，不多时就头上冒汗，两肋流汗，汗涔涔的让人湿热。

好在酷热没有影响我的思绪，看来体力尚可以应对自然。

2006年6月21日 · 农历五月二十六 · 星期三

夏至带来了一场雨，一场进入夏天下得最为潇洒、最为痛快的雨。清晨下了起来，停了一会儿，又下起来，渐下渐大，不止不歇，足足下了一天。第二天又下了半天。

旱象解除了！酷热也解除了！

头两天高温到40℃，夜里睡觉连毛巾被也盖不住。江苏少儿出版社薛屹峰先生来电约写《中国寓言》，着手写样文，坐在桌前，热得直流汗，不得不开了空调。

热了三天，人们都沉不住气，直叫热。没有想到夏至来时，携带着雨，携带着凉爽。

今天，太阳又出来了，温度又升高了。但由于夏至的一场凉雨，还没有热起来。中午同西安归来的李建森在五洲休闲进餐，吃得很雅致、舒服。建森是个文化人，撂下政务工作不干，去西安搞文化事业，他有才气，有见识，也有文化底蕴，干得红红火火。和这样的年轻人在一起生命添了生机。

2007年6月22日 · 农历五月初八 · 星期五

今日周五，从周一到现在没见过太阳。

夏天连阴，这样天气好多年没见了。天不热了，气温从37℃降到了

23℃、22℃，晚上睡觉盖毛巾被正好，如同秋天似的。

天凉正是写文章的时候，可是，阴差阳错此时的安排是调整，调整思路，调整内容，也就是调整方向。连日来看了不少文章，也有不少想法，但一个也没有锁定。最主要的是看关于尧的史料，以便写一点关于尧的文学作品。六月五日开了个尧的电视剧座谈会，外地人写尧的剧本，距离太大，甚是吃力。自己便想写小说了。看完这本史料，我应为今年定个方向了。

上周六机关迁址，去东城办公。里头环境很好，空旷而多树，建筑的布局很开阔，只是很多人来往不便，少不了有怨言。更为重要的是，给前来办事的人带来了不便。

趁着凉爽和乔桥议事，他研制的汽车多功能后视镜成功，这是件大事。下一步的重点是要做市场，那样才有经济效益。

天还没晴的意思，阴雨四合，挺沉重的。

2008年6月21日 · 农历五月十八 · 星期六

多云，让这个夏至不算很热，只有点儿夏天的味道。

自夏至前推十日左右，连续下了五场暴雨。暴雨没啥稀奇，这个季节经常下。稀奇的是，这几场暴雨都在下午五时以后，下着下着就到了傍晚。在我的记忆里，临汾的暴雨多在正午，下午也有，但是偶尔遇见，像今年这样接二连三实属少见。

今年蚊子多，住在三元新村第五个年头了，过去一年发现一两只蚊子就让人烦了，今年几乎每晚都不厌其烦地光顾。夏至夜打死一只，但还有一只一直骚扰了一个晚上。小平与新越去了杭州，要进一些丝绸开个小店，我一个人和蚊子战斗，没有大获全胜。唯愿开店的事情，借这时令的红火，能大红起来，持续下去。

连日来在电脑上修改长篇小说《苍黄尧天》第一部，已接近尾声。总体感觉，是小矛盾交织的还不少。但是大的波澜少了一些，打印出一部分，送几位文友去看，听他们的意见再做修改。次日记之。

2009年6月21日 · 农历五月二十九 · 星期日

炎热的夏天是在夏至前感受到的。

十四日陪同小平去永济针灸治疗背疼、腰疼。住在其同事的朋友家中，人家全去了北京，房子空着。到后两天，晴空无云，烈日如火，外边酷热。好在永济的小环境不错，绿树成荫，在路上行走没有热得难受。

但是，弥漫在屋子中的热却是难以逃脱的。夜里睡觉热得难以盖住毛巾被，不盖，夜深了会着凉，只好盖着汗渍渍地入睡。睡觉的质量可想而知。

好在仅仅两天，下了一场雨，雨后又阴了一日，气温降了许多，在外面行走，凉风吹抚。夜里睡觉，盖严了恰好。就在可心的凉意中进入了夏至。

夏至是热的使者，却没有热得忘乎所以。既履行了自己的职责，又没有过头之举，不错，很人情味。两日后从永济归来书写。

2010年6月21日 · 农历五月初十 · 星期一

炎夏来了。

十九日从河北度假回到临汾，立即感到了炎热。在兴隆不热，坐在屋里校稿，穿长袖衣服。晚上睡觉还要盖棉被，睡得颇为适意。时不时就阴了，去承德避暑山庄、清东陵游览都不算热。

十六日下午到北京也很热，晚上有雷雨，第二天不热，下午又有雷雨，第三天也不算热。

伴着凉爽回到临汾，下车尚是早晨，还好，中午大太阳一出就火辣辣的了。父母说，从我走后就热了，最热时气温到了38℃。近两天气温还算下降了，没有前几天热。

热也应该，现在就是临汾最热的时节。夏至当日记之。

2011年6月22日 · 农历五月二十一 · 星期三

下午去洪堡村，小麦收完了，有人在路上晾晒。天不晴朗，农人还是晾晒了出来，总比待在家里强。

好些天没有下雨了，已经阴了一天，盼望真能下成。

还真下成了。从洪堡回到城里，拿了装裱好的书法作品，去了财神楼。母亲在楼下诊所输液保健，转身下楼去看她，此时却下起了雨。液体扎好，小妹延芳照护，我回三元新村。走了几步，雨不下了。天气凉爽，走得很为轻松。

回到家里，打开电脑续写文章。突然窗户有了声音，站起一看，下起了暴雨。小平抱着小宇去操场活动，赶紧摸把雨伞去送，下楼时她们已在门口了。

雨点很大，很密，对于秋播和秋苗生长很有益处。然而，没收完的麦子却要受影响。次日夜记之。

2012年6月21日 · 农历五月初三 · 星期四

夏至在炎热中火烈烈地奔来了。

一连数日，大太阳毫无遮掩地暴晒着，温度每天在37℃左右。云很少见，像是怕被大太阳晒干了，躲在南方不敢露面。南方却暴雨一场接一场，不知道北方干旱需要雨水。

不过，这几日无雨对收麦有利。农谚说，有钱难买五月旱，六月连雨吃饱饭。五月是指农历，也就是时下的日子。因为，要收麦子，收、碾、打都要在阳光下进行，若是下雨，就不能再干。六月连雨吃饱饭，是从此时起收完了，秋苗出来了，锄过了，连着下月就能好好生长。今年，有闰月，往年应该是六月天了。正常年头，夏至麦子就收完了。不是说“夏至不见要”么？要，要子，即捆麦的草绳。麦子收完了，草绳也就不见了，入库了。其实，现在不收完，也见不到草绳。收割机开进麦田，开过来就是麦子粒。哪里还需要草绳？村里来人说，天气好，当天割，当天晒，在刚铺就的水泥路上一摊，一天就干透了。两天时间，全村麦子都收利落了。二十三日上午记之。

2013年6月21日 · 农历五月十四 · 星期五

连续阴了三天，下雨也是零星几滴。可能是外地下了雨，天气很是凉爽，趁着天凉赶紧动笔写《千秋亲情看万安》。因为对素材很为熟悉，前面写得较为顺手。

今天早晨市委宣传部长来电话，市委书记看过书稿《大美汾河看临汾》，批示投资公司支持，看来此书出版有希望了！这是去年的事情，今年有结果。

今日傍晚，小平和丁丁、新越领着小宇去北京，然后去北戴河。晚上一个人在家看女篮中澳对抗赛，窗户里透过习习凉风，少见的舒适。古人说：“暑里一九，九里一暑。”如此凉爽，真乃暑里一九也。

很希望能下点雨，这样对秋苗生长有利。离开农村三十余年了，但心里仍然装着农事。由此想起过去填表有出身一栏，那时领会不到出身的奥妙，如今明白了那里蕴积的惯性，甚至会主导一生。当日夜晚走笔。

2014年6月21日 · 农历五月二十四 · 星期六

不待夏至，麦收已结束了。过去，麦子割完、捆完、运完，全都回到场上，碾打还有个过程。如今这个过程被收割省略了。

六月十四日动身去榆林，路过之处麦子大都黄了。但还生长在地里，十九日归来，满目只有麦茬了。收割好快啊！

十九日上午在平遥，大雨如注，游平遥像在烟雨江南，撑着伞，还湿了衣裤，凉凉的，难受。吃过午饭，浑身暖和，方才好了些。下午到临汾，始知也下了，下的比平遥早，停的也早。次日，天晴了，温度没升高，不算热。连续两天如此，也就夏至了。

今日多云转阴，却觉得闷些。写作时，头上沁汗。二十四日晚记之。

2015 年 6 月 22 日 · 农历五月初七 · 星期一

天上有淡淡的云，尤其是午后，很快遮掩了午时烈火一般的阳光。下午步行回家，还算凉爽。这几天真不算热，还不及十五日前。十五日动身去重庆合川，行前已热得头有些闷，二十日夜里回来，已没了这种感觉。在重庆也不算热，几乎每天非阴即雨，亮阳高照也就是短短的一会儿。回来时一早上车，飞奔北行，就没见太阳。时而还有下雨的地方。

夏天真正地来了，却没有往年那般声色俱厉，反而有些温文尔雅。看来不光人有多种性情，天气也有多种面孔。

今天速速中考结束，一起去外面进餐。当然，不单是这个因素，昨天是父亲节，女儿乔怡约吃饭。既然是团圆聚餐，自然要把老妈推举在前面。老妈坐上座，饭吃来有滋味呀！

2016 年 6 月 21 日 · 农历五月十七 · 星期二

连续一周未下雨，气温逐日攀升，热得已成为一个炎热的夏日。

原以为不会太热， 或许会过个凉爽的夏天。一周前，坐在屋里还穿秋衣，坐久了背凉，连忙加个坎肩，不然就咳嗽，唯恐感冒。前面有那么几日，都是傍晚即阴打雷下雨，气温也就偏低，让人忧虑。麦子熟了，如何让人收割。

可是收割时，天气再没下雨，偶尔也阴，阴到第二天，就轻轻散去了。不过，阴时会有丝丝凉风，降了一点温度，只是云散天开，亮阳高照，气温立即暴涨，涨得坐在家里汗淋淋的，头也不如先前清爽，想写东西却没有灵动感，连续修改稿件，将两个五万字的文章修改完了，看来对于夏天，竟然需再次适应。二十二日夜追记。

2017年6月21日 · 农历五月二十七 · 星期三

夏至变成了消防队。

离夏至还有几日，炎热的滋味就已经到处弥漫，像爆炒青椒一般，无处不是。行走想避开大太阳，怕晒；睡觉屋里烘热，盖不住床单儿了。还没有进夏至的门槛就如此热，这个夏天该如何熬?

有趣的是，夏至这天居然下雨了。雨下的还不小，次日才逐渐放晴。晴了以后也不算热，每天都有微风吹来，看天气预报，始知周边有雨，大环境影响小环境。未来二十一日由于有两个活动，一在重庆，一在万荣，因为今年写长篇纪实的家事，无心外出，抓紧敲击，夏至这日开始写《五世同堂》的第二部《狼烟》，到落笔这则短文时已写下一万余字。七日追记。

2018年6月21日 · 农历五月初八 · 星期四

夏至该是火烈烈的夏天了。

然而，夏至不算热。热过，烈日炙烤，通体流汗，只是没几日便泄了气儿，差了劲，缘于天气阴了。接连数日，时阴时晴，大太阳刚撒下一阵热量，还要继续劳作，浓云像是一帘阔大的幕布，遮掩了它的容颜。那酷烈自然无法投向大地，投射向尘寰。所以，入夏并没有感到热得难熬。

就这样的适意，本该连日行笔撰文，但是被打断了数日，乔桥内弟张磊因抑郁症跳楼自杀。一个完美得无可挑剔的青年，三十六岁离开人世，令人痛心。为之忙了几日，十七日方才料理完后事。

适意的气温在继续，恰好中考到了，给学子一丝清爽，考出好成绩。当日记之。

2019 年 6 月 21 日 · 农历五月十九 · 星期五

夏至越位了，似乎是立秋。

头天阴着，下了点雨，当天下雨，雨过阴着，今晨起床，还阴着。开窗有风，风穿堂而过，屋里凉沁沁的，这哪像夏天，犹如秋天。从央视气象预报看，临汾属于高温区。可是，不是高温，凉的可心。在这样的气温中校改长篇纪实书稿，是一种享受。

享受夏天里的秋意。

夏至前两天，又去了一次古县。这是今年第三次去了，只因去年以来他们搞二十四节气旅游，今年仍在继续。这正契合我的心思，自二十四节气列入人类非遗以来，在偏远的古县引起重视，务实纳入旅游发展，真是众里寻他千百度，那人却在灯火阑珊处。好呀！携手为二十四节气注入时代活力！次日晨记。

小暑

二〇〇〇—二〇一九

秋苗拔节长，遍地绿禾旺。
雨落易草荒，锄田连日忙。

小暑喜闻拔节声

热了，热了——

我时常将蝉鸣的声音，破解成“热了”，似乎小暑就是蝉鸣声声唤来的。此时，天气不算最热，因为小暑后头紧跟着大暑，倘要是小暑就热极了，那大暑还有什么施展才能的余地？小暑只是炎热的开端，而不是制高点。元稹在《咏廿四气诗·小暑六月节》诗中也是这般见解：“倏忽温风至，因循小暑来。竹喧先觉雨，山暗已闻雷。户牖深青霭，阶庭长绿苔。鹰鹯新习学，蟋蟀莫相催。”无非是说，温热的夏风呼呼一吹，小暑节气便款款而来。气温本应天天攀升，可竹子摇曳不止，预示着一场大雨将会倾倒而下。不过大雨未至，先听到的是远处轰鸣的雷声。接下去元稹将蔓生的绿苔、学飞的鹰鹯、跳跃的蟋蟀都拉近眼前，活画出满目生趣的夏日图景。

活画小暑图景的还有唐朝的韩翃，他笔下的诗句是：“朝辞芳草万岁街，暮宿春山一泉坞。青青树色傍行衣，乳燕流莺相间飞。远过三峰临八水，幽寻佳赏偏如此。残花片片细柳风，落日疏钟小槐雨。相思掩泣复何如，公子门前人渐疏。幸有心期当小暑，葛衣纱帽望回车。”这是一首别开生面的诗，他人都将思念放到秋天去写，而韩翃却把相思放在夏天来写，用“乳燕流莺相间飞”“残花片片细柳风”，抒写心中的情愫，为小暑节气增添了新的情趣，为相思诗词增添了新的品种。

仅就品诗而言，上面两首都有滋味，像茶水一般散发着淡淡的清香。可是我总觉得和小暑的节气不大对位，在我看来小暑应该是热烈的，催人奋进的。我更喜欢独孤及的诗句“般疑曙霞染，巧类匣刀裁。

不怕南风热，能迎小暑开”；更喜欢耿伟的诗句“沃州初望海，携手尽时髦。小暑开鹏翼，新蓂长鹭涛”。这样的诗句，才不辜负小暑生机勃发的气势。

读这样的诗句，我会听到玉米生长的拔节声。夏日的阳光总是火辣辣的，能把地皮上的水分榨干。榨干了还不罢休，还要把芒色透射进泥土里去榨。那情势是在与玉米的根系争夺有限的水分。每逢此时，玉米就力不胜心，绿叶只得萎缩。可就在这紧要关头，一场及时雨降临了，洋洋洒洒，润遍了玉米的浑身。更重要的是将乳汁般的蜜水渗进泥土，供给玉米的深根慢慢吮吸。雨过天晴你再看，那玉米突然长高了一大截。这就是拔节。

拔节！

还是那个拔苗助长的拔字，却不是人为的拔高，而是自然的拔高。拔高，长得急速飞快啊！倘要是想听世间最为提神的小曲，你最好在静静的夜晚，一个人悄悄蹲在田头，不用敛气就会连续不断听见“吱——吱——”的声音。像是虫鸣，却不是虫鸣，那就是玉米拔节时发出的心声。这声音纯净得犹如清凌凌的溪流，灿亮得犹如夜空中的明星。这声音聚合了茶与酒的风韵，入耳清冽似茶，咋一回旋通体温热，又如美酒般在血脉里流荡。止不住感慨，拔节才是小暑时节最具活力的写真。

何止是玉米拔节，这个时节万物都在可着劲地向上生长。院子里的丝瓜，虽然没有和众多同伙攀比的机会，却也毫不懈怠，一日一个模样。顺着细细的绳索，猛劲狠爬，有一天居然爬高了一尺。刚刚还在膝盖下面，转眼就蹿到了屋檐上头。很快撒开绿叶，在房前垂下一挂绿色的窗帘。观赏这勃发的活色，蓦然就领会了什么是生机盎然。

生机盎然！

小暑就是一个生机盎然的节气。

2000年7月7日 · 农历六月初六 · 星期五

天很蓝。云很白。难得的好日子。

接连几天，要么有雨，要么是周边地区有雨，天没有热起来。

往常这时候，已经热得上了劲，太阳如火一样，毒热毒热。今年却没有那么热。在太阳下行走，难免要出汗。回到屋里，汗就落了。

有扇子，不需要常拿在手里。吃饭，喝水，太热了，才扇一扇，取点凉风。

田里的禾苗很惹眼，油绿油绿的，要是收麦前有这么些雨该多好呀！

断流的汾河里有水了，滔滔而过，不算太大，只从主河道中流着。

小暑就这么平静地过去了。

2001年7月7日 · 农历五月十七 · 星期六

小暑用实际行动宣告着自己的品格：热！

一连好几天了，天天都有37℃左右。热得人人见面都说热，热得一塌糊涂。

小暑过了，仍热！热在持续。八日更热，九日上午热得简直有些难忍了。开碰头会，热得人个个汗涔涔的，不好意思多耽搁时间，匆匆散会。

散会出屋，屋外更热，像在笼中，闷得难以透气。让人觉得热过了头。

果然，午后响雷，落雨，天变凉了，小暑的一统天下被打破了。

2002年7月7日 · 农历五月二十七 · 星期日

小暑像个小暑的样子，热到了35℃。

原以为，今年热不起来了。之前，雷雨一场接一场。有那么几天，每日傍晚雷电总要发作一阵，伴着雷电而来少不了暴雨。

二日下午六时去尧庙，远远看见有黑烟冲天直起。司机小赵说，是陵园烧花圈。走近得知是起了龙卷风，把尧庙广场的一家冰糕摊卷了，冰箱和扶伞的人都飘起来。冰箱落地碎了，人落地死了。谁家在养鸡，上百只鸡全飞到了天上。龙卷风在尧庙周围游走一圈，散了。突然间，如注的暴雨倾倒下来，天地暗乌阴冷。这情状几十年不见了，若不是有人惹怒了上天，何会如此！

如此阴雨似乎预示着夏天会凉爽些！

然而，雨一住，天一晴，渐渐，渐渐热了。

热得反常。

反常的日子长不了。

2003年7月7日 · 农历六月初八 · 星期一

今天有些热，从区委出来走了一程，走得汗涔涔的，坐在屋里开了电扇，方才落了汗。

自从夏至以后，一直没有热出个样子。时阴时晴，间或还落几滴雨。雨也没有像样的，住在城里，不知村里的情况。村里来人说是旱了，点种的豆子没有出来。过去的江南水田，变成了北国旱垣。初时，人们还有些不习惯，现在也平淡了，能收一季麦子即可了。可惜的是，当地的龙泉水被引向襄汾、侯马去了。领导得到的报告是扩浇了多少亩，岂不知这里少浇得比扩浇的还要多。

淮河流域连续降雨，出现汛情，而黄河流域雨量小，流量也小，天不公平。

天气预报连续数日都说临汾为降雨区，却没有落雨，是否小气候所致？临汾污染严重，绿化滞后，应是原因。看来，必须重视生态环境了。

下午五时许去北京，但愿北京气温宜人。

2004年7月7日 · 农历五月二十 · 星期三

热持续着，热而不烈，热中有一种宽和。这是真实的感受。

六月二十三日回到临汾，温度连日攀升，升到了37℃。外面热，屋里也热；白天热，黑夜也热。夜里睡觉也睡不实稳，有些难受。热得用上了空调。好在上月滴落了一场雨，下得不小。

雨过天晴，从七月一日以来一直未阴，温度一天天起来了，已达到36℃。只是没有先前热，夜里气温低，改善了睡眠。从气象节目环顾神州大地，始知气温没上去，是由于东边大面积有雨。

小暑后，又是一个晴日。

又是一个晴日，恐怕气温又要热火朝天了。

2005年7月7日 · 农历六月初二 · 星期四

已是下午六时了，窗外仍烈阳炙烤，烤出了37℃的热度。

原以为小暑是个凉爽的节令。夏至过后没几日，那坚持了十天左右的火辣辣的热，终于败下阵来。它败给了雨，先是一场暴雨，后是断断续续的小雨，即使无雨，也阴云掩日。因而，便有了一周以上的清爽日子。

三日凌晨，我去武汉大学出席痖弦先生作品研讨会，出门时穿了长袖衣服，还怕凉呢！上车后一觉睡到早八时，醒来时早入河南大地，天仍阴着。火车穿过阴雨，疾行快走，过了信阳，进入了灿烂的阳光中。车上有空调没觉得热，到武昌下车，一下就像掉进了蒸笼。

隔日，去秭归游屈原祠，热得更甚，不是头上淌汗，而是通体涌汗了。面对屈原，我以为自己全身落泪！

今日凌晨回到临汾，问司机近日热否？答不热。

我以为小暑会失职，哪想到突然就热到了一个新高度，好个尽责的小暑！

2006年7月7日 · 农历六月十二 · 星期五

一早起来，天色灰蒙蒙的，天空覆盖了一重云。太阳光穿透云层撒在地上，淡了好多，柔了好多。天却还是热，因为头天在36℃以上，气温还没能下来。

头天陪市人大几位领导去尧陵视察，在陵园走走，上陵顶看看，热得通体透汗，坐在荫凉里好久好久才清爽了，落了汗。破败的尧陵该修了，或许这次考察是一个新的起点，唯愿。

这一趟看得很好。山下山上一片绿，难得的好景致。完全得益于天气，前数日连续下了两场雨，下湿了，下透了。雨后气温增高，草、苗、树都大放能量长开了。长得满目绿意，生机蓬勃。

如果就这么下去，今年会收一季好庄稼。

看来真要如此了，下午五时云浓了，六时有了雷声，紧接着下起了雨，暴雨，热热烈烈激动了一阵子，也就是半个钟头，停了。天却凉爽了好多。

今日一早起床，云比昨日还浓，天比昨日还灰。写这篇短文时，窗户上有只小麻雀在叽喳着唱呢！

2007年7月7日 · 农历五月二十三 · 星期六

小暑不甚热，前数日没有下成雨，却时常有云，天气像是个温和的长老，明明可以施展威风，却没有摆出应有的架势。这种做派是一种姿态。可这姿态与今很少见了。

小暑还是个奇妙的日子。天快黑时，收到了两条信息，一条是摄影家黄正东先生发的，另一条是河南散文作家艾平发的。两条信息，一个内容，是他们将这天的数字做了如下排列：

07年07月07日。

由此得知，这是千年一遇的日子，为此便有了信息：

今天是千年一遇的070707。俺祝：收到的升官发财，阅读的工作顺利，储存的万事如意，转发的年轻美丽，回复的爱情甜蜜，删除的也天天捡到人民币！

显然这是枪手编好专门供人转发的，人的好奇心成了移动公司赚钱的机会。

这或许算是这个小暑的一个时间特征。

2008年7月7日 · 农历六月初五 · 星期一

天已热到了夏天的极点。

火红的太阳炙烤大地，由于没有云彩遮掩，太阳将全部光热投下来，晒得大叶树都蔫巴了。前天，小平切了些苦瓜片，一天就晒干了，青嫩的薄片晒得一捏就能碎了。这样的天气迎来了小暑，小暑有点儿全副武装的模样。

不过，七月五日还不热，不是不热，还有些凉爽。头天下了一场雨，雨后凉风习习，宜人得很。我便趁着凉意在电脑前赶写《中国寓言故事》，这一日收获颇丰，完成了很大的一部分。第二日又辛苦一上午，初步改定。探头向外望，酷烈的日头炙烤着，好在屋里不算甚热。

今年蚊子多，往年屋里少见，今年屡见不鲜，不知这物从何而来。疑是纱窗坏了，有裂缝，用胶条封了，不知能不能减少这些不速之客？

夏至次日正写这则笔记，接了个电话，《水浒传》的导演潘引来到了临汾，约去吃饭。大热天招待客人，热情洋溢，热火朝天，还应加上热烈欢迎。

2009年7月7日 · 农历闰五月十五 · 星期二

小暑是个阴天，夜里还下了雨。

是该阴了，该下雨了。七月一日，从山东临沂参加蒙山笔会归来，太阳天天高照，温度最高时为38℃。在外面行走，身上像在被炙烤。晚上出去散步，也少有凉风，只有走出城去，才会有点凉意。感觉最为明显的是从城外往里走，一过临钢医院就烘烘地热起来了。地里的禾苗旱了，下雨成为急需的事情。天阴了，便觉得应该阴，而且盼着早点儿下雨。

七日夜里继续和小平散步。天阴了一天，有了凉意，走在东城的人行道上，清风拂面，凉爽得可心。走了一个小时，回到家时已是二十三时半，仍未落雨。

雨却悄然而下。次日早上一看，下得还不小。上午停歇了一阵，中午又接着下。提笔写这则小文时刚从楼下上来，还有零星的雨滴。

2010年7月7日 · 农历五月二十六 · 星期三

小暑来得很为热烈。

热烈不是一天了，至少三天都在37℃左右。太阳当顶时火辣辣的，像是爆炒红辣椒，别说炎热，那气味就辛辣刺鼻，见了面人们都说热。

小暑这日热力不减，因而才说来得十分热烈。

当晚，气象预报却说明日降温，最高也就是33℃，而且有雨。这么热的天突然就会凉吗？让人有些怀疑。

怀疑显然是错了，第二天果然凉了。在街上行走，如同走在秋天里，轻风吹来，适意可心。就想到凉爽这个词很美，因为凉，才爽呀！

下午同高茂森兄去东靳村，车窗不开，也没有一丝热气。这是难得的享受。小暑次日书写。

2011年7月7日 · 农历六月初七 · 星期四

小暑在秋风吹拂的凉意中走来了。

奇怪夏天居然有秋凉，而且几乎持续了一周。上周四去延安，天晴，到了大宁的新河滩，热得大汗淋漓。过了黄河，下午没有再热起来。次日的延安，时阴时雨，自然不热。下午到了西安，是有点热，而且是潮闷的暑热。在电话里询问，临汾下雨，不热。第二日，去了扶风县的法门寺，天气多云，不是太热。下午去乾隆，完全阴了，很凉爽。四日游西安世博园，阴沉沉的天没撑多时，便下起了雨，秋意也来临了。游完，从西安回返，路上一段雨小，一段雨大，一段未下，回到临汾也一样。

阴了两天，时而还落几滴雨。雨不大，天却凉爽。昨夜躺在床上盖个被单还生凉。

今日，天大晴，太阳朗照，小暑带着热气来了，开始收复夏天的威严，却还未达到应有的热度。

2012年7月7日 · 农历正月十九 · 星期六

到了北戴河，发现是小暑了。

中国作家协会安排我在北戴河创作之家度假，同小平一同将父母带去。二位老人均寿高八秩，以后出去的机会将越来越少，因而决心和他们同去。六日上午十时上火车，七日上午十一时到站，天半阴不晴，明显没有临汾热。下午即带父母去海滨老虎石，虽然有太阳，但海风吹来是凉爽的，不像家乡那样闷热。

次日一早，同父母一起去碣石对面的海滩，从近水的沙子上踏过，自西往东，渐渐走到老虎石，阳光时有时无，没有大夏天的威胁。打个电话给家里，临汾竟然下了雨，当然温度也不高。不过，雨一过，气温立即升高。从央视气象预报看到，气温高达37℃。北戴河呢，也下了雨，雨后温度畏缩在28℃以内。因而，待了十日，也没有太热的感觉。

地域不同，气温不同，小暑的面目也不同。二十日上午追记。

2013年7月7日 · 农历五月三十 · 星期日

小暑是炎热的化身。可是，在这个时令还未到时，就已经热得够呛了。连续几日都在35℃以上，写个东西不开空调不行，开了又有些凉，只好披个衬衣，实在有些难受。在这样的热度里走来了小暑，要是光大先前的风姿，那还会热下去。

然而，事情并不是这样，温度下降了。昨天，周边下了雨，我和魏明学去曲沃南陶寺村考察，天气仍热，但算不上酷烈，坐在浍河水库边上进午餐，吃得两腮流汗。回到临汾不见太阳，下午就渐渐凉爽。晚上下起了雨。今晨（九日）地上，仍水汪汪的。上午作协开代表会，换届。午后在财神楼和父母聊天，回三元时凉风习习。当日记之。

2014年7月7日 · 农历六月十一 · 星期一

热。刚洗脸过来，写了一则日记，头上又是一层汗。小暑，还真像个小暑的样子。是该热了，可没有想到热无声无息光临了。今天中午在财神楼家中午休，刚刚睡着电话响了，来了客人，没多时就去了，安心躺下，想再入睡。然而，终归没有睡着，如是反思，前日，再往前几日，在三元午休也是如此现象，睡一下即醒，再难沉睡，原来是天热作祟。

写着，汗已流进腮边，擦了再写。牙痛了已有一周，抓紧下火，抓紧消炎，牙不痛了，牙床又肿。消炎继续，中药丸没停，算是控制了。原因何在？上火，终归还是天热所致。

写着，汗已流进耳边，只好擦去。原想《三晋史话·临汾卷》完稿即写云丘山，看来还是悠着点。当日夜记。

2015年7月6日 · 农历五月二十二 · 星期二

是个晴天，但不算热。原因是头两日阴天，小雨，天气凉爽。

四日、五日两天，我带王晓伟去太原北面考察，那里气温本来就低，再加上时不时来场小雨，凉爽得少见。尤其是五日下午在宁武县定河村考察，阵雨变小雨，凉得穿短袖衫挡不住寒气，赶紧穿上长袖，一直到返回太原都没有脱。

次日下午返回临汾，也不算热，与往年的小暑比，气温有些低。

七日晴，气温上升。这日关工委二十周年庆典，并举行了我撰写的道德图书首发式。会议结束照相，提前摆好椅子，坐上去好烫，椅子变成了鏊子。晚上休息，屋里闷热，翻来覆去睡不着，始感到像个小暑的样子。九日夜记。

2016年7月7日 · 农历六月初四 · 星期四

天阴了，温度降下来了。不再那么热，去育花园酒店为省电视台拍摄民宿做策划，路上偶来凉风，拂去汗水。

每年盛夏，汗流不止，尤其是腋窝。汗流成溪，每每外出一走，便湿了衣服，若是不洗，汗渍难看。今年干脆拿块纸巾或毛巾，边走边擦，免得湿衣服，倒也不失一种办法。

昨日阴了一天未落雨。今日又阴了一天，已是下午五时许，还未落雨，屋子里闷热，外面没风，开了窗户也没凉意，天气更加阴暗，看来躲不过一场雨，只是不要下暴雨。

南方多地暴雨成灾，武汉未能幸免，一个月前看到央视报道，三峡库区在做调水准备，很是兴奋。以为武汉没有危机，岂料，重蹈覆辙，心里未免沉甸甸的。次日记之。

2017年7月7日 · 农历六月十四 · 星期五

小暑，重新起步。

本来，今年的天气已经热得像是炎夏，一走路，一吃饭，浑身是汗。出外面一趟，回来赶紧冲澡。吃饭，尤其是吃午饭，开着空调，省下汗水。头有时也懵懵懂懂的，但是因为写作《五世同堂》，不愿意轻易搁笔，坚持每天写两千余字。

天若有情天降凉。

四日夜里有了雨声，来得迅猛，远处还响了两声雷，以为就是暴雨，下一阵会停。然而，没停，夜里仍然在下，一直下到天亮后还在不紧不慢地下。不多时停了，到外面一走，有凉风过来，很是适意。

小暑，晴亮，雨洗过的天空无比亮堂，然而，扫除凉意，归还暑气，尚需从头开始。午间去涝河公园研究金殿镇的规划，太阳正在挥洒浪漫。记于次日。

2018年7月7日 · 农历五月二十四 · 星期六

凉，凉到初秋的感觉。

原以为小暑时节，酷热即至，准备洗汗，准备煎熬。岂料，并非如此。小暑当日，天气多云。气温还在30℃以上。上午去襄汾县赵康镇看绣球基地，热乎乎的，出汗。不过也没达到先前最高气温。等到第二天，气温不但没有上升，反而下降。自然是因为天气阴了，而且到了傍晚，居然开始下雨。雨不算大，可扑灭了暑气。也就凉凉的。凉似乎不错，下午在小麦研究所花卉园讲临汾文化，轻松惬意。

雨，没有停歇，夜里醒来，还能听到淅沥声微微作响。从早上到下午，不时去窗前看看，丝毫没有间断。热气被动瓦解了，坐在电脑桌前敲击还凉凉的，换上了一条稍微厚点裤子。天凉好写作，已开始写《幸福从安全出发》故事读本，趁凉快走笔。九日下午追记。

2019年7月7日 · 农历六月初五 · 星期日

上午阴转晴，下午雨转阴。这是留在日记里的天气写照。

这个小暑在浙江省金华市度过，随中国报告文学团前往婺城区采风。四日凌晨穿过雨雾到达，九日早晨冒着大雨离开，中间仅有一天受到艳阳的垂青。站在梅溪的大堤上，不一时就晒得浑身冒汗，坐在屋里好一阵才清爽了。原以为南方会热过北方，不料仁慈的天气稍给我们点颜色就收敛了，不再暴晒。何止不再暴晒，多数时间都在下雨。八日游岩洞，下雨。盼望下午雨停歇，去街头转转，然而，雨的耐心比我强多了，一直淅淅沥沥。

从微信上看临汾，这两天温度不算低，北方热过了南方。所幸，乘飞机落地，不热，适意。下午去大妹延慧家看望老妈，精神很好，心中高兴，步行回家，一路也没出汗，上楼记之。

大暑

二〇〇〇—二〇一九

头伏种萝卜，白菜种末伏。
天下多少事，农人最辛苦。

大暑热催五谷熟

小暑过去是大暑。

大暑的热绝不是小暑那种热。小暑的热是火烈的干热，大暑的热是潮湿的溽热。小暑的热像是一把火，燃过后犹如日落西山，温度降低，夜里还会残存一点凉意。大暑的热是蒸笼般的热，酷热的日头不仅炙热了长空，还将大地也烤热了，水汽幽幽地上升，屋里屋外，村里村外，城里城外，都被挟裹在内中，天下万物没有能逃避这暑热的。白昼热，黑夜也热，热得南宋陆游的诗句也直流汗水，要不怎么会名为《苦夏》呢："万瓦鳞鳞若火龙，日车不动汗珠融。无因羽翮氛埃外，坐觉蒸炊釜甑中。"确实够热了，一鳞一鳞的屋瓦被烤成了条条火龙，火龙烤着人们，闲坐不动，汗水也滴滴答答。叹惜不能像鸟儿那样闪动双翅飞向九霄云外，寻找清凉居所，只能坐在蒸笼中经受煎熬。

我与陆游远隔近千年时光，可他那笔下的溽热倏尔便包裹了我的周身。还嫌包裹得不周密，和他同期的诗人王令又用一首《暑旱苦热》猛加热力："清风无力屠得热，落日着翅飞上山。人固已惧江海竭，天岂不惜河汉干。昆仑之高有积雪，蓬莱之远常遗寒。不能手提天下往，何忍身去游其间。"清风吹不散暑热，夕阳好像不是朝山下降落，倒像是插着翅膀又飞上山巅。江河海水都快晒干了，难道上天就不怕把天河烤干？明明知道昆仑有积雪，蓬莱常遗寒，却不能让尘寰众生脱离溽热，自己"何忍身去游其间"？这是古往今来暑热诗词里最令我感动的一首。动人之处就在于，写下的不是一己纳凉的感慨，而是对天下众生共同凉爽的渴望。

相形之下，那些妙趣横生的纳凉诗就不得不低一筹了。白居易在《消暑》中写道："何以消烦暑，端坐一院中。眼前无长物，窗下有清风。散热有心静，凉生为室空。此时身自保，难更与人同。"独坐窗下，无物遮挡，清风徐来，自然凉爽。然而，如此闲适消夏祛热的能有几人？

论及乘凉诗，杨万里最会烘云托月，不写人如何热，而写《暮热游荷花池上》："细草摇头忽报侬，披襟拦得一西风。荷花入暮犹愁热，低面深藏碧伞中。"轻轻巧巧几笔，便借助荷花把盛夏乘凉的机趣勾画出来，尤其是"低面深藏碧伞中"，真堪称神来之笔。

这样的诗还能说不好？不是不好，是境界没有王令高。可以和王令比肩的是戴复古的诗《大热五首》(其一)："天地一大窑，阳炭烹六月。万物此陶镕，人何怨炎热？君看百谷秋，亦是暑中结。田水沸如汤，背汗湿如泼。农夫方夏耘，安坐吾敢食？"我喜欢这首诗，缘于戴复古真实写照了大暑的特点。天下五谷成长在小暑，催熟在大暑。小暑时玉米、谷子、水稻，都在长叶、长枝、长个头。而到了大暑，这一切都长到位了，不再向外释放能量，转向内部孕育籽实、开花、结果，再灌浆成熟。催促的最佳办法就是加热，加热，再加热，五谷的籽实就在这热得不能再热的高温里一天一个模样地长大，一会儿一个模样地长大……更喜欢诗人那一颗金子般的怜悯之心，"农夫方夏耘，安坐吾敢食"？说不定诗人也会荷锄下去，"晨兴理荒秽，带月荷锄归"。这里最能见出一个文人的良知。

中国是个诗歌的大国，诗词多得犹如汪洋大海，戴复古的诗没有被淹没，还能像绚烂的浪花闪亮于当代，足见良知是何等值得世人珍爱！

2000 年 7 月 22 日 · 农历六月二十一 · 星期六

大暑来得好热烈。

热，是持续了好几天。每日的最高气温都在35℃以上。毒毒的太阳严守职责，毫不犹豫地投下强光，火辣辣地炙烤着人们，也炙烤着建筑。建筑被烤热了，又反过来炙烤人们。更为可怖的不是白天，而是夜里，夜里温度不降，人们热得难以入睡。这状况接连三四天了。

烈，是突降了一阵暴雨。午后，偏过晌午的时分有了雷声。雷声由远及近，由闷及响，那雨也就来了，大大的点子，打得地上劈劈啪啪。大雨时间不长，却有一种轰轰烈烈的气势。

雨住了，看看日历，大暑来了，时在二十一点。

大暑来得确实热烈。

2001 年 7 月 23 日 · 农历六月初三 · 星期一

清晨没有清晨的滋味。不凉不爽，闷沉沉的，哪有一点点清凉的意思。既然没有了清凉的意思，早晨也就混同于上午或者下午了，这混同的原因全在于一个字：热。

一早碰面的人都说热，热得夜里没有睡好。

是热，热得浑身汗渍渍，不由得伸手抓遥控，开空调。偏偏开空调的人也多了，电也难以重负，刚刚开了就沉沉地喘息，喘息着闭了呼吸，停了。

只好与闷热相厮守了。

守到天亮，撕日历，一看，今日大暑，而且，时间是三时五分。难怪清晨也这么热！

2002 年 7 月 23 日 · 农历六月十四 · 星期二

按常理说，大暑应该热过小暑。

今年却不然。小暑热得要命，36℃、37℃、38℃，温度节节上升，有的地方简直高过40℃了。七月十五日我去河南商城县开笔会，火车上楞热，过了驻马店，车厢成了烤箱，人人都像流油的面包，淌着汗，离信阳站还有一小时，每秒钟都度日如年。

从信阳到了商城，又毒毒热了一天。上到山顶，比山下凉些了，却还是个热。

第二日，降温了，凉爽了。在黄柏山凉爽了两天，下山，乘车，归里，天一直没有热起来，没有热到小暑那个境界去。

次日翻开日历，哦，大暑了！大暑不热，随手记之。

2003 年 7 月 23 日 · 农历六月二十四 · 星期三

一场暴烈的大雨，送来了大暑。

头天午后，阴云浓聚，天很快暗了，暗得似乎是黄昏了。

突然间，雨滴下来了，刚觉到一点、两点，就密麻成了千条万缕，沙沙的响声从地上、墙上迸发，震得人心惊悸。当然，也在刮风，那风大得折了不少树。听说有些地方还下了冰雹。

雨下到傍晚停了，下得天地间凉丝丝的。

次日便是大暑，天晴了，却仍有丝丝缕缕的薄云，还不甚热。这个季令也就给了人难得的愉悦，给中学生讲写作，讲得轻松自在。

可惜，掀过一页日历，天亮得万里无云，日烈得如火炙烤。回村里去，本家一位大嫂去世了，去家中探祭。大嫂很大，与我的父母同龄。年轻时我的那位大哥就去世了，正逢三年自然灾害的年代，一家人饿得皮包骨头。奶奶给了一小瓮酸菜，那又能维持几天？无奈，她只好嫁给了一位在大队当副业股长的麻子。我便称这位麻子为大哥。靠着这位我的大哥把孩子们拉扯大了。大嫂长得花一样，和大哥在一起正应了一句俗话：一朵鲜花插在了牛粪上。大嫂就这么过了大半辈子，她过得好吗？我无法问她，只感到热，坐在屋里不住的摇动扇子。扇子停了，汗便出来了。

大暑是一年中最热的日子，应验了。

2004年7月22日 · 农历六月初六 · 星期四

大暑给了沉沦的夏天以新生。

二十天来，气温一直是春秋的面目，温和、凉爽，没有烈日，没有酷热，偶尔有些热，不日又是一场雨，立时降了温，又还原于温和凉爽了。夏天不断经受着阴雨的打击，沉沦了。

大暑这日，大太阳高照了。我随市作家团在安泽采风，攀登安泰山走得热汗直流，在绿荫下尚好，一钻出来，就热燥燥的。只是也没有感觉到日头的毒热。顶着日头走得还很精神，孰料，下午即发现脸和双臂晒红了，红得生疼。

夏天在我身上展施着它的威力。

二十三日依旧热，临汾是36℃。

二十四日依旧热，下午却阴了，落雨了，不似昨日了。

二十五日阴云散布，还落小雨，刚刚打起精神的夏日又萎靡不振了。

2005年7月23日 · 农历六月十八 · 星期六

天气不算最热，却连续闷热。前几天落了一点雨，温度稍有下降，因为雨小，没有下透，太阳一露头地表温度又上来了，所以湿热。

不过，待在屋里这湿热对人没有威胁。

然而，南方便不一样了。小平昨夜从杭州来电话，她正经受着少见的湿热，如在蒸笼中，浑身淌汗。记得她在电话中连说了几个遭罪。看来北方人还真难以适应南方的湿热天气。

躲在家里校对《平阳历代史话》书稿，从来没遇到这样的难题，错误百出，连起码的常识也没有，把秦国错成泰国，把重耳错成蚕耳，改来划去，纸上成了一朵花。时而放下笔，摸摸头，头上有了汗珠，就叹天热。

夜里躺下，心静了，不想什么事情，挨着枕头的耳朵捕捉远方的声音，不知不觉睡着了。醒来时，身上还盖着床单，是感到凉时伸手掩上的。

心静自然凉，这话说得对！

2006 年 7 月 23 日 · 农历六月二十八 · 星期日

北戴河的天气不算热，二十日到后还没有出过一身汗呢！在临汾却热得满身流汗，不开空调几乎无法写作。

所幸，中国作协安排北戴河疗养，给了个消夏避暑的好地方，同小平前往。

大暑这天创作之家组织游览，先游了山海关，在关城上走了好一程，闲静地观赏了长城，是前所没有的。又去了老龙头，正是晌午时分，应该很热很热，却起了云，遮住了亮亮的阳光，在里头行走，也没有热的感觉。看了长城的起点，走了下来，到了沙滩边，沿岸走去，走进了海神庙，庙伸出海岸，海风吹来，还凉飕飕的呢！

下午三时回到宾馆，休息片刻捧读柳萌先生的随笔散文集《悠着活》。参透人生后的彻悟，语言浅白却表达得淋漓尽致。

晚饭后和小平散步到了海滨，登上一座礁石，想坐下来静心品海，风却很紧，凉入怀抱，不敢久坐，只好回返。

2007年7月23日 · 农历六月初十 · 星期一

小暑里头热了两天，热得够劲，坐在桌前写东西，一会儿就是一身汗，汗衫穿上一天必须洗，不然就有汗味了。原以为今年的暑日会热情洋溢下去，没想到仅两天就泄了气。

下了一天雨，又阴了一天，就不那么热了。雨不那么大，为什么会降温很大？可能是周边下得较大。

晴了一天，又下，又晴，又下，温度也就没有再升高。

昨夜又是一场雨，暴雨，下得挺起劲的。早晨起来，太阳在云团中奔走，走着，走着就出来了。去打字行为父亲的回忆录定封面，还觉得有些热。回到家时，大太阳高照大地，躲进屋里不再热了。

今天是大暑，热度该持续升高吧！午后睡着了，醒来时外面的亮度小了。翻翻资料，伏案写作，写了篇《羊头狗肉》，写完了天阴得也重了。不一会儿有了雷声，有了雨声，于是，关了所有的电器躺在床上伸臂展肢，右臂的肩周炎重了，有些疼，就摇晃，直摇到雷息雨住，起来看表，晚七时许了。

2008年7月22日 · 农历六月二十 · 星期二

昨天不热，前天不热，大前天也不热。自十五日天阴下点儿雨后，一直没有热起来。今天也很晴朗，但温度还没有热到小暑的高度。

中央电视台播音员说，大暑是夏天最热的时候。这话没错，但是具体到某地、某年却未必是。从全国气象看，南方高温的地方不少，临汾却例外了。

奥运会临近了，北京已经控制车辆、游人了，云南却发生了恐怖事件。昨天，两辆公交车先后一小时内遭到袭击、爆炸，这是个危险信号。但愿加强防卫，将隐患及早消除，不要为奥运会添麻烦，更不要为人民的正常生活添麻烦。

写这则笔记时，已是夜里十时，打开窗户，凉风习习，怡人舒爽。这在夏日是很难得的，希望能这么凉爽，又怕气温不高影响农作物生长。秋苗长不起来会歉收。粮食已经涨价了，全球性的问题，唯有丰收才是解决问题的好办法。但低温是增产的大碍，因此，生活在矛盾中。

2009年7月23日 · 农历六月初二 · 星期四

天不算很热，前日下了雨。昨日又阴了一天，开窗就有凉风。今日虽然大晴了，然而，温度还没有升到最高。

写这则笔记，看似轻松，实则不易。即使昨日是大暑，也不会提笔，前日也一样，原因是身体难受。一个小小的咳嗽折磨了我近二十天，所幸，今日明显好转了。

其实，小暑那日咳嗽已经开始了，只是没有在意。起初，喝了点甲硝唑，过了两日不见好转，又每顿改喝两粒阿莫西林，还不行，只好去找大夫。大夫改用其他药：利君沙、荣碱缓释片、咳嗽胶囊等好几种药。然而，过了四五天，非但不轻，还天天加重。乃至后来，晚上无法睡觉，还咳出来白痰，实在难受。我不输液的信念几乎要动摇了，便去化验，准备根据结果对症治疗。但是结果出来，原来治疗的大夫出差了，只好改换门庭。李大夫看过，说服阿莫西林即可，每次四粒，八小时一次，今日是第四日，已经见轻，这才抓笔书写。

2010年7月23日 · 农历六月十二 · 星期五

炎热迎来了大暑。

大暑前两天，随山西散文家在万荣县采风。行前看天气预报，是阴天，去了却很晴亮，要不是之前下过雨，那就热坏了。就这，二十一日气温也上到了35℃以上。这天午后二时半安排活动，先是骑沙地摩托车，要不是行走较快，简直能晒脱了皮。再让游泳，不敢去，怕光着脊梁被晒焦了嫩皮。当年在乡下收麦，穿短袖衫晒伤过皮肤，火辣辣的疼，疼过，掉了一层皮。如今年龄大了，若是躲不过掉皮，还会长斑。因而，就在圈椅上看泳了。

大暑这天阴了，下午有小雨，自然比头天凉了些。这天孙子小宇满月，新越娘家也来了人，不那么热，很适宜人。次日下雨，今日是进入大暑的第三天，没有下大，也滴了几点，因而也不算热。不过，热与不热只是比较而言，坐屋里吃饭还是吃出了一身汗。大暑没有忘记自己的本色，只是悄悄温和些罢了，应该说，这是个善良的节气。

2011 年 7 月 23 日 · 农历六月二十三 · 星期六

大暑像是有点骨气。连续多少天了，都没有感到暑热的气息。每日早上薄云罩着天空。到了正午，太阳能出一大会儿，闪过当顶，就被云遮掩了。因而，温度一直没有上去，时而还有秋凉的感受。大暑，总算摆脱了凉意的困扰，潇洒了一把，扬眉吐气了一把。

一早去汾河公园选拔导游，先开始在室内，还好，赶到九州广场，真如火炉一般，只能在长廊下听介绍。

过了午后，暑热更烈，去石舫看画室布置情况，浑身流汗。

可惜，这样的骨气只坚持了一天。次日，天阴了，太阳偶尔出来，也热不下什么样子。更惋惜的是，下午五时居然风起雷鸣，暴雨如注，一小时后，雨停了，风息了，却又成了秋凉的样子。大暑也没了昨日的风度，似乎昨日那点骨气是硬撑出来的。

2012 年 7 月 22 日 · 农历六月初四 · 星期日

大暑是一场暴雨迎来的。

从央视气象预报知道，这一场暴雨是躲不过的。果然，等来了一阵猛烈的雨声，还有遥远的雷声。雨，没下多会儿，就偃旗息鼓。满以为次日会继续头天的雨势，然而，早上的浮云渐渐散去，天晴了。

下午六时许，接到振忠兄从北京打来的电话，昨日回临汾的火车到房山暴雨塌方，滞留二十五个小时返回京城。放下电视收看新闻联播，头题是北京下了六十一年来罕见的暴雨，多处路面积水，首都机场滞留了八万多人。

看完新闻联播出屋拿报纸，天不算热，有清风徐来。最美妙的是，天空蓝得无比洁净，白云被落日涂上红彩，金红的，金黄的，如丝如缕，左一带，又一线，色彩雅致迷人。暴雨不光洗净了地，也洗净了天。大暑纯净而多彩，回屋后天渐渐黑了，伏案草成此文。

2013 年 7 月 22 日 · 农历六月十五 · 星期一

雨大一阵小一阵，把昨天的热气浇灭了。天气凉爽，不像是伏天。

这天徐栩给儿子过满月，在凯利莱酒店安排宴席，热热闹闹，唯有天雨造成行动不方便。大暑以后，气温一直没升起来，二十五日参观新医院建设工地，已成规模，准备十月交付使用。走在宽阔的大院里凉风习习，如同秋天。次日上午也不算热，可是午后居然热得像是蒸笼，连思维也迟滞多了。二十七日想好了写郑观应的题目，可惜晚上坐在桌前汗涔涔地无法下笔。那就打开空调吧！打开后温度降下来了，但是头脑仍然不清醒，还是写不下去。

天又凉下来，是夜雨下了大半个晚上。早晨开窗，细雨蒙蒙，清爽宜人。一日之隔，仿佛过了一个季节。但愿能率意起笔写下萦绕多日的思绪。二十九日晨记。

2014 年 7 月 23 日 · 农历六月二十七 · 星期三

早晨六时许出发，去襄汾县孝和林农场讲授亲子教育课。零星小雨迷迷蒙蒙，车开了一路，雨下了一路。进课堂是还在零零星星飘洒。从古往今来的事例层层剖析，说明教子的重要性以及方法。听众情绪很好，不知不觉过了三个半小时。走出讲堂，小雨停歇。

下雨天不甚热，回家后抓紧修改昨日写下的短文《百年树人书作梯》。改毕记之。

2015年7月23日 · 农历六月初八 · 星期四

小暑不是很热，大暑呢？

大暑这日是个晴天，烈日高照，我去湖北施恩，下午炎热仍不减。好在上车后空调很凉，到西安已是夜色中，凉风吹在身上很爽。接我的司机说，西安一到夜晚就不热了。次日飞到重庆，一出机场，立即处在酷热之中，等了几分钟的车，已是汗水满身。坐动车到施恩，天虽晴着，却不甚热。之后乘大巴三小时到了坪坝营山区。之后两天，简直是人间天堂，太阳时现时隐，丝毫没有热的感觉。晚上睡觉盖着大棉被，恰好。这儿真是度假避暑的最佳地，同十五日在武隆的感觉一样。

二十七日晚九时许回到临汾，第二天便受到酷热的迎头冲击，下午从财神楼回家，上衣不少部位被汗湿透了，真热！二十九日追记。

2016年7月22日 · 农历六月十九 · 星期五

热，闷热。

从现象看，今年的大暑不应该热，头天下雨，雨不算小，坐在屋里凉丝丝的。然而，大暑这日，晴亮无云，烈日悬空，到处都在火热的炙烤中，中午本想步行去财神楼家中，出屋就走进火炉。想着下午要去电视台录节目，怕弄一身汗，躲进了公交车。下午天阴了，没有上午热，录完节目，回家正好步行。可是到家时，已浑身是汗，上楼先冲澡，再换衣服。晚上又下起了雨，睡得不算热。次日早晨，还下，八时许方停。下午却又闷热，坐在桌前写《成语里的中国历史》，满脸是汗，仍是闷热。晚上写完，赶紧冲凉。然而写此文时，脸上又有汗了，看来不连续下雨温度难以下降。

2017年7月22日 · 农历六月二十九 · 星期六

毒热，闷热。这就是大暑给我的感觉。

毒热是在太阳下，闷热是在屋子里。

在汾阳市贾家庄村住了五天，中国作家协会培训会员，由省作协代办。北面温度本来就低，最高36℃，住室及会场都开空调。晚上睡觉即使关了空调也不过30℃，盖个被套睡得很好。今日从汾阳坐大巴到太原，再转乘动车回临汾。一下车犹如进了火炉，走几步就浑身出汗，有憋闷感。多亏小平开车去接，若是背着双肩包去挤公交车，真有沦落感啊！回到财神楼家中，犹如进了蒸笼，连忙将空调打开。

小平告我说，昨天还下了暴雨。她带小宇去游泳，返程时大雨倾盆。若是不下雨，又该如何热？当日傍晚手记。

2018年7月23日 · 农历六月十一 · 星期一

晴且热。并非一日，几乎一周了。也下过雨，雨像是不称职的公务员应付差事，做个样子，地皮未湿就罢休了。热气儿打不掉，因而热一直延续着。延续的热，让大暑给夏天撑了面子，要是像小暑那样，雨连着下，犹如秋天一般凉爽，夏天也就不成其为夏天。

热的感受是，连续两个夜晚睡觉前开了空调，压压热气方好入睡。而楼上的空调一晚上响个不停。每到天亮才能静寂下来。这几日中午去老妈那边，不再步行，坐公车往返。车里有空调，不会汗湿衣衫，浑身燥热。昨日去乡宁县给党政干部讲公文写作，下车就感到气温要低5度左右，看来山寺桃花开放迟确是地域所致。所幸，安全书稿写完了，可以轻松数日，来应对伏热了。次日傍晚记。

2019 年 7 月 23 日 · 农历六月二十一 · 星期二

大暑冲破了凉意的重重阻拦，横空出世，向世人再次宣告：大暑是一年中最热的时节。

热确实热，太阳是烈日，大地被晒成了热鏊子。在外面走动，两条裤筒钻上来的都像是火焰。这没什么稀奇，稀奇的是头天，再头天，在下雨，还下过一阵不小的暴雨。晚上屋里发闷，去操场上行走，凉风习习，犹如秋季。实在担心大暑在秋凉中迷失了自己。然而，次日开窗，太阳亮起，大暑带着积蓄许久的热能统辖了天下。怎一个热字了得？

上周五体检，还有心脏CT未做，本想立即去，却热得怯步。往后推，推到昨日上午仍然高温，只好再推。岂料，午休起床，满天乌云，连忙装一把伞出门，幸在体检归来未下雨，也不甚热。二十五日晨记。

立秋

一九九九—二〇一八

瓜果梨桃香，草木叶渐黄。
风来始觉凉，早晚最觉爽。

微凉喜到立秋时

“微凉喜到立秋时。”很喜欢这句诗。这是节气的标志，也是心灵的感应。立秋前，是暑日，几乎每天都会与热照面，严格说不是照面，而是被热挟裹在里面。好的时候，到了夜里热气会稍稍收敛热度，让你睡个安稳觉，甩掉白昼的疲劳。大多数时候，没有这么幸运，热气弥漫，热度不减，躺在床上也止不住淌汗。汗涔涔，黏糊糊，如何睡得着？勉强睡着了，咋一翻身又醒了，煎熬这酷热的夏夜，盼望凉爽的秋夜。秋天到来的时候，怎能不高兴？真是：微凉喜到立秋时。

微凉喜到立秋时，不仅是一种舒爽的心情，还是秋情的真实写照。从实说，立秋时凉爽未能落定自己的营盘，大量的时空还被酷热占据着，炎热仍是时光的主旋律。那么，秋意在何处？民间的回答是，秋天分开了前后晌。意思是炎热只能垄断正午，而一早一晚会让位于凉爽。有了这微凉，夜里不必汗涔涔，黏糊糊了。觉，就能睡得沉实，睡得香甜，哪能不喜欢呢？

秋天赐予世人的好觉，好梦，固然令人喜欢。但是，这并不是秋天最大的奉献。秋天最大的奉献是，捧了一个万物成熟的盛宴。秋字就是这个盛宴的传真，繁体字的秋字由“禾”与“龟”组成。禾，表示的是禾苗；龟呢，与秋天能有什么联系？有联系的不是乌龟，而是乌龟壳。古人占卜，使用的多是龟甲，甲骨文就是占卜时龟甲上刻写的文字。每逢春日，古人便想预知一年的收成，占卜就是预知的唯一手段。当秋日来临时，大地上摆满了预知的收成，所以，就由“禾”与“龟”组成的繁体字秋。这不正是成语春华秋实描摹的景象吗？是的，春花烂漫，秋实累累。

秋天豪爽而慷慨，把累累硕果尽情地奉献出来。捧在头顶的是谷子、水稻，金黄金黄的谷穗沉甸甸弯着头；挂在树梢的是果树，苹果、梨儿、山楂，该红的红，该黄的黄，该紫的紫，大大小小，无不丰满，无不甜蜜；插在腰间的是玉米，有的一穗，有的两穗，酷似别着短枪的士兵；蜿蜒在地上的各种绿蔓也不甘示弱，早把甜瓜、西瓜、冬瓜、南瓜显摆出来，圆鼓鼓的，一看就打心眼里喜爱；还有那些无名英雄，花生、红薯、马铃薯，眼睛根本看不见它们有什么成果，可是千万不要轻慢它们，若是悄悄刨开黄土，浑圆饱满的果实都会凸现出来。这就是秋天，这就是秋天为世人摆出的盛宴。

人们喜欢用五谷丰登形容这盛宴，可是后人怎么也将五谷数不齐全。词典上解释，五谷是稻、黍、稷、麦、豆。凑够了五种，显然还没把众多的果实包含进去。那就听听农人的解释吧，他们说有顶谷，谷子、水稻是也；有梢谷，苹果、梨儿、山楂是也；有腰谷，玉米是也；有蔓谷，甜瓜、西瓜、冬瓜、南瓜，是也；有根谷，花生、红薯、马铃薯，是也。谷，在这里不是谷子的简称，而是各种果实的统称。真感谢秋天在大地上摆出了这么琳琅满目的五谷盛宴。

写到这里心生一缕些微的不快，秋天这么无私的奉献，但是，打开诗词的卷帙，欢歌者甚少，悲吟者居多。自古文士多情思，自古情思多联想，这一联想竟然将秋天和人生结合起来。人生的秋天和自然的秋天大为不同。自然的秋天，凉转寒，寒转温，温转热，循环往复，无穷无尽。人生的秋天，由凉转寒，寒到浑身没了热量，就是生命的终点。这秋凉无疑就是寒冷的起点，想想韶华已去，风骚不再，免不了满腹悲凉。不过，若是换个眼光，想想走过的坎坷道路，想想收获的诸多果实，想想领略的人生感悟，自会胸怀畅达，天开地阔。这会儿的心境，不是“微凉喜到立秋时”，而是人生最喜多秋实。

如果要从瀚海般的诗词里挑选一首，表达自我的情愫，我选刘禹锡的那首《秋词》：

自古逢秋悲寂寥，我言秋日胜春朝。

晴空一鹤排云上，便引诗情到碧霄。

1999年8月8日 · 农历六月二十七 · 星期日

秋天带着斩钉截铁之势果断来了。

今年的夏天是个酷热的夏天。连续四十余天滴雨未落，大地如火一样，烤得人难以安然。夜里温度依然，睡觉也很难实稳。众人都盼望立秋。立秋的这天，上午还是老模样。

傍晚的时候，天上有了云，还滴了几星雨。杯水车薪，无济于事，天依然热。

夜里十一时睡觉，下雨了，不大，却像个下雨的样子。于是，心喜。怎奈，刚落枕窗外就静寂了。看来，凉秋还是很遥远的事。

突然醒了！是被惊雷闹醒的，电光闪闪，雷声隆隆，雨点子的声音也很响。沉闷的雷声响了一会儿，猛然来了个炸响。很像是秋兵秋将猛攻夏热的堡垒。夏的防线终于崩溃了。雨更大了，打开的窗户，开始有了些月余日难得的凉意。渐渐睡去，再醒来时，屋里好凉，忙用毛巾被裹了自己。秋已经光临了！正如百姓说：节令不饶人。

八月十五日夜追记，此时，夏又复辟了，大有秋后一暑热死人的厉势。从这个立秋写节气笔记，希望能坚持下去。

2000年8月7日 · 农历七月初八 · 星期一

立秋的时候，秋凉早来了好几天。

曾经热过。只热了几天。雨就来了，而且，下过后没有马上放晴。云遮着日头，呵护着凉意，凉意也就舒展着形体，漫延开去。接着，又是一场雨，一场雨，是连雨了。偶尔，天色变得明晃晃的，似乎是要晴了。可是，转眼工夫，云又黑了，天又暗了，雨又下来了。这便应了一句俗句：天气最怕明烘烘。连雨中天色突然明晃，会招惹更大的雨。

雨连着下，天也就连着凉。凉凉的天日里走来了立秋，秋凉便和夏凉融为一体了。天不会再热了吧？

也难说，立秋次日记下心绪。

2001年8月7日 · 农历六月十八·星期二

前数日一场透雨，将热气正盛的夏天浇了个一塌糊涂。将近一周了，夏天方才收拾残部，积势重来，天渐渐又热了。

这时，日历上露出了立秋的字样。

秋天会这么不识时务吗？早晨不凉爽，上午更泛热，中午热得更上劲。不过，午后忽而天就暗了，日影隐了，雷声响了，有雨大滴大滴落了下来。

下了没多时，雨就散了。可薄云没有褪尽，阳光射不出来，天也就热不起来。

傍晚的时候，有风许来，凉丝丝的。

秋天来了！次日欣慰记之。

2002年8月8日 · 农历六月三十 · 星期四

秋天是一剂清热败火的药。

药效挺好。

前几天是真热，热到38℃，我看不止。进屋，墙是热的；躺下，床是热的。床边有摞书，往常凉凉的。向书靠一靠，企图得点凉感，书却怎么也成了热的？好热！

真把人热坏了，夜里哪能很好睡觉。开空调吧，带不动，电压低，刚开了，还没好好制冷，苟延残喘般自动停了。

八日立秋，七日就热得轻了。去太原，更没热的感觉，住在晋祠干疗院，午间睡觉，还盖了个毛巾被。

风吹来，带了凉意，凉得爽人。

十日又落了雨，夜里盖上了毛毯。打电话，问临汾，也凉爽了。

2003年8月8日 · 农历七月十一 · 星期五

一觉醒来，天有些亮了。窗外有滴滴答答的雨声。一想，就是被这雨声闹醒的。困意未消，又睡着了。

再醒来时，雨大得很，真如盆泼桶倒，下得真够痛快！天当然凉爽了。

近一个星期，不算太热。之前是好好热了一周，连天降雨，总算压住了热气。之后，时晴时雨，热天难以尽呈威风。昨日，热又威风了一阵，35℃了。不过，比南方要好多了，武汉、上海、杭州、重庆等地都热过了40℃。而且，热得持久。看看外地，咱这儿的天气不能算热，对于复归的热也就没有当回事，热也热不了几日。

果然，今日，秋天伴着秋雨一起来了，炎热被浇得溃不成军，只能败退。

次日阴而有风，风送秋凉，凉得可人，走笔成文。

2004年8月7日 · 六月二十二 · 星期六

凉爽了好些时候，立秋了。

立秋成了无所谓的日子。

也许这种忽略慢待了秋日，秋干脆把自己的职责置之脑后了。往年人们常说，立秋分了前后晌。意思是，只热中午，而一早一晚是该凉爽了。今年的秋天，却反其道而行之，整天闷热闷热的。昨日如此，今日如此，在外头，在屋里都汗粘周身。让人体会着伏日的热力，热气，热样子。

九日之后一天热过一天，闷热得让人比中伏还难受，夜里睡不好觉。

这就怪了，该热时不热，该凉时不凉；伏不是伏的样子，秋不是秋的样子。气温的颠倒，让人颠倒在时序了。

秋该负起责任了，不要再让混乱折磨尘世子民。

十二日夜里有雨有风，十三日凉些了，人们正说好受了，十四日却不是凉，而是冷了，穿短衣的人都冷得往屋里返，换长衣。邯郸作家一行十多人来访，座谈交流，气氛热烈。下午送走他们补记。

2005 年 8 月 7 日 · 农历七月初三 · 星期日

立秋还真像个立秋的样子！头两天，就不甚热了，气温最高也就30℃，晚上休息可以盖一件床单，睡醒了通体舒畅。就想，炎夏又熬过去了！

这日，上午亮着个大太阳，中午的时候有了云，下午就阴了，还滴了几点零星小雨。看看时间，已是十九点左右，正好是立秋的时分，太巧妙了。于是，就赞叹这个秋立得好！

哪知，秋日过了，炎热又复辟了。天地间热得一塌糊涂。我校对给曲沃中学写的校本教材，热得浑身是汗；次日为景玉春的作品集写序，热得浑身是汗！只好又开了空调，可是，我怎么也不喜欢那极不协调的冷风，开一会儿，于是又关了。

这当口接了两个电话，皆吹皱了心头的波纹。省上评散文奖，原定三名，竟然只评出两位，却因为激烈竞争，票数分散，再难产生一名。肖先华来电话，原定万人归故乡活动，因为香港专家的时间因素，暂不过黄河，只走陕西、河南。山西不来了，总有点遗憾。十一日忆记。

2006 年 8 月 7 日 · 农历七月十四 · 星期一

该下雨了！

该降温了！

秋天该像秋天的样子了！

今年的秋天真无奈，该名正言顺的就职了，然而，夏天占据着座椅就是不退位，有什么法子？

一天过去了，夏热依然；

两天过去了，夏热依然；

……

今天已是立秋后的第五天了，天气仍然炎热。我迟迟不写这篇关于秋天的日记，就是想看看夏天能固守到何时？秋天只要调集自己的势力，来一阵西北风，下一场绵绵雨，将艳阳遮掩个两三日，夏天便败了。可惜秋天却不作为，因而只能望着炎热无奈。

无奈，无奈，我只好在无奈中拔笔小记。

2007 年 8 月 8 日 · 农历六月二十六 · 星期三

昨夜闷热，开了一会儿空调方才睡觉。

一觉醒来已是早晨，太阳淡淡照在窗外。去撕日历，已是秋天了。可是，天比前几日要热。上午去市人大、市教育局，都热热的，浑身汗涔涔的。午休只好又开了空调，待温度降了一些，方才关了，最怕着凉。醒来时，浑身燥热，身下如同电热褥一般。

父亲的书印好了，同小平去拉。一看，整体面貌尚可，达到了预期的效果，手写本，是少见的。就是费时，前后整整半年多。回来往地下室搬书，又搬出了一身汗。上楼后热得难受，连忙冲了个澡。

坐在电脑前修改成语稿五则，渐渐天阴了，窗中透进凉风。身上也凉爽了，感到了秋天的滋味。

晚上看电视，是奥运会一年倒计时启动会，在天安门广场举办。声势不小，不知各国是否也搞这项活动？我觉得有些过头。办好这次盛会是好事，但过多的活动会无谓的消耗财力呀！杞人忧天了，可是生性难改呀！

2008年8月7日 · 农历七月初七 · 星期四

绛县政协一行十余人来尧都区交流尧文化，上午十时在尧都酒店出席座谈会，大太阳隐隐照着。中午吃过饭出来太阳更烈更热。晚上看完《精彩山西》节目，仍热，身上汗涔涔的。开了窗户，有风，很小，感觉不到凉意。奥运会明日开幕，今晚男足已开战了。看到时下半场还有十分钟，居然还输一个球。而且，据说对手新西兰队是最弱的一支。以为要输了，可是在终场前几分钟时，有了转机，居然踢进了一个球，平了！看场上的情况，小伙子们卖了力，也就这样吧！不然，再急出一头汗也无济于事。

近十日了，天气一直没有下成大雨。时不时有雨，不大，很快就过去了。因而，温度也就降不下去，数日来都在33℃—35℃之间。不过，还没记得哪日超过37℃。热持续得不短，却弹跳得不高。

明天北京奥运会开幕，预报是阴天。不会太热是好事，但千万不要下雨。

2009年8月7日 · 农历七月十七 · 星期五

秋天来得很平静。

平静在于近十天来温度一直不高，虽没入秋，但好像秋天早就光临了。如果不再有气温反弹，那今年的夏天炎热的日子不多。一个和缓的夏天就这么过去了。

但这个夏天给我少有的难忘。烦人的咳嗽几乎扰了我一个月，总算见轻了。于是，二日去参加一个生日宴会，怎耐下午就又感难受。以为是咳嗽药减少的结果，连忙加重，也无济于事，晚上又是咳嗽难眠。第二日才知是感冒了。感冒加重了咳嗽，使半个多月的治疗前功尽弃，未免有些伤感。

所幸，世界还不这么灰暗。连连服药，感冒三日见轻，咳嗽也随之减轻，暗叹万幸万幸。

已入秋日，咳嗽痊愈，该抓紧时间耕作了。其实也是收获，是要收获创作三十年来的成果，编辑成书。立秋次日记。

2010年8月7日 · 农历六月二十七 · 星期六

秋天不是站在门口等待人们进入，而是迎出门外一程欢迎大伙。立秋前两天的晚上已感到了秋天的好客。我也好客，热情欢迎这位来客，开了窗户，扑面而来的是凉风，晚上睡觉凉了些，身体不再黏糊糊的了，梦里就多了久违的适意。秋天真是友好。

这个夏天不算最热，可也热得有些烦躁。在家里还好受些，出门一走就是一身汗，好在冲澡方便，冲过了感觉也不错。七月二十六日去了北京，温度不能说高，32℃，可那是闷热，活像是把人放进笼里蒸腾。因而，办了事匆匆坐高铁返太原，回临汾。

今年水患不小，南方不少地方遭灾，东北吉林也遭灾。中国为水灾忙乱，俄罗斯却因火灾忙乱，大火烧到莫斯科周围，市区浓烟滚滚。出行的人戴着口罩，有的地方能见度只有五十米。

立秋后的次日写这则笔记，心想，秋天是爽人的季节，一切都在改善，改善快些吧！

2011年8月8日 · 农历七月初九 · 星期一

随同山西省规划设计院考察，在新疆喀纳斯迎接到了秋天。

秋天似乎是从一声惊雷来的。夜半，睡得沉酣，忽然醒了，是连续的雷声惊醒了我，窗外下起了暴雨。

早晨拉开窗帘，乌云未散，山间飘荡大朵的白云。雨又下了起来，天地湿透了，饭后坐大巴进山，好冷，多亏早上加了外衣，要不真难受。穿得单薄的人不少，还算司机师傅知人心，打开了暖风，车上温度由12℃上升到了15℃。

喀纳斯河，水还是昨天那么淡绿，丝毫没有变色，就感慨这里，绿色植被的造化，没有泥土流失，水还是本真面貌。游湖时，雨停了，山间飘飞的云絮，与地上流动的河水，使不动的景物也有了飘逸感。

正午，喀纳斯出了太阳，天晴了，我们坐大巴离开。在西斜的阳光里，登上了从北屯始发的火车返回乌鲁木齐。八月十一日上午追记。

2012年8月7日 · 农历六月二十 · 星期二

立秋了，感觉不那么热了。原因有两点：一是五日下午五时许下起了暴雨，虽然不及先前那场雨大，但是也气势不小。站在阳台看，院里的小水道流不过，积水半尺深；二是六日到了太原，这里的正常温度要比临汾低3°C—5°C。在省电视台录节目，录播厅里的空调弄得人还凉。七日晚回到家中，睡觉盖的床单，很适意。

但是，暑热完全消退也不是一件容易的事情。尽管昨日上午还下了一阵雨，下午及晚上都很凉爽，近日温度却猛然高涨。上午同霍国刚去看尧都公园的景墙，大太阳烤得人汗流浃背。在里面行走，几乎要湿透汗衫。中午振忠兄在区委招待吃饭，开着空调，我的汗也没有下去。

热是顽固的，消热需要过程。心急无济于事，还会急出汗来。顺其自然，才是人间正道。十日夜有感而发。

2013年8月7日 · 农历七月初一 · 星期三

乌云、霹雳、闪电送来了一场暴雨。

暴雨伴着凉意到来，立秋了，

这是一个值得记忆的秋天，立秋当日，酷烈的炎夏就败退了。连续热了已有一个星期，一场小雨过后，气温不断攀升，中午和晚上不得不开会儿空调。比临汾还热的是南方，临汾最热也是36℃。而杭州在39℃以上，已不下十天了。贵阳居然大旱，田里的裂缝能够插进手指。雨分布不均，带来了不少危害，有的地方洪涝成灾，有的地方干旱成灾，这是反常，还是正常？把人都搞糊涂了。

所幸临汾没有反常，只有正常。立秋的凉意延续下来，次日，金殿村城隍庙奠基，出太阳也没有多热。今晨起来也很凉爽，走笔记之。

2014年8月7日 · 农历七月十二 · 星期四

凉，凉，凉！

突然就凉了。五天前还是酷伏，热得一塌糊涂，坐在电脑前浑身出汗，头脑发闷，思维迟滞，不得不打开空调。空调成了对抗炎夏的肢体依赖，晚上必须降温近一小时才能入睡。十数天未阴未雨，雨成为遥不可及的向往。

然而，雨说来就来。五日早晨起来，天阴了，并不甚重。可是，突然就大雨倾倒，似乎是暴雨，一阵儿就可以过去。也是，不多时乔双科小弟从城西过来，说那边没下雨。雨应该停了吧，没有，只是变小，还时断时续，一直下到了今日。温度下降，晚上不盖两层被单就凉。想想前几天躺在床上，浑身燥热的样子，直感叹变化无常。这就是世道的写真，写意，变化无常，人又奈何？只能自我调节，尽快适应。八日晨记。

2015年8月8日 · 农历六月二十四 · 星期六

这个立秋留给我的印象是早晚不再那么热，尤其是下午印象深刻。

深刻在风，风是凉的，而且连续数日的午后和夜晚感觉明显。八月一日、二日真是热，热得头脑闷胀，运转不灵，想写的文章一直下不了笔，原因在构思不好。三日去省文史馆开会，下了雨，天凉爽了，次日回到临汾再没有那么伏热闷人。赶紧伏案写作，原来迟滞的思路开了，先写了关于合川的文稿，感觉平淡而不失深刻，来了兴致。六日要去侯马，晨六时醒来，居然文思泉涌，立即起来，走笔记之。次日输进电脑，是近来写得很有气势的文章。自然，这要感谢天气的恩赐。

今日气温是近些时最高的一天，下午五时市从财神楼回家，走出了一身汗。不过，晚上又有了凉风，此刻走笔，窗户里不时有凉风拂面，很舒心。十一晚十一时记。

2016年8月7日 · 农历七月初五 · 星期日

没有想到中午会这么热。中午二时半去新华书店参加读书写作沙龙，一下楼就像进了火焰山，原来准备步行，这么走会出一身汗，只好去坐公交车。昨日就已经像个秋天的样子，有太阳也不甚热，习习凉风吹来，很惬意，今天却换了一副面孔，炎热重又复辟。首次读书写作沙龙，是七月二十四日，热得如同蒸笼，六时散场出来，几乎令人窒息。

没有想到下午会这么凉。

降温真快。沙龙完后出来，冷风扑面，浑身舒爽，步行走去，说不出的惬意，难道真是秋风凉了。民间常说：立秋即分开前后晌。中午真热，下午就会转凉，今天是感觉最为明显的一次。原先还有热的思想准备，今年中伏二十天啊！莫非不会再热下去。

2017年8月7日 · 农历闰六月十六 · 星期一

如果立秋需要推选个楷模，那我必然推举今年的立秋。一早天阴阴的，就少了昨日的热气。本来今年很热，若不是前数日下了一场大雨，并阴了两天，间或再补点儿雨，热还会连续。所幸暴雨倾盆，接连下着，浇灭了毒热的霸气。雨后烈日复出，热气复归，看样子就要重新肆虐人世，立秋来了。

立秋来了，不一定就能制止复归的毒热。好在有了这场雨，真是随秋而至的及时雨，让立秋当日就有了浓郁的秋意。

恰好《成语里的中国历史》书稿商务印书馆排好，抓紧校对，先后四天，完成。十一日要去山东兰陵，出席荀子宗亲会的诗礼大典，阅读《荀子》，看到了先贤首次关于人性恶的观点。秋天的意趣，增强了思索和情致，在初秋耕耘，并收获。十日下午追记。

2018年8月7日 · 农历六月二十六 · 星期二

连续了好几天，盼来了立秋，非常想秋来即凉爽，炎热来个急刹车。而且，这个盼望还有先决条件，前天傍晚雷声响起，大雨如注，倘要是雨连续下，或者天不放晴，肯定不会再热。

然而，盼望落空了，不仅热，而且热得厉害。

今天浮山县东陈村举办旅游启动仪式，一早下楼尚有一丝凉意。可是一个小时后到达村里，下车就像进了烤箱。坐在屋里等着会议开始，汗流不断。及至坐在主席台上，上头烈日晒，下面地板烤，不一会儿汗水满身。多亏时间不长，再长些会有中暑的危险。

晚上在电视上看到，今年热得出奇，大连海蜇养殖基地由于水温过高，海蜇大量死亡。韩国、日本热到了有温度测量以来的最高数。气温向人类宣战了！

处暑

一九九九—二〇一八

秋后有一暑，人称秋老虎。
莫怪天还热，玉米在成熟。

秋色最美在处暑

立秋过去，紧跟着到来的节气是处暑。一个“暑”字承接了前面的小暑、大暑，割断了与立秋的缕连，似乎处暑在与秋天分庭抗礼，是阻隔流水时光的一道堤坝。非也！将目光投向阔野一看，处暑才是最美的秋色，最美的秋景。

秋色的美不似春色。春色美，美在稚嫩；秋色美，美在丰厚。秋景美不似春景。春景美，美在娇贵；秋景美，美在朴实。丰厚和朴实都是成熟的表现。成熟的果实丰硕在顶上，梢上，腰上，无论在哪里，绿叶都让出一筹供他们出头。走在开阔的田野上，仰望是硕果，俯首是硕果，硕果充盈了处暑，富贵了处暑。处暑，真是个好时节。然而，千万莫忘了，处暑当属秋季的一个时节。处暑用自我的美好，华贵了秋天，扮靓了秋天。

这还只是观赏美，处暑的美还在于感觉美。感觉美是人对时光、对自然的享受之美。熬过盛夏酷暑，遭受了炎热的折磨，一丝的微凉也会让人觉得惬意。立秋的凉意，仅是一丝一丝，而且是在暑热间隙赶紧见缝插针的一丝。这一丝好不珍贵，珍贵在若不珍惜，转瞬即逝。处暑则不然，赐予人的是弥漫于天地之间的凉意，要用个形容词当是奢侈。屋外凉爽，屋内更凉爽；行走凉爽，坐卧更凉爽；白昼凉爽，夜晚更凉爽。在处暑的夜晚睡觉那个爽，爽得舒适，爽得甜蜜，爽得不只是肢体，不只是血脉，而是神魂。神魂不会遭遇魑魅魍魉，不会遭遇暴风骤雨，那里是花好月圆，那里是蟾宫折桂，那里是九天揽月。一觉醒来，秋阳亮闪在窗外，浑身清爽，精神抖擞，不只是收获庄稼，收获哪种成果也有使不完的劲头。真真是天凉好个秋，而这美好的秋日当属处暑。

处暑往前，无法完全摆脱炎热，甚至不乏酷热。古人说得好，秋后一暑热死人。往后是凉了，可是凉过了头，早晚便有些寒。古人说二八月乱穿衣，八月是指农历的日子，是在处暑之后。一早一晚，毛衣毛裤都用得上。早先没有毛衣毛裤，棉衣棉裤也抖搂出来准备随时御寒。瞻前顾后，唯有处暑里的日子最可心宜人。“处”者，含有躲藏、终止的意思。这才发现，处暑虽然也有个“暑”字，那个“暑”字与小暑、大暑的“暑”截然不同。《月令七十二候集解》指出：“处，止也，暑气至此而止矣。”原来处暑就是全面炎热的结束，全面凉爽的起始，秋高气爽一词就是此时的专利。

秋凉迷醉人心，诗人哪能缺席。“不觉初秋夜渐长，清风习习重凄凉。炎炎暑退茅斋静，阶下丛莎有露光。”这是孟浩然眼中的《初秋》。“银烛秋光冷画屏，轻罗小扇扑流萤。天阶夜色凉如水，坐看牵牛织女星。”这是杜牧笔下的《秋夕》。两位诗人一勾画，远隔千年，唐朝的凉爽便浸染了我们。

处暑的凉爽不可否认是秋雨的功绩。秋雨虽是雨，却与春雨、夏雨有着本质的区别。春雨降临，未免阴冷，可是一旦雨过天晴，大地处处升温。夏雨骤降，像是浇灭了燃烧的火焰，温度瞬间低了下来。然而，野火浇不尽，雨过蓦然升，酷热立即就会卷土重来，并且变本加厉，更甚，更烈。秋雨则不同，下一场降一次温，诚如古人所说，一场秋雨一场凉。

每逢这时，人们就会想起早逝的先祖，自己预置好了防凉的衣服，先祖呢？决不能让他们着凉啊！于是，农历七月十五成为一个节日。书上讲是中元节，纪念地官舜。农人说是祭祖节，要给先祖敬奉双层衣服，也就是夹袄夹裤。往昔没有秋衣秋裤，只能多加一层预防着凉。为何要把中元节与祭祖重合在一起？细一想还真有道理，舜是个大孝子，气温变化较大的时令，不能不想起逝去的先辈，敬奉秋衣合情合理。自然，这双节合一也就入情入理。

古老的节气渗透着先祖的伦理，传导着做人的道理。

1999年8月23日 · 农历七月十三 · 星期一

一个晴朗而平和的日子。这日子活像一位训练有素、修养有度的男士。他以温敦宽和的心对待着世人，不烈、不暴、不火，在这样的日子里生活，人们如同置身夜不闭户、道不拾遗的境界，有着少有的安全感。

正午，太阳也透出一点热度，不过，已经不是烈日暴晒的样子，热而有度，仅仅提供给禾谷青苗快速生长应有的热能。一旦觉得这热能够用了，立马敛了那烈气。因而，热只是短暂的一个时辰。已不似先前，拉长得让人气喘难熬。

这是让人爱怜的日子。如果这日子是个人，那肯定是不可多得的知音。最高温度28℃。

2000年8月23日 · 农历七月二十四 · 星期三

处暑来得很轻巧，轻轻巧巧，已经到了我还不知道，晚上看日历，却怎么今日是处暑了！

昨日有雨，淅淅沥沥，天地间润润泽泽，潮潮湿湿。今年不旱了，小麦播种有了较好的底墒。

今日放晴了，晴了个明明亮亮。天高地远，爽朗得心胸阔然。

只是，中午有些热，汗仍然悄悄流在前胸后背。吃晚饭的时候，不知不觉打开了电扇。

但是，这热已不是酷热，也不是闷热，即使没有电扇也过得去了。秋后一暑热死人，在今年并不实用。次日傍晚记。

2001年8月23日 · 农历七月初五 · 星期四

处暑是在和暑天告别。

处暑前几天，下过一场雨。雨不太大，也带来了凉意，一早一晚穿长袖衣服正好。

处暑后的第二天，中午又热了，汗涔涔的场景复归人间。不过，也就是那么一会儿，日头偏过晌午就不那么毒了。

这日子还会持续一段吧？

看来也难，今日（二十五日）中午还骄阳当空，傍晚有云有风，入夜就滴起了雨。雨不大，可凉意不小。趁着雨凉看亚洲足球十强赛，中国队3：0胜了阿根廷，让人挺长精神。

2002年8月23日 · 农历七月十五 · 星期五

处暑不赖，歪好是暑，却不摆暑天的大架子。暑似乎是个不通人性的大人物，高高在上，不食人间烟火。明明已经热得够味道了，他分明还不尽兴，硬要把火毒加劲地撒向人间。让人光膀子，摇扇子，也不治事，只能耐着性子熬日子。

处暑一来好多了。也热，热是处暑的职责，不热怎么向天帝交账？可是，热得不狠，不毒，轻轻悄悄的。多是正午热一阵，当你感到热了，热也就收场了。

处暑要是人，是位好人，会同人和睦相处。

处暑要是头儿，是位好头儿，理会人们的苦衷。

今年的处暑好。愿年年都好，人间才有好日子。二十八日上午谨记。

2003年8月23日 · 农历七月二十六 · 星期六

真没想到处暑还有点暑的意思，白天热到了34℃，夜里凉爽了，可屋里仍有些闷热。倒头睡觉，醒来时脖弯里汗渍渍的。

立秋以后，天骤然凉爽，一天凉过一天，使人觉得不会再热了，炎热彻底消退了。

可万没想到，云不知不觉散了，日不知不觉朗了，天不知不觉热了。赶到大家都觉得热时，热又火辣辣的了。人们说，热复辟了，不假。这才注意到是处暑了。

处暑是个称职的节令，让气温有了暑的模样。这确实不易，把一度完全崩溃的失地要一点点夺回来，还凉于热，这需要毅力，需要耐心。大概自从立秋，处暑就不断努力了。

处暑总算如愿了，只可惜如愿的处暑精疲了、力竭了。当日夜里，雷声怒吼，暴雨泼洒，从窗缝里飘进了凉甜凉甜的气息，连忙扯过毛巾被盖上。

雨下了两日，二十七日又艳阳高照，还会热吗？

2004年8月23日 · 农历七月初八 · 星期一

是又热了，但要说是暑热怎么也算不上。

这种热只是对前数天的凉而言，相比较，当然是热了。热也没有热过30℃，在太阳下还有些出汗，进到屋里即有些凉爽。夜里睡觉，盖得住毛巾被了，后半夜还发凉呢！

使人觉得，这个处暑没有暑意。

突然想起一句话，暑里一九，九里一暑。虽然其中的九和暑不是其本真的冷和热，但也说明热中有凉，凉中有热。今年的天气，与去年有相同之处，热中凉多。

去年因为多雨天凉，秋熟迟了，麦种迟了，今年不会重蹈覆辙吧？

很难说。处暑当日我还看见太阳，今天（二十四日）却又阴云四合了。我在昏暗中走笔，想到农事，心里也阴阴的。

2005年8月23日 · 农历七月十九 · 星期二

处暑来临时我心中已没了暑热的概念。

老实说，今天还真尝到了秋后一暑热死人的厉害。八月十七日去西安，十五日还热得怕人，心想，这是一次“走进中国”的考察，每日都要在室外活动，在大太阳下经受暴晒，那可怎么得了！谁想，十六日有了云，下了雨，十七日仍然下，下了一天，大巴车在雨中穿行，湿漉漉开进西安。似乎不是进入西安，而是驰出暑热，进入凉秋。明显的感觉是凉了，短袖衣服不能穿了。而且，住在台湾大酒店竟然盖上了薄棉被。

这简直凉爽得有些奢侈！

要知道前几日夜里睡觉，连一张薄床单也盖不住呀！盖着棉被睡觉的幸福，只有在这个交叉点感觉得到，否则离远了就会淡忘这种全身舒爽的滋味。有了优质的睡眠，白天的劳累也就轻易化解了。

在凉爽中谒黄陵，登华山，观党家村，还在陕西师大举办唐诗朗诵会，很惬意。

日子就这么在凉意中行进，进入了处暑。

不过，处暑不甘这么快就消沉，我写这篇短文时，天是蓝的，太阳是亮的，热气正在蕴积，正在复苏。

2006年8月23日 · 农历七月三十 · 星期三

欧洲为我亮开了蓝天白云。

前天中午二时从北京出发，坐飞机前往荷兰首都阿姆斯特丹。飞了将近十个小时，到达时（由于时差）天仍没黑。落地后，天下起了雨，撑着伞离开机场，坐上大巴，直奔德国的科隆。

昨天阴得像是要下雨，所幸没有下了。我们游览了科隆大教堂，赶往莱因河边，吃了饭坐船遨游，凭眺两岸的故堡。时而落下一滴雨，却未下成样子，站在船顶上看得清楚明白。

下午五时，在阴沉中进入法兰克福。歌德的塑像隐在道边的绿树丛中，匆匆一瞥，去市政市场，看了罗马时期的古城墙，市政厅大楼，又去看莱茵河。

而后前往慕尼黑。一路上风光如画，太阳也为风光所吸引，露出脸来，天晴了。我在车上看见了两个太阳，一个在天边，一个在车窗上。

太阳亮进了今日，照耀我们穿越美妙的奥地利，奔往意大利的威尼斯。

处暑美得亮丽，家乡呢？

2007年8月23日 · 农历七月十 · 星期四

处暑来了，在闷热难熬中来了。这哪像是秋天，分明是在酷伏。

原以为秋天来了，热也热不到哪儿去了，便在此时安排写书。凑巧，曲沃中学校长郭籁来电话让写尧文化的书，反复思索，另行结构，写一本可读的书出来。然而，开笔后一天比一天热，坐在桌子前，一会儿就是一身汗。只得打开空调，冷一会儿关了，写一会儿又开了。就这么写了一个礼拜了。

今天写得最苦。早上起来就没有电，坐在桌前写了一会儿，头也有点闷，坚持写下去，写得不那么顺手。好在要写的内容是关于华表的，有现成的文章可参考，但是还觉得思考不流畅，连接得不那么自然。拼写到十二时，大汗淋漓停笔吃饭。

午后先去郭刚勤打字行，定给关工委的荣辱观书稿，然后回家。太阳已偏西了，屋里仍闷热。不过，比起上午要好一些，接着写下去，下午六时半写完了这一篇。

2008年8月23日 · 农历七月二十三 · 星期六

暑的烈性还在。

今日同学李青俊为母亲过八十大寿，要我致辞。二老是钻石婚，又带出个四世同堂的家庭，很有话谈。以幸福为题发表了短暂的演讲，大家都听得很投入，情绪热烈。

寿宴结束，想体会一下处暑的味道，步行回家。太阳很大，晒在头上，辣辣的，因而就拣树荫里行走。过平阳广场时没了阴凉，立时感到太阳仍有夏日的威严。回到家时出了一身汗，赶紧冲澡。

下午孙子步步、外孙速速过来，和他们出去打篮球。阳光还在，但偏过正午就好多了，没有那么烈了。这便是节令引起的变化，处暑之热，热在上午。不过，正午激发的热力没有下去，两个小人玩了一会儿就叫渴，我回去拿来两杯水，各自一饮而尽，接着又玩儿。不多时又叫渴，我只好再回家拿水。二十五日记之。

2009年8月23日 · 农历七月初四 · 星期日

处暑是炎夏结束的标志。

可这个处暑如同到了深秋。头三天就阴雨，临汾的雨是夜里下的，不算很大，天亮就停了，气温却下降了很多。二十一日全天在家写文章，连楼也未下。晚上，去五十万变电站考察的小平回来说是很冷，为我准备了长袖服装。次日上午去影剧院参加许小朴花鸟画展，走在街上，果然凉风习习。好在穿了薄长袖衫，很为适意。带了步步、速速同去，两个小家伙看得十分认真。有一幅赏春的画，两只小鸟的眼睛睁得很大，盯着红花。我给他们介绍后，速速便关注上了小鸟的眼睛，又看到大睁的鸟眼，便说：姥爷，应该给它起个外号：神眼！

速速真是聪明过人。

处暑这天，与平人学社的几位文友去打字行选照片，天仍然很凉爽。连续两个晚上盖了毛巾被，觉睡得舒适极了。次日晨起即记。

2010年8月23日 · 农历七月十四 · 星期一

气温像是个跨栏运动员，一步跨过处暑进入中秋了。

处暑来的时候，天气已经很凉了，在外面穿着短袖袄行走，还有些不适，冷冷的。走了一会儿，才暖了。

处暑是在雨声中来临的，不紧不慢的细雨整整下了一天。这雨并不是处暑才下起的，十八日晚就下了，是暴雨。从那日下午起，我到了乡宁县刘岭村去看殡葬礼仪，那一带的殡葬文化礼数周全，大山深处保留着古老的文明。北京来的歌手由衷地感叹：大孝之村。其实，不光是刘岭村如此，所有的山村都是这样，一个民族能将礼仪渗透到山高皇帝远的偏僻地方，实在是了不起。出殡的这家是煤老板，更是用金钱将礼仪推向了一个光彩夺目的极致。连续看了三天，凉意也就跨越处暑，到来了。

今天是二十四日，太阳穿透薄云露脸了，在街头行走，气温上升了，不知还能不能有点“暑”的意味。

2011年8月23日 · 农历七月二十四 · 星期二

这个节气从昔阳县，过到了平定县。

随山西作家代表团在太行山采风，已经过了左权、和顺。这是第四天，出发前真热了几天，是今年最热的日子，不得不在家首次使用空调。所幸一场雨浇透了大地，热火的烈焰被扑灭了。离开临汾时，怕再下雨，穿了长袖衣服。天虽然晴了，但是，穿长袖衣服丝毫没有热的感觉。打电话问小平，临汾也不热，时而还有小雨。

天一直相伴我们晴着走，左权、和顺均晴着。即使这日去昔阳的龙岩大峡谷，也出着太阳。到了平定，有些阴了，阴着看了平阳湖，水上人家以及娘子关。返回平定城，下起了雨。以为到处都在下，谁知转过一道弯，进了阳泉城却滴雨未落。不过，气温下降了很多，穿长袖衣服正好。

晚上方知道是处暑来临了。八月二十六日回家后即记。

2012年8月23日 · 农历七月初七 · 星期四

处暑这日天气晴亮，从头日就晴了的。一周前，下了一场雨，歇了一两天，又下了一场雨。雨下得透湿，湿透了天地，连气温也湿透了，无法干燥，也就无法增温。这两日，虽然阳光使劲地晒着，像是要晒出个末伏的样子，给人们看看，又让大家尝尝秋后一伏热死人的滋味。然而，温度还没有高起来，我感觉到的不是暑热，而是秋意。今天没有出门，坐在家里准备明日在电视台关于临汾城市变迁的讲稿，一点热的感觉也没有。今日复位，又回归到书桌边的躺卧沙发。

换了个新手机，今日启用，陌生得从头学起。又是一个新领地，人生总是由熟到生，由生到熟。生是进步，熟是徘徊。有点像是日月的轮回，不过是螺旋状的，每轮都在上升，日月轮回却不是这样。

2013年8月23日 · 农历七月初十七 · 星期五

小平说，今年是开空调最多的一年。

开空调多，当然也是最热。最热不是热在秋前，竟然是在秋后。立秋以来，仅在十一日下过一阵暴雨，后日日见晴，温度日日升高。眼看临近处暑，温度仍然居高不下，一点儿也没有秋天的意味。

气温还是下降了，除正午还是暴烈，早晚已经不那么酷热难熬了。写这则笔记时，开着窗户，阵阵清风透窗而入，抚在身上凉刁刁的。今年的气温降低，不像往年，往年都是下一场雨，凉爽一截。今年是地地道道的渐变，在连续十多天的晴朗中气温渐次下降，一早一晚已尝到秋天的意味。

盼着一场雨，盼着早日凉，要写的文章很多，仅书稿就有三部，可是因为天热不能过多伏案，只能撩猫逗狗，干点小活儿。次日下午记之。

2014 年 8 月 23 日 · 农历七月二十八 · 星期六

处暑也是暑。

既然是暑，就要显示其作用，天于是比立秋还热。连续数日了，每日从财神楼归来，都出一身汗，闷热闷热的。当然，要是与今年最热的日子相比，还是小巫见大巫，不值一提。可要是和立秋那日相比，真堪称复辟，确实炎热复辟了。

说来有趣，这几日还不是每天都艳阳高照。就拿昨日说，下午还阴沉沉的，凉刁刁的。可是今日太阳一出来，就热热的。这就是季节的能量，不然满地透绿的秋庄稼如何成熟？

不知是热的缘故，还是累的缘故，昨天到今天，嘴里左牙床又有些肿胀，假牙不好戴了，放在一边休息。赶紧喝上清片，下火。

2015 年 8 月 23 日 · 农历七月初十 · 星期日

临汾的处暑很正常，该热中午仍热，该凉早晚也凉。

但不正常的是事却在不远处发生。处暑的下午，曾有几阵雷声，天色泛黑，云层遮掩，没有在意，过一会儿也就云散天开。开窗写作，凉风吹来很是清爽，总是把炎夏送走了。

近来开始写山西戏剧文物一书，热时难免头闷，熬到凉爽不胜欣慰。

晚上一上床，小平让我看微信，一看吃惊不小。翼城历山居然下了雪，阴历七月落雪，从未听说。小时候听过六月雪，那是唱戏，剧本其实就是《窦娥冤》。在现实生活里七月落雪，首次听说，真是奇观。

今日，气温升高，步行出了一身汗。上海却不是这般，大雨，大暴雨，街道成了渠道，车泡在水里。二十四夜记。

2016年8月23日 · 农历七月二十一 · 星期二

立秋带来的一丝凉意，迅速败退。炎热复辟了，而且热得任性，热得坚韧，成了近年来最热的一年。况且这种热不是在大夏天，是在立秋后才热的，不无反常，因为今年中伏二十天。热得持久是符合常情的。但是中伏过去了，热，还在持续。热得吃饭时，睡觉前不得不开空调。多少年来空调都没有今年这么受重用。

处暑，被热簇拥着到来了。

处暑的处，为出，出暑该是变凉的开端。然后，经历了昨日的大太阳，没有降温的感觉。若是行走，不多时就会浑身淌汗，只好坐公交车。多次来往于财神楼，都以车代步，今年是坐公交最多的一年。

会降温吗，处暑？写着，汗又流了下来。二十四日记。

2017年8月23日 · 农历七月初二 · 星期三

今日处暑。迎接处暑的是一场雨。一场干净利落的雨。

说这场雨干净利落是指收场，开场并非如此，甚至不无拖沓。拖沓得让人颇感沉闷。这场雨出现在央视气象预报上已有几天，很盼望他的到来。因为不知不觉气温已经升高了，一吃饭就是一身汗水，热乎乎的，有些烦人。于是，就盼望下场雨浇灭最后的炎热。前日一早，雨就想来，中午还滴了几点，可是云忽而就淡了。昨日，云层复而转浓，浓的中午屋子里都在泛黑，偏偏就是不落雨。终归落下来，已是黑夜了，先是小雨，再是中雨，渐渐加大，及至入睡仍然雨声盈耳。以为会下三两天，然而，今日一早，云散天亮，太阳鲜亮。接受央视关于礼乐文化的采访，也浑身发发热。热，还会继续下去吗？

2018 年 8 月 23 日 · 农历七月十三 · 星期四

处暑是个令人清爽快乐的节气，尤其是今年的处暑。

正午的时候虽然还有些热，但对人已经没有威胁，不像先前太阳炙烤着大地，犹如蒸笼，稍走几步就汗湿全身。与立秋比较，立秋少见秋的凉意，而处暑却锁定凉意，站稳脚跟，真正是天凉好个秋了。

今年对处暑特有好感。原因在于热得持久，热得难受。往年从财神楼到三元新村多是步行，最热时坐公交也是十来八次。今年则中断步行已有近一个月了。

这个处暑的凉爽源于昨天的铺垫，天阴了一整天，雨虽然浮皮潦草，仅落了几滴，却浇灭了热气。在外行走爽得少见，夜里开窗写作十分惬意。今日天晴了，到了晚上微风习习，感觉仍好，可心的处暑。

白露

一九九九—二〇一八

豆圆谷子黄，弯腰是高粱。
无心观露白，家家收秋忙。

白露垂珠滴秋月

“白露垂珠滴秋月。”

读到李白的这句诗，白露犹如秋月一般立即悬挂在头顶。甚觉古人对节气的感悟，要比今人敏锐得多，体验得深，表达得准。何止是表达得准，该是精准，该是入微，该是曼妙。也该如此，古代虽有城市，却没有与乡村断然交割的城市。城市里没有坚硬的路面，没有直立的高楼，更没有映亮不夜天的路灯。那城市和乡村别无二致，天该黑则黑，该亮则亮，仍然践行着祖祖辈辈“日出而作，日入而息”的生活规律。甚至于城里也不乏映日荷花别样红，也不乏稻花香里说丰年。节气时令伴随着人们的饮食起居，柴米油盐，喜怒哀乐。从物质到精神，节气全方位占据着古人的身心空间。于是乎，李白在朦胧的夜色里，独斟独饮，微醺时大笔点染，就又留下这形神俱佳的诗句：白露垂珠滴秋月。

白露，本身就是个极为敏感的名字。露，很常见，每逢春暖，夜晚生凉，就会凝气为水。水珠挂在树叶草尖，即是露。春日夏天的露，是晶莹剔透的。某一天，这珠玑般的露水，有了些微的变化，不再那么晶莹，那么剔透，化入了淡淡的若有若无的白色，这便是白露。露从今日白，天自今夜凉。露水珠一个细微的变化，预示了天地间两个时令的转换交接。一叶知秋，似乎是以小见大的典范。然而，和白露相比，用一滴露水上颜色的微妙变化感知凉热，显然不够精到。精到的该是流传了数千年的白露这个节气。

自从那一滴白露注入节气，中国人的日子，就在那里环转；中国人的情感，就在那里浸润；中国人的诗词，就在那里歌吟。李白歌吟过了，白居易、卢殷又来歌吟。白居易写下的是《衰荷》：“白露凋花花不残，凉风吹叶叶初乾。无人解爱萧条境，更绕衰丛一匝看。”卢般写下的是《悲秋》：“秋空雁度青天远，疏树蝉嘶白露寒。阶下败兰犹有气，手中团扇渐无端。”

有关白露的诗很多，我却无法再往下欣赏了。一句“秋空雁度青天远”，勾起了我的遐思。嗜睡的我常常晚起，自然无法从露珠的颜色去窥视节气的变化。不过，这不妨碍我对白露初临的辨识，我会在第一时间准确提醒自己，处暑已去，白露降临。让我敏锐辨识白露降临的是，长空里那蓦然响起的雁声。抬头看时，碧蓝碧蓝的高空，一队大雁悠然飞过。雁南归，白露临，褪去炎热的南国，在用温和的暖冬召唤远方的生灵。

其实，何须大雁鸣示，身边的燕子便是最好的物象。往日亮阳高照，燕子在头顶上下翻旋；乌云低垂，燕子在身边纵横裁剪。时而还会闭合双翅，落在屋檐下的椽头叽呀叽呀高歌一曲。可是此时，听不见了那熟悉的歌声，看不见了那熟悉的身影，燕子也去了，去了南国。我不以为燕子是回家，以为是远行，北方的屋檐才是它们的家。家是生儿育女的老窝，是哺育成长的摇篮。燕子背井离乡远行，准是白露来临的时候。

白露来临，天气转凉。俗语云：“处暑十八盆，白露勿露身。”处暑虽是出暑的意思，炎热却未曾消尽，时不时回潮的热气会让人通体流汗。要降温爽身，少不了端盆水冲洗。到了白露，天气转凉，无须再端水冲身了。当然，也在提醒人们，轻易不要再赤身裸体，以免着凉。尤其是晚上睡觉，更不要无遮无盖地放纵肢体。

好多地方都有白露饮酒的习俗，不独饮酒，还要酿酒。细细思之，饮酒的习俗来自于酿酒。暑热时节不能酿酒，酒曲发酵过快，孕育不出应有的美味。白露后气温降低，酒曲才能正常发酵。酿出的酒，味道才绵醇，才劲道。有这么好的美酒，哪能不饮？不过不是饮刚酿出的，而是饮旧年陈酿的。

白露一杯酒，抵御夜凉，舒筋活血，健康长寿啊！

1999年9月8日 · 农历七月二十九 · 星期三

昨天34℃，人们说热。

今天37℃，人们吵热！

的确热！夏天完全复辟了。今年的夏天热，持续时间长，好不容易熬到夏季过去了，该喘息一口气了，然而，热并没有退去，退去的只是历书上的时日，这太出人意料了。

当然，这气候对我主持的尧庙修复工程是极有利的，没有阴雨干扰，可以一鼓作气操持，而对于农事，对于作物的生长却不能说好了。天是旱了，自然会影响秋实的成熟。

白露，是成熟与新生的标志。村民说，白露种高山，寒露种平川。是说在山区该种小麦了。这样的温度，显然无法下种，反常的气候会带来什么后果？真令人焦虑。

2000年9月7日 · 农历八月初十 · 星期四

天气骤然凉了，凉得甩了短袖衣服，换上了长袖。就这，早上出外走走，还是寒寒的，心里也揪得紧紧的。

是周边下了雨。这儿没下雨，却阴阴的，阴得浓重，摆出了要下雨的样子，却没下，来了一阵风，云跟风周游去了。

风是西北风，西北风携着云去了，却丢下了凉气，凉得如初霜突至。晚上睡觉毛巾被不能盖了，盖毛毯也觉薄了，一步到位，裹进了棉被。棉被绒和得很，睡得人舒适绵软，好梦一个连着一个。一觉醒来，无已拂晓，突然明白，盖棉被睡觉是件不能再美的事。

早上去撕日历，白露——二字赫然入目。

这才知道，气温变凉是因为交节了。

2001年9月7日 · 农历七月二十 · 星期五

是白露带着秋雨来了，还是秋雨带着白露来了？反正，白露这日下着雨。

俗话说，一场秋雨一场凉。刚刚晴好了三天，正午时分又冒出的热气，让秋雨淋熄了。天凉了，白露当晚可以盖着薄棉被睡觉了。那个绒和劲儿，让人好舒服，好通泰。

九日去翼城，上历山，看舜王坪，山上已插耧，牛在前，人在后，木耧摇晃中间走。正是：白露种高山。农谚说得好。

上到历山，山上满目绿草。四周有树，树中多松，松柏蓊郁，景物醉人。却不知为何舜王坪上一棵小树也不见？难道真是舜耕田的缘故？

莫非白露种高山就在这里起始？

2002年9月8日 · 农历八月初二 · 星期日

说处暑温情，处暑吃不住夸奖，有些晕昏，翘尾巴了，尾巴翘得高高的，高进了暑里，暑热归来了，35℃—36℃—37℃，连日上去，人们又喊热了。不过，还不算毒，夜来即凉，能安稳睡了。

没热几日，我去北京，车到太原，窗外泛亮，路灯洒在地上有了光，就知道是下了雨。到了北京，天阴阴的，凉凉的。二日，也落下了雨，雨还不小，一阵阵的比高比低，下到了晚间。

次日放晴，晴得真空旷，真爽朗，万里无云，秋风宜人，心情也如长天一样舒展。去了天津，一样的好风景，好心情。

隔过一天，白露来了，轻悄而宜人地来了。

2003年9月8日 · 农历八月十二 · 星期一

阴。灰。凉。

处暑以后就是这么个日子。三天阴，两天下，太阳一天也没有亮豁过。天气一天比一天凉，田里的棒子个头不低，叶掌特旺，梢头的缨须也正旺势，腰间的穗子可想而知，还没立行，没有玉米粒。按常规，再有一个节令就要收秋了，这会儿玉茭穗已该硬颗了，不用说，迟了。

酷热的时候，真不知这热火的暴烈营垒要持续到何时，岂料，说垮就垮，垮了个干净利落，秋意遍布了！

这日一早还灰暗阴沉，早饭后有了阳光，也很淡弱。吃过午饭，从福临酒店出来，迎面有风，沙沙地响，眼前飘过几片落叶，打着滚儿在地上转动。秋风吹落叶，正是。

那阵秋风真好，还回了亮眼的阳光。第二天，万里天蓝，开阔明净，太阳好耀眼，好耀眼。

今日中秋节（十一日）了，仍是响响亮亮的好日子。夜里可以好好赏月了。

2004年9月7日 · 农历七月二十三 · 星期二

白露将秋凉摆到了光天化日之下。

九时许去尧庙广场拿侄儿郭奎从村里带来的青玉茭。一下车，便站在了风中。立时觉得这风不同前些日，利利的，清清的，凉凉的，一下凉到了心里，心头一颤，明白这是秋风。

秋风吹走了云。前几日的阴沉散了。散出了蓝天，散出了丽日，却没有再现过去的炎热。

屋子里秋意最浓。坐在一楼的阴面小屋，有了凉寒的感觉。穿长袖衣服最舒适。

秋意还弥漫在早晚。别看今天（九日）中午气温高到30℃了，可早上却很凉。穿着短袖衣服走在院里，浑身一颤，裸露的小臂立时起了许多小小的疙瘩。

秋渐渐深了。

2005年9月7日 · 农历八月初四 · 星期三

洗澡的时候走进浴室，突然觉得了一丝凉意，心上一震，觉得是中秋时令了。

洗完了，出来，换睡衣，又一凉，这秋已经不浅了。

秋天已光临多日了，在屋里我还是头一回感受到凉意。晚上撕下的这张日历就是白露。

白露的夜里第一次盖着夏被睡了个好觉。

回首一想，今年天暖。两年前的九月五日夜晚，我第一次走进三元新村来见小平，是穿着夹克来的。那时候天气已好凉好凉，短袖早不穿了。而今年不要说夹克外套，就是长袖衣服也还没有粘身。

时间段是一样的，但是气温竟有这么大的差异。或许，这也可以说是天时。对于秋庄稼来说，足够的光照和热力是保证籽实成熟的关键。这对于农人来说，热显然是好事。

只是，现在有几个人还想得到农民。

2006年9月8日 · 农历闰七月十六 · 星期五

白露有过之而无不及，似乎成了寒露。

三日从欧洲归来，到北京下飞机还有些闷热，坐汽车一路返回，仍然闷热，时不时就想开窗透些风。然而，第二天下了雨，天骤然凉了。雨整整下了一天，凉意铺天盖地做好了迎接白露的准备。

这礼仪算是隆重了，但是，似乎上帝觉得还不够，五日刮起风，风刮走了满天的阴云，天亮时，还有一丝一缕的白云在天上撕扯着东行，到中午时全然没了，只有碧蓝碧蓝的天空了。谁敢观望一眼，准定晃得闭上双眸。

与风俱进的是寒气，在屋里穿长袖秋衣不行了，赶快找出坎肩背上了。晚上盖毛巾被不行，赶快找出夏被盖上了。坐在桌前写字，别说出汗了，手指鼓得不那么圆了，塌瘪下去，瘦俏了。

秋天突然间深进了好多。十日记之。

2007年9月8日 · 农历七月二十七 · 星期六

是白露的威力吧？天总算凉下来了。

一周前的时候，天气比炎夏的时候还热，曾经将空调的电源拔了，可不得不又插上，不时开一会儿，尤其晚上睡觉前需要开放一会儿，不然就热得休息不好。这盛夏时才使用的法子，居然用在秋后了。

是下了一场雨，降了温，一场秋雨，一场凉，应了。似乎这场雨是白露派出的先行官，他还真有招数，稍一动作，就下了雨，降了温。而且降得那么突然，头天是短衣满天飞，第二天就满街长袖外套了。无论如何，炎热是过去了。

立秋后以为会凉，开始写书却热得难受。好在煎熬过去，凉爽宜人，坐在几案前，随时可以从容行笔，还是这个季节好。

只是有时光匆匆的感觉。今日小平为我理发，头顶又稀疏了。曾经羡慕一头银发，看来不待白首，就零落无几了，光阴太快，太快呀！

2008年9月7日 · 农历八月初八 · 星期日

时光真快，不经意已是白露了。

凉了数日的天气，又热了。当然，这热不是先前的样子，也就是白天，也就是大中午那会儿，或者在家里吃饭的那阵。晚上就凉了，睡觉可以盖毛巾被，很不错的。小平前天去了南方，由太原飞上海，昨日住到宁波。我连续两天都去财神楼，今日午后走回来，也没热到哪里去。这样的气候很宜人，应该抓紧干事儿了。上周为《语文报》写了十篇小文，可供用一阵子，下一步该抓紧修改长篇小说了。

接散文文学会通知，给了我一个冰心散文奖。在西安颁奖，今晚动身去领奖，顺便见些文友。写这篇短文时，天暗了下来，阴了，看来会要下雨。刚刚提升的温度，一下雨又会降下来，白露的气温又下滑了。秋意也就越发浓重了。

抬头向外望，树叶微丝不动，云正在蕴积、四合，雨就要来了。

夜晚十时许上车时会下雨吗？难说。

2009 年 9 月 7 日 · 农历七月十九 · 星期一

白露的气温像是到寒露。

气温是突变的，头两天便阴了，也下了雨。只是夜里降雨，天亮即停。下雨也没有多冷，还闷闷的。然而，六日突然变化，上午的闷热，被下午光临的冷风一扫而光，换作肃杀之气。穿长袖衣服不行了，干脆一步从短袖跳到长袖套装，将自己裹严实。

白露这天同玉龙、耀文二位去洪洞县卦地村，李文生母亲病故了。下了车走了一程，霏霏小雨扑面而降，凉凉的。田里的玉茭仍然透绿，离成熟还有不短的距离。路边的枣树结实了，虽然红透，但大大的颗粒从绿叶见闪出，已经饱满了，就待阳光为之描红添彩。

连续数日忙碌，为《语文报》又撰了数则小稿。《快快乐乐学作文》这个栏目已开设三年了，回头一看已发了五十余篇文章。每过一段就有了新的积攒，唯愿这样努力会让孩子们在成长中感到愉快。如此，心境才会跨越季节，永远像春天般温暖。次日上午记。

2010 年 9 月 8 日 · 农历八月初一 · 星期三

白露是个难得的好日子。

好日子好在出了太阳。出太阳不新鲜，新鲜在好几天不露脸的太阳总算露了脸。算起来该有四天不见太阳了，下了三天雨，中间有一天间隙，还被漫天的云层覆盖了。太阳似乎也想露个脸，但是挣扎了几番，终未成功。

白露这日下午出了太阳。这太阳是打破既定规则出来的。凑巧这日老妈说，这天气就不晴了。我接着说，不刮风晴不了。我是按照常规说话。然而，说过这话天就晴了。看来，我主宰不了天，天却可以主宰我。不过，我也没有想主宰天，即使错了，也没有失落感。反而由于太阳的亮照，心中很是明媚。

从太原传来消息，赵树理文学奖初评，我的著作散文组、儿童文学组都入选了。下一步如何？唯愿前景像雨后的阳光那样明媚可心。

次日，白天还是宜人，夜间也能休息好，欣慰走笔。

2011 年 9 月 8 日 · 农历八月十一 · 星期四

这日在陵川县的王莽岭。

昨夜八时许到的。车往里开，像是追赶时令，超越时令，一下到了初冬的天气。下了车，凉得几乎发抖。一到宾馆的房间，即穿了一条外裤，然后去吃饭。晚上睡觉幸亏有电褥子取暖。

第二天一早，游王莽岭。天气十分配合，顺着山间石头铺就的小径，向前走去。这里用向前最恰当了，不是左，不是右，前却包了左右，其实是顺着山势回转，时左时右，时上时下。看到的就是山间那一段景象，可是转来转去，移步换景，所见大为不同。

更侥幸的是，看过之后，云雾来了，一瞬间掩映了山峰，就什么也看不见了。

之后，去了锡崖沟。在我的记忆里，锡崖沟发扬自力更生精神，千难万难劈开了挂壁公路。没有想到，这里岩崖陡峭，瀑布飞挂，风光还好看得很。在锡崖沟感受到的不只是人的风骨，人为什么形成这种风骨？陡峭的山峰在做说明。十六日了还在回味：值得一来，谨记。

2012年9月7日 · 农历七月二十二 · 星期五

白露的味道今日才品出来。近中午十二时了，去财神楼父母那头，一下楼风扑身而来，顿时一颤，凉啊！好在前半小时小平告我天凉，换上长袖衣衫，要不还得返回楼上更衣。秋风吹，树身摆，又有枯叶落下来，在街上翻滚打转。秋，深了几许。

回想白露那日，真不像个白露。阳光灿灿的，到处暖暖的。晚上气象预报的女士说寒露秋分夜，一夜凉一夜。然而，那晚是例外。先前晚上盖毛巾被已有些凉，便加了一个薄被单。那晚却热燥，把薄被单弃之一旁了。似乎凉意遥远，不知何时才会到来。哪知，凉意说来就来，十日来了一场雨，从中午下起，下午尤其大，去市政协谈文化工程的事，只好坐了车去。雨后，天亮了，再加今天一场西北风，深秋便突兀在眼前。九月十二日中午记。

2013年9月7日 · 农历八月初三 · 星期六

白露不露生色地来了，天气温和，没有明显的滑落。但是，次日阴了，阴了一天没有下雨，却凉习习的。白天凉，夜晚更凉。初睡时没有在意，越睡越凉，只好拉来毛巾被盖在身上。这一盖，便再也离不开。

不仅夜晚生凉，白天也不再热得流汗。在大太阳下行走也不会汗涔涔的。连日去父母那边，走去走回，炎热也失去了威胁。一个适宜生存的季节来临了。

本该趁着这时光写文章，却为校对《故都金殿》再版书稿耗去数日。当然，也不能全怪此事，古耜先生约写一组散文，思考不成熟，也就迟迟未能敲击。今天杂事都已了结，该动手了。十一日下午手记。

2014年9月8日 · 农历八月十五 · 星期一

露没见，雨不小。

早晨开窗，雨声淅沥。遍地是水，中秋节，湿漉漉来了。

中秋节与白露相携而至，并不多见，却怎么白露只图自己给大地降温，居然把中秋节给淋了个溃湿。

由于今年有闰月，秋庄稼现在还透绿，玉米正在饱满籽粒，这无疑是一场及时雨。当然，对于播种小麦也是难得的好雨。阳光不那么烈了，落地的雨渗进土地不会很快蒸发，麦子落土会很快发芽生长。

中秋节，虽然看不见月亮，却在心灵深处能够听到秋苗的生长和土地畅饮甘霖的吮吸声，也很美。很美的一场及时雨啊！晚上入梦，甜滋滋的。次日晨记。

2015年9月8日 · 农历七月二十六 · 星期二

阴了，傍晚还下起小雨，天凉些了。

前两天，也下过点小雨，以为会凉。岂料，次日天晴，气温即回升，仍然有些热。昨日去老妈那头，回来时还走出一身汗，这有些反常。

最反常的是天旱。八月二十九日去浮山，一出临汾城便有些吃惊，越往东走，越焦虑，田里的玉米全干枯了，绝收了。这些年还未见过这样的旱情。好在如今的农民不再依赖土地上这点收成，不然社会要混乱了。

连日来走笔不断，写作戏剧文物一书。这是很枯燥的一本书，如何才能写得让人喜欢读？写得挖空心思。其实，这是对自己的一次挑战。到今日下午主体成型，再写作结尾就成了。明天要去太原，再往阳泉，阳泉散文学会让讲课，还要带三个人去。天气预报后几日有雨，路途是不便，但对种麦有利啊！当天夜晚记。

2016 年 9 月 7 日 · 农历八月初七 · 星期三

白露如何变凉？似乎为了让白鹭实至名归。头天阴了一天，而且断续下了几阵雨，气温也就这样低了。晚上休息，头盖着绵绸床单，凌晨时腿有些凉，拉过身边预备的双层床单，换上，睡得很香，到天亮也没有热的感觉。

以为凉凉爽爽的白露来了，可是，天亮得太阳明晃晃的。白天的温度又升高了，明天要去太原，与谢大光先生相聚，赶写一个稿子，头上汗似出未出，闷闷的。

今年的气温真有些怪，处暑的第二天才降下温度。连续几天没有升高，可是，太阳照着，照着，不知不觉，又上扬了。好在早晚都凉，人能休息好，不太困。思路比先前通畅多了，文章也写得更为顺手。

夜渐渐静了，校对会儿文章再睡。当晚即日记。

2017 年 9 月 7 日 · 农历七月十七 · 星期四

“露从今夜白，月是故乡明。”

杜甫的诗纯粹是情感的写真，是不能拿来去丈量自然事物的。就以这个白露为例，原以为白露肯定实至名归。从前面数的阴雨，和连续走低的气温看，应该如此，这是物事渐近的逻辑。然而，气温却总是跳开逻辑变化。阴雨结尾，六日气温上扬，七日竟然走高。中午出门，刚开始还在阳光里行走，寻找暖色照亮肢体。走到平阳广场，浑身泛热，有汗冒出，就想往阴影里钻了。然而，恰到开阔地，无荫送凉爽，只能大步走去，走过一年里来热烘的尾声。

当然这种热是限定在一个范围内的，不会大汗淋漓，不会头晕脑胀，只有稍微的犯燥。六日，步步随父母赴京，十三日将飞英国，去留学两年，让这个时节多了一份牵挂。次日上午记。

2018 年 9 月 8 日 · 农历七月二十九 · 星期六

凉了，早八时下楼去尧陵，为诚信促进会讲尧文化。一出楼门就有凉的感觉，所幸穿了长袖外套。

今年白露的降温与秋雨无关。打破了一场秋雨一场凉的记录。四日接受央视四频道采访拍制外宣片《从“中国”到中国》，上午阳光灿烂，下午天色阴沉，却没有下成。上午在尧庙给二位外国学者讲授，下午先去陶寺遗址，后又赶到曲沃晋国博物馆。回来时上车开了空调，感到凉，既让师傅关闭。可是一关便闷热闷热。

热还能坚持多久？

没想到白露一至，热像一堵老墙轰然塌掉。老墙塌陷不费人力，只是一连串的秋风。风也不大，却凉，却爽，却让白露一至就站稳了脚跟。次日晨记。

秋分

一九九九—二〇一八

中秋月亮圆，离人望穿眼。
珍惜国泰安，千里共婵娟。

秋分醉人无须酒

菊花盛开，秋分到来。

明月高挂，中秋到来。

秋分，如董仲舒《春秋繁露》所云：“阴阳相伴也，故昼夜均而寒暑平。”秋天，整整九十天。秋分恰在其半，乃中秋也。因而，中秋节或前或后，总依附在秋分的身边。放眼远眺，那一轮圆月散发出玉洁的光泽，要么迎接秋分款款到来，要么相送秋分缓缓离去。月色融融，秋分来去，恰似一位品行儒雅的君子，又如一位满腹经纶的学士。

君子从不炫耀自己，学士从不锋芒外露。世间有春华秋实一词，春华不属于他们，只属于豆蔻年华的小字辈；秋实，才是他们的写真，沉甸甸地低着头，弯着腰。可就是这低头弯腰的庄稼，呈现出了满目丰收的景象。

秋分是个成熟的季节。

谷子熟了，狼尾巴一样的谷穗弯成了一张弓；稻子熟了，稻穗也弯着，弯得犹如农历初五、初六的月亮；高粱熟了，微微一弯，弯得活像刚刚点燃还未着旺的火把；棉花熟了，前数日铃铛般的棉桃蓦然就开了，比千树万树梨花开得还要壮观，雪白雪白，铺天盖地；玉米熟了，长成了一个个脊梁直挺挺的英雄豪杰，而且还是上过战场打过日本鬼子的豪杰，哪个腰间没有一把盒子枪？甚至还有插着两把的。当然，那不是枪，是棒子，是丰满滚圆的棒子。就是这一个个好似棒子的玉茭穗，给了玉米一个俗称：棒子。这时节收获成为农家的主题，他们日出而作，日入而息，都忙在一个“收”字上，人称秋收。只是，农人的嘴里没有“收”字，他们掰棒子，摘棉花，割谷子，杀稻子，越来越露出杀气，轮到高粱竟然使用歼高粱。似乎收完高粱秋收就大获全胜，打了一个歼灭战。看看，就是那些被视为没有文化的农人，把一个“收”字变化得多么丰富多彩！相形之下，仅用一个“收”字来应对众多秋实，实在单调，实在笼统，真辜负了那一地琳琅满目的果实。

秋分的农家饭桌最具美味。点种时稍迟几日的豆子还未成熟，却已成形，正好嫩着吃。往笼里一蒸，还没揭盖，屋里、院里、巷子里都飘荡着清雅的香味。端上桌去，拿起一个，轻轻一挤，豆粒就会跳进嘴里，齿尖稍咬，美味就会顺着舌尖来他个荡气回肠。玉米堆里夹杂着几穗晚熟的，也被剥去嫩皮煮熟了吃。那个清香味在城里的餐桌上是品不到的。清香全在一个嫩字，嫩在指尖一掐，皮破水溅。唯有此时煮熟，那味道才清淡如茶，甜淡若饴。从村里到城里，从摊点到厨房，从剥皮到煮熟，耗费的这时间，足够玉米粒从中间的穰芯上汲取营养，壮实自身。这一壮实，便不再鲜嫩，少了美味。红薯也能吃了，刨一两个回来，切不多的几块煮进锅里，和新碾出的小米熬粥，那味道常让大人嘱咐幼童：慢点喝，小心舌头咽下去。

城里人无法享受村里饭桌上的美妙滋味，却能够享受秋分赐予的美梦。前数日还不乏温热，盖着床单睡觉都捂得出汗，只能赤裸裸晾着。睡醒了，浑身还是困倦，整夜皮肤都没休息，都在值班，唯恐夜凉侵入体内。白昼里无论读书，还是做事，少不了迷迷糊糊的。时值秋分，再没有这种担忧，选用或薄或厚的被子盖住全身，犹如修炼得道的蚕蛹钻进茧内，惬意而又可心。这么睡觉还会做恶梦吗？只要不做亏心事，保准不会，更不会睡醒时一枕黄粱再现。秋分赐予的唯有美梦，说不定会梦见自己羽化成仙，翩翩翔舞，天上人间任来任往。

化蛹为蝶，多高的境界！

真个是秋分醉人无须酒。

1999年9月23日 · 农历八月十四 · 星期四

晴朗而平和的日子。

前两天落了一场雨，很快淋湿了升起来的热度，天又有些凉意了。秋的味道浓了。

这太阳一亮畅，光热洒得满地都是，到处都是闪闪烁烁的，温温和和的，凉下去的日子又添了些温情。是秋日，但不是那种深深的秋，只有淡淡的秋意。

不记得去岁秋分如何，只知道今岁是个难得的好日子。在这个日子里我们去新绛看石活，定碑文，心情好，事情也就顺遂多了。唯愿好日子更多，好事情更多。

2000年9月23日 · 农历八月二十六 · 星期六

太阳亮在高高的空中。山间却不那么亮，水汽笼着罩着，如雾如烟，朦朦胧胧的。峰岭这充满阳刚之气的硬汉，变为羞涩的少女，用轻纱遮掩自己的颜面和体肤。

山里茫蒙似乎是处在白云生处的缘故，哪知，下了山，也是轻纱淡掩，秋野里像是生出好多的薪烟。

气温不低。早上去看壶口，没有丝毫的凉意。上车回返，干脆把外衣也甩了。车里闷闷的，开了条窗缝，透来了些爽意。中午回到临汾用餐，空调开得大大的，也没人说凉。晚间也一样，迟开了会儿空调，浑身燥得不自在。

夜里睡去，睡得舒美，迷迷糊糊听见了滴答声，梦也有了节奏。醒来时才明白是下雨了。

秋分过去了一天。

2001年9月23日 · 农历八月初七 · 星期日

“谁不小心捅漏了天，雨滴不停掉下来。”

这是四十年前看到的一首民歌中的两句。忽然又想起来，是因为今年这雨下得真够丝儿软缠的。整整一个星期了。上星期天傍晚出去，天有些阴，往回走时，落雨了。雨就这么落着，落着，落一会儿，可能是累了，歇一歇，又落。一直落到了这个星期天。该晴了吧，没晴，而这个傍晚更加了劲，雨大得哗哗啦啦的。

秋分就这雨中来了。秋分凉凉的，凉得人换上了羊毛衫，凉得人盖上了厚被子。凉得人直念叨：天凉好个秋！

好个秋，好个秋雨，雨下透了地，麦子可以种好了。只是需要晴日，好不容易熬到昨日太阳露脸，今儿（二十五日）却又阴了，不会下吧？唯愿。

2002年9月23日 · 农历八月十七 · 星期一

谁说一场秋雨一场凉？落了两天雨，凉秋变成寒秋了。再过两日才秋分，气温却像是寒露了。

好在太阳扭转了局势，趁着秋风，急忙亮相，光灿灿铺洒着暖色，暖了碧空，暖了绿地，也暖了人的身心。

这时候，秋分登场了。

秋分一登场，就唱了一出好戏。天晴得真亮堂，亮堂得世界成了新的模样。温度不高不低，宜人而爽心。往旷野里走走，先前的远山突兀到了眼前，一地成熟的玉茭直向山际排演而去。奇怪的是，山似乎近了，地却更为阔了，看一眼心也舒畅了好多，真是秋高气爽！

2003年9月23日 · 农历八月二十七 · 星期二

到哪里去找这样的好位置，站在天边看天气就像站在海边看波浪一样。没办法，找不到，只好回望身后看变化了。那变化的天气却如同波浪，起起伏伏着涌来了。

中秋节是个亮晴的日子，如同闪跃的浪花，跳得好高，而且往更高处荡击。一直往上，到了十六日天气仍然晴朗，也就比常日热了，热得似乎返回了夏天，短衫、短褂又登场了。看来这热似乎还要持续下去，哪知，说阴便阴了，小雨落下来了，热也就消散在雨中了。渐渐还有了凉意，凉得像是要这么延伸下去，直至冬日。

孰料，夜里听到了嗖嗖的风响，声音不大，响得却很是耐心。早晨出屋，天改变了面容，又亮蓝得耀眼了。

哦，秋分来了！

秋分是个好天气。好天气又是一个跳荡的浪花，看那明净敞朗的架势，阴日应在很远处。可是，仅过了三天又阴了，还落了小雨，又跌入一个低谷。二十七日记之。

2004年9月23日 · 农历八月初十 · 星期四

天空明净，日光亮丽。午间仍有些热，但早晚却生凉了。大前日落了场雨，时大时小，下了整整一天。雨润秋季，秋季便沉深了，生凉了。

我去了一趟西部，历时一周，新疆天山——白杨沟——吐鲁番（葡萄沟、火焰山、高昌古城）、敦煌莫高窟——鸣沙山、月牙泉——嘉峪关长城——兰州黄河水车、白塔山。一路晴日多，阴时少，只在兰州看到了几滴雨，地皮未湿雨便住了。去时带着羊毛衫、羊毛裤，均未用上，时不时还有些热。这个季节的温度，西部和临汾相差不大。

从西部返到西安，往东行，水草绿了田野，满目新色，可目。不过，那荒阔的西部更让人觉得博大。

博大的西部给人的感受如时令一样，冷暖变化不大。倘若向南跑这么远，那可就不一般了，海南岛仍热，气温不下30℃。当日记之。

2005年9月23日 · 农历八月二十 · 星期五

阳光真比金子还珍贵了。

恍然露了一下脸，待我伸臂去拥她时，已消隐到云层后面去了。也是，我总算可以写篇小记了。

二十日，我离家去北戴河出席散文名家笔会，走时那雨下得真大。还忧心到了北京转冷，到了北戴河更寒。结果那里艳阳高照，天蓝水碧，根本不必有冷的忧虑。

二十七日上午回到临汾，又落入了漫天的阴沉中了。每天下雨，下雨，下得人心里也湿漉漉的。临汾人说，自从搞什么门赏月，月亮都羞得隐了，从此就再没有好天气。

于是，我决定等见了太阳再写这篇短文。

可是，过了一天，又过了一天，太阳总是不见。我回到临汾一个星期了，天还是阴的，雨下个不止。

今天，总算是有了一丝阳光。这一丝阳光虽然只显现了一瞬间，可是，太阳还没有忘了阴暗的人间呀！

已是国庆长假的第三天了，湿雨限制了游人的步履。

2006年9月23日 · 农历八月初二 · 星期六

秋分平静地来到了，只是有些灰暗。

头几天，就摆出了下雨的架势，不光有阴雨，还响过了几声滚雷。我以为真要下暴雨了，雨却不大，一阵后就泄了气。正由于雨没有下成，云也就没有散去，一连四五天，都是阴沉沉的，太阳很少能露个面。

秋分这日正午还算不错。淡淡的日光在大地上晃了一圈，以为要晴了，只一会儿，又不见了。天上成了阴云的世界。云不黑，灰蒙蒙的，整个世界都灰灰的。

下午回村里一趟，秋苗仍然很绿，玉茭还没有熟，只有豆子黄了。从田间路上走过，觉得空气里弥散着清香味，那是庄稼的气息。秋分的庄稼，既有青春的绿彩，又有壮硕的气魄，空气中荡漾的就是这样的养料。真想坐在田边，将童年、少年、青年的记忆全呼吸回来，可惜，天气渐暗又要回返。

节令匆忙，人也匆忙。节令在循环，人却只能向前，向前，回环的只有记忆了。次日记之。

2007 年 9 月 23 日 · 农历八月十三 · 星期日

天气少有的晴朗，少有的明净。

曾有几天，阴霾满天，空中不知是雾还是尘，反正一团混沌。恰好这几日开环渤海洽谈会。临汾的环境污染让外地人领教了。

这几天，临汾人从网上看到，世界九大境污染城市，临汾位列第三位。然而，天气却明净得妩媚。而且，一连数天如此，很少见。

秋分这天，明净得更可爱。和两个儿子商量了一下，母亲的生日这天过，为的是周日人能多到些，而且可以松闲些，吃饭不计时间长短。饭店选在思麦尔，新开张，环境很好，每桌饭一千多元，在生日宴会里这算是上档次了。

果然办得不错，一切称心如意。如同这日的天气一般令人可心。饭后，又陪母亲去段店，看望老姨、老姨夫，母亲更为高兴。看看母亲，背驼了，明显有些苍老了。虽然，年届七十七岁高龄，可是也不甘心让她苍老。时光留不住，像秋分似的，又过去了一日，赶紧记下。

2008年9月22日 · 农历八月二十三 · 星期一

接连几天都阴着，太阳露脸也是一会儿。天不算凉，只是没有先前那么热了。去了几趟财神楼，都步行，很是清爽。

近来，临汾又成为新闻焦点。九月八日我去西安领冰心散文奖，晚上吃饭，有文友问我来自何处，我说临汾。他说，临汾不断出事，不知缘何我接了一句：还要出事。

饭后回到住处，打开电视看新闻联播，哎呀，襄汾尾矿坝溃塌，果然出事了。不过，当时报的是暴雨引发的灾害。回到临汾才知道，是一起重大责任事故，死亡二百六十余人，太惨了。为这起事故，市领导有停职的，有免职的。省长也受牵连引咎辞职，临汾的动荡波及省城。有人说，尧庙外面乱建反客为主，惹怒了尧王；有人反驳，不是。

真是多事之秋！次日随记。

2009年9月23日 · 农历八月初五 · 星期三

屋外天气渐暗，缓缓来临的秋分就要匆匆过去了。

今年秋分好。

晴朗的天空不见云彩，高照的太阳暖和得如同春天一样。没有想到天气会这么晴亮，会这么暖和。三天前还下了一场雨，而且气温大降，以为要转暖还得数日。然而，雨一停，太阳一出，天气就变了一个模样，又暖融融的了。

原任市委书记王春元从太原回来，住金海湾，下午小叙。精神很好，谈笑风生，许多天地间难以琢磨的信息都畅谈无忌，由于修复尧庙的原因，工作中我们结下友谊。

郭刚勤来电话，为关工委写的图书出来了，一同送去，张国彦主任看了很满意。

秋天是收获时节，当然，还要抓紧播种。《故都金殿》一书已送太原印刷，该抓紧编辑文集了。当日下午走笔。

2010年9月23日 · 农历八月十六 · 星期四

晴日，却凉了很多。

凉是因为前数天下雨，雨下的不算大，却连续两天阴沉沉的。十五日晴了，晴出了临汾少见的天气，天蓝得水灵灵的，而且有了白云。白云还不是平庸之状，有了立体感，厚重着从天上移动，稳慢着二十世纪七十年代以前的节奏。亮晴与寒流齐飞，秋分变凉也就是必然的。

这天为母亲过寿。虽然在父亲寿日算是给二位老人一起庆贺八十大寿，那是有宾朋参与的。这是专为母亲做寿，只限于家人和近亲。在农业宾馆安排了四桌饭，气氛很好。

正是中秋节假日，步步从太原回来了，和速速在三元住了一晚。他们的聪明不可否认，但学习的主动性却不强。但愿会有改变，这改变的程度如何，将决定他们的前景。这个节日收到了很多信息，每则信息都显示着不同的文化层次。次日记载秋分，禁不住感叹，信息时代不期而至。

2011年9月23日 · 农历八月二十六 · 星期五

没有想到秋分会是这么亮晴的天气。

上周几乎没有一个好日子。天阴，连雨，温度降低，低到了晚上盖夏被已凉了，不得不将被罩加上。好在本周天气有了好转，到今天为止，已连续晴了五天，白天气温上升，可是一到夜间，温度又下降，还是凉，昨夜又加苫了毛巾被。

这一周完成了广胜寺文章，国庆节乔梁要迁新居，为之撰写了个短文，并写书。今日捎去太原装裱。还为任掌儒先生的《回眸》一书写了序言。应该说，成效不错。再坚持一周，时下的稿债就可以了结不少。

小宇很有长进，走得较前好多了。能懂一些话，让往垃圾桶里放东西，居然一个人就去了。睡醒了，憋着尿，尿一点就停了，待把他时再放开尿。时光中新人生长，而我在老。好在还没有被老降住，走起路来仍然有想跑的欲望。

这是一个令人健朗兴奋的时节。

2012 年 9 月 22 日 · 农历八月初七 · 星期六

秋分不凉，大太阳照着，中午去财神楼看父母，走得身上热乎乎。在平阳广场遇到红灯，站着等待，直射的阳光还很有热力。

头天却不是这样。我们在隰县采风，天阴阴的，没有下雨是对我们的仁爱。前天夜里却滴滴答答不停，我们在新落成的广场看文艺演出，天下个不止。也算宽宏，终归没有下大，没有把我淋湿，也没有赶跑。我们坚持到节目演完，天气也撑得没了耐心，晚上下了个稀里哗啦。好在，二日我们观瞻没有再下。

是日下午从隰县回到临汾，车到黑龙关，浓雾漫天，什么也看不见，只能缓缓爬行。穿过迷雾回到家里，才知道上午还在下雨。

秋分晴了，白天不凉，夜间却凉，晚上盖着薄毛毯睡觉。早上起来，穿一件衣服觉得薄了，上下都加了一件。写这则短文时，夜里的凉风正从窗缝轻轻进来。九月二十三日夜记。

2013 年 9 月 23 日 · 农历八月十九 · 星期一

秋分的词面上很平和，没有丝毫要凉的意思，却凉了。

凉是雨带来的。头天就阴了，阴沉沉的，很忧郁的模样。似乎随时要下，却没有下，硬撑到天黑。夜里几时下的，没听见，只是早晨起来就下个不停。上午去三晋展看徐慧君先生画展《黄河之水天上来》，气势不小，是我见到的最有动感的画壶口瀑布的作品。出来后雨仍下，去龙祠见常修法师，请他看《故都宝殿》重排书样。然后，赶回来，雨也未见小。下午冒雨给北岳文艺出版社转款，上周转的还未到，一查是错了一位数，赶紧办理，下雨也顾不上了。雨中去，雨中回，雨不知要下到何时。

孰料，晴也快。次日早晨醒来，天明晃晃的。起床到阳台向外望，太阳正努力向云外冲刺，云还薄薄地铺满了天空。和刚去金殿镇补拍照片，十时后天晴了。太阳照在新落成的慧泉庙上，很鲜艳。二十五日夜记。

2014 年 9 月 23 日 · 农历八月三十 · 星期二

天亮时下了一阵细雨，停后没出太阳，让阴云整整辛劳了一天。

秋分是个中和性质的时节，是昼夜平分的标志，也是由热转凉的一个驿站。天阴、下雨，都是降温的手段，因而气温又下滑了一步。不过，次日天就晴了，气温又回升了，穿着长袖T恤，来来回回都在出汗。好在汗水不多，只是热烘烘的，没有夏时难受的感觉。二十五日去山西焦化集团公司讲文学，天气多云，室内温度适宜，真是个迷人的季节。二十六日上午忆记。

2015 年 9 月 23 日 · 农历八月十一 · 星期三

今日多云，天气转凉，秋天已经像模像样，从太原回到临汾，气温比较凉爽。

凉爽是从昨天开始的，前天还有些热意，这样的日子已经连续数日了，临汾的最高气温都在27℃徘徊。记得九月九日下了一场雨，而且下得不算小。那日先到太原，次日去阳泉讲课，湿漉漉的，突然降温，走时虽然带了长袖衣服，不足御凉。幸有朋友送了外套到阳泉，讲课仍在下。第二日晴了，气温仍然偏低，尤其夜晚起风，凉风劲吹。第三日返程到了高铁站，那个凉啊，犹如初冬。站台上裹紧衣服，往背风处躲。原以为气温难返升了，没想到回到临汾后一天天增高，高到脱了长袖，又换上短袖衣服。

昨日一场雨凉了，所以说，秋天像模像样。不知气温还会不会回暖，但是不会再攀升到穿短袖衣服的热度了吧！

2016 年 9 月 22 日 · 农历八月二十二 · 星期四

阳光照在茶几上，我坐在茶几前写这则笔记。

秋分过去几日了，为何迟迟不动笔，是想等待像个秋分样子。秋分该是什么样子，气温该下降，至少应该穿长袖衣服，今年偶尔穿一下，中午是绝对穿不住的。昨天就穿了长袖服出去，一进阳光，赶紧扒拉下来，在阳光里行走，不多时就浑身冒汗。央视气象节目评价，这样高的温度是多年少见的。

我在等得气温下降，其实是在等一场雨。昨天早上有了点云，天气不那么明净，以为云会变浓，雨会下起来，然而，却等来了大太阳的复辟。气温终归未降，我没有再等的耐心，已是二十五日了，提笔记下这些文字。

写着，腋窝里又流出了汗。

2017 年 9 月 23 日 · 农历八月初四 · 星期六

秋分，只能是时间意义上的划分了。春分秋分，昼夜平分。这个规则是不会逆转的吧，凉热已经逆转了。

立秋本来还算尽职尽责，天气转凉。但此后温度像心律一般波动不止，刚刚下沉两天，复又抬头上升。前些天，晚上睡觉盖着双层被罩，还要苫上夏被，而这一周时间只盖被罩即可了。在外面行走，穿了两天的长袖衣服又被搁在一边，接连几日都穿短袖。希望下点雨，改变一下气温，前天傍晚却来了一阵暴雨，雷声滚滚，电光闪闪，一个多小时过去，天气变晴。气温下降的愿望泡汤了。

尧都区乡镇电视比赛，忙着策划，而且还要为金殿镇当推荐人上台，忙啊！

2018年9月23日 · 农历八月十四 · 星期日

第三个晴天，明净得没有一丝云彩的晴天。而在之前，连续三四天不见太阳，阴，雨，时大时小，温度下降，晚上凉，早上也凉。

原想要刮大风才晴，风不大，却晴了，而且晴得心里都亮堂了。每日步行去财神楼家中，来回都走，身上热乎乎的。天气像是人的知己，下些雨种小麦有了足够的底墒。天晴了，抓紧收，抓紧种，不误农时。好！

好在今天还是第一个中国农民丰收节。

给农民一个节日，该放假吧？三八放假，五一放假，六一放假，农民节应该放假。可是，放假谁给农民种地？

农民无假日，除非天下雨。

寒露

一九九九—二〇一八

白露种高山，寒露种平川。

小麦适时播，丰收盼来年。

寒露登高唯见菊

若不是还有菊花在开放，白的，红的，黄的，紫的，缤纷纷，闹嚷嚷，引来数只尚未长眠的蜜蜂、蝴蝶，上下翻飞，左右蹈舞，寒露很可能被视为一个肃杀的节气。

是呀，听听这名字，寒露，露水都是寒凉的，寒冷的。《月令七十二候集解》："九月节，露气寒冷，将凝结也。"千秋寒露，寒透千秋。白居易看到的是，"袅袅凉风动，凄凄寒露零。兰衰花始白，荷破叶犹青"。韩翃看到的是，"九月寒露白，六关秋草黄"。天地间生灵活脱的万物，哪能承受了这般冷遇？这时节能够与寒露相厮相守的唯有菊花。

唯有菊花不畏凉，不畏寒，在寒露时节凛然独放。

若是用一种物象指代寒露，那肯定非菊花莫属。菊花就是寒露时节的灵魂。世间开花的草木多不胜数，入秋后才开的可有几个？人活名望，草争春光。春风稍吹，春温稍暖，万千花蕾争先恐后，争分夺秒，打开自己，舒展花瓣，亮出花蕊，让蜜蜂，让蝴蝶，闹嚷嚷忙碌于自己的花蕊。菊花则不，不争春光，不贪夏热，那些时令忙碌着锦上添花的极多，何须自我！菊花出场时，"此花开尽更无花"，她在装扮日渐寂寥的田野，她在美饰日渐荒落的山壑，她在延展心旷神怡的日月。世人爱菊，爱菊花之淡雅，之清幽，之高洁，禁不住把那份吹皱胸间池水的感受凝结在笔端，抒写出来。

陶渊明写下的是："结庐在人境，而无车马喧。问君何能尔？心远地自偏。采菊东篱下，悠然见南山。"郑思肖写下的是："花开不并百花丛，独立疏篱趣味浓。宁可枝头抱香死，何曾吹落北风中。"郑板桥写下的是："进又无能退又难，宦途踞蹐不堪看。吾家颇有东篱菊，归去秋风耐岁寒。"在众多的菊花诗里，元稹格调最高："秋丛绕舍似陶家，遍绕篱边日渐斜。不是花中偏爱菊，此花开尽更无花。"一句"此花开尽更无花"，写真了菊花的生平，评价了菊花的品质。从此，菊花在万紫千红的花色里独树一帜！

以致一部《红楼梦》也离不开菊花，还要捧出菊花，为奢靡慵倦的日子注入一点洁雅的情趣。那一伙儿宝哥哥，黛妹妹们，不作诗则罢，一作就是菊花诗，还要多达十二题：忆菊、访菊、种菊、对菊、供菊、咏菊、画菊、问菊、簪菊、菊影、菊梦和残菊。菊花何曾还是菊花，早外化了，化为节气就是寒露，化为人格便是洁雅！

寒露因菊花而靓丽，因菊花而高贵。

寒露时令还包含着一个节日——重阳节。九九重阳节，重阳登高，重阳吃糕，重阳佩插茱萸。登高，能够远眺；吃糕，糕与高谐音，是要高寿。佩插茱萸，缘于茱萸能够辟除恶气，能够抵御寒气，寄予的也是健康长寿。重阳节定在九月九日，因为九是国人向往的最高数字，没人敢要十全十美，十是顶点，到了顶点就会下坠。九月还要九日，尽管极高，却不是巅峰，还有上升的空间。重阳节是最高的节日，把这个古老的节日定为老年节顺理成章。

重阳节属于老年，这里集纳了丰饶的硕果，集纳了高洁的品格，集纳了珍贵的智识。人到老年犹如时近重阳，走过春的欣荣，走过夏的葱茏，走过秋的繁盛，如今豪华落尽见真淳，进入一个澄明澈亮的境界。才明晓重阳节登高何止是去攀登峰峦，是年深日久，不知不觉早已登上了人生的高巅。青春岁月"会当凌绝顶"的豪情，经过一路坎坷崎岖，不弃不离地跋涉，终于达到"一览众山小"的顶端。杜甫充满豪情的人生设计，未必不是每一位老者的晚景写照。只是莫比较，山中树木有高低，哪怕我最低，只要我已尽力。更何况出发的始点不相同，有人在低谷，有人在山麓，有人在峰腰，有人生来就在山脊。莫比较，不忧伤，寒露就不会入心胸，登高一望日间暖，月下明。

1999年10月9日 · 农历九月初一 · 星期六

天气好怪。

昨日的晴朗让心境宽广而又辽远，前两日降低的气温，伴随着阴雨的散去也消隐了。热烘烘的好受。

然而，一觉醒来，却听到了滴答滴答的响声，疑是水管没有拧紧而漏水。仔细听，却听见这声音不是孤单的，而是密集的，细细密密的声响交织出一片雨的旋律。

下雨了？

下雨了！

真怪，入睡时还有朗朗的月，睡来却是浓浓的雨了。天气变得真快。

下得不大，一会儿停了。太阳似乎想出来，但使使劲，难以掀开浓云，只好作罢，于是，整日阴阴的。

又是夜了，忽然想起节令。今日是寒露了。难道寒露就要滴几点带着寒意的天露？不记得去年如何？也难以预料明年如何？匆忙从枕头上爬起，记下。

2000年10月8日 · 农历九月十一 · 星期日

光亮的天阴合了，暗得很。傍晚还落了几滴雨，大滴的。不多时，停了，依旧云浓天暗，晚上看天气预报，雨就在临汾的边缘。西伯利亚的云层正在卷来，而且，有西北风。乘风而来的是寒流，温度要下降8℃—10℃。听得人也有些寒意。

次日早晨起来，仍然阴。阴了整整一天。偶见太阳，太阳是白的，没有光彩，灰暗无光之说恰如其分。好在天不冷，寒流还没来。去襄汾办事，沿途看见农人忙着种麦。

查看日历，标明寒露。怪不得天气变脸了。

农谚说，白露种高山，寒露种平川，很合乎实际。

2001年10月8日 · 农历八月二十二 · 星期一

寒露这天，来了个气象大展演。

早晨阴，越阴越重，下起了雨。雨点子不小，大而凉，不一会儿，地上水淋淋的。云仍然浓着，不知要下到何年何月？

晌午时分，雨歇了，云淡了。吃着饭的光景，云薄处已透出了日影。不多时，太阳出来了，天晴了。

这种雨痛快，来得快，去得也快，对在抢时播种的农人来说，最好不过。

过一会儿，又有了云，大团的黑云过来，看样子，又会下雨，雨却没来。来的是风，风不小，刮得树动叶飘，漫天响动。云也随着风动了，飘了。

风是过客，匆匆来了，过去了。把黑云也带走了。天又晴了。只是，再晴也没先前暖了，夜里寒寒的，发凉！

2002年10月8日 · 农历九月初三 · 星期二

天气晴朗暖和，正午还有些燥热。秋分至今没有落雨，凉意就来得缓了。似乎寒露不寒了。

其实，寒露的寒不在白日，更不在正午，而在晚间。夜里该是凉瑟瑟的，那床薄被已罩不住凉气了，便用毛毯苫在了脚头。不日，看来该换厚被子了。

次日去张礼给邓厂长祝寿。午间仍是热的，早晨动身穿厚了，还有些出汗。返回时车从田间小道上过，却看见地里的红薯叶蔫了，纠了。

下霜了？

问农人，说是，是水霜。

水霜？头一回听这名词。细想，有意思，水霜可能是晚间落了霜，而一早温度高了，化成水，水凝在叶上，叶却枯了，因而这么唤吧！

2003 年 10 月 9 日 · 农历九月十四 · 星期四

今年的寒露脚步好快！

步入十月就把寒意撒满了北方。一日下雨，二日下雨，三日稍歇，四日又滴滴答答。不光落雨，温度也降了，人们都穿上了薄羊毛衫，见面都说：天凉了。

天凉了，此时离寒露还有几日。温暖也不甘这么快就丧失了自己的领地，因而又反击了。于是，五日转晴，六日亮晴，天又暖了，人们只好脱下薄羊毛衫，又穿上秋衣。

不过，只待了一天，晴日有了薄云，天不那么亮了，竟然又滴落起了小雨。寒露就这么来了。

寒露似乎还嫌天不寒，夜里雨下大了，大得天亮了仍然不止，从电视上看，还要下好几天哩！

天要凉了，寒露也要名副其实了。次日记之。

2004 年 10 月 8 日 · 农历八月二十五 · 星期五

早上可穿羊毛衫。

晚间要盖薄棉被。

确有寒意了。

寒意来自那场雨吧！十日前落了场雨，不很大，也淋落了一夜。次日仍阴，令人担忧国庆节时会有雨。国庆节却晴了，晴得万里无云。那日下午同孟伟哉先生去陶寺遗址，崇山近得如在眼前。登上古观象台，凭眺青山，与曾经的土坛对照，毫不费力。由此推测，古人在尧那个年代便开始掌握节令了。在这晴朗的阔野，视际辽远，似乎看到了历史深处。

一连数日，天蓝无云，太阳尽着自己的光热发散。气温有些回升，正午高过了落雨时。然而，日落西山，马上就有寒意袭来。这不是太阳的过失，这是时令的威力。

真感慨在遥远的往昔，先祖就能洞明时令节气。十日傍晚记。

2005年10月8日 · 农历九月初六 · 星期六

寒露是个好日子。

好日子的标志是晴朗。

进入十月以来，阴雨不断。只有五日晴亮了一天，六日又下起了雨。原计划六日和孩子们去龙澍峪，那里自然风光不错，山势很好，又不甚高，不太累就可以爬上去，是锻炼孙辈的好地方。一切都准备好了，却下了雨，无奈只好取消。

七日天晴了，阴沉消失了。八日晴得更亮，天上明净湛蓝，临汾很少见这样的日子。前些天，《法制日报》载文批评临汾，有钱抹脸蛋，没钱治污染，目标直指形象工程某门，切中要害。可惜，舆论监督是无力的。某门的喧闹仍在继续，污染仍在继续，临汾的晴空靠老天。感谢老天的开恩，给了临汾人民一个鲜亮的日子。

在太阳下行走，暖洋洋的心情极好！

可是，毕竟天凉了，夜里睡得生冷，苫了一重被子。十日傍晚走笔。

2006年10月8日 · 农历八月十七 · 星期日

头天的雨从晚上下到了寒露的早晨。起床后推窗一看，细密的雨点仍在有水坑的地方显现，以为雨会一直下着，下得降些温度，给人些寒冷的感觉。然而，九时许停了，到了中午时太阳已经出来了。

天气预报，北方降温，想来也会涉及临汾，因为正是交节的时候，有个变化也符合常情。夜里还刮了点风，窗外的天比前些时明净了好多，可是温度没有降反而升了。

七日最高温度23℃；

八日最高温度24℃；

九日最高温度25℃；

十日最高温度居然到26℃了。

早上出去，未觉凉意，走了数日，身上还暖烘烘的。寒露没有寒意，是气温主宰了它，而不是它主宰了气温。

2007年10月9日 · 农历八月二十九 · 星期二

盖着薄棉被享受着秋日的夜晚，一连好些天睡得都很惬意。昨晚又在薄棉被中进入了这样的惬意。

然而，却被冷醒了。不得不加盖一条毛巾被，方又进入先前的惬意。

早上起床掀了昨天的日历，看到了寒露，而且是在半夜零时，莫非就是冷醒的那一刻？或许。

这个寒露颇有特色。即使没有半夜之寒，也与众不同。不同在下雨，屈指算来接连阴雨已快半个月了。若不是中间去了一趟北京，这半个月连太阳的颜面也看不到了。雨时下时停，不紧不慢，下了一阵又一阵，下了一天又一天，就是云不散，天不开，好像个慢性子的人由着自己的脾气放任时日。

秋庄稼早熟了，不收，会发芽，农人在雨中收获。

小麦该种了，但是地泥，无法种。昨日因陕有信母亲病故去了翟村，问及地里的事，不少田还没种哩！

城时的雨，只是雨，村里的雨却是困难，甚至灾害。

2008 年 10 月 8 日 · 农历九月初十 · 星期三

寒露不是从今日来临的，秋分之后连着下了几天雨，气温骤降，在屋里凉凉的，添了衣服，一早一晚在外头也凉飕飕的。次子乔梁在北京有了新宅，约我们去看，借着国庆长假出行。行前担心寒凉，没想到抵京后天晴了，暖乎乎的。爬香山时，大太阳照着，还烈烈的。可是，四日回返时降了雨，又凉了。

七日又是一场雨，凉了又进了一步。今日雨停，日头间隙露面，提升了些湿度。寒露逼近也是很难的。

六日出了件怪事，是难以防范的，东羊后土庙文物失盗被曝光，谁也没料到。领导们的精力放在矿上了，先防煤矿，又防铁矿，那里的漏洞还没堵上，文物的漏洞出来了。防不胜防，看来，防范是难以干好工作的，也难不出漏洞，关键是要有会工作的干部，负责的干部去真正谋事、干事，否则还会焦头烂额。

人应该向自然学习，寒露挺进得很难，但步步进逼，是忠于职守的。

2009 年 10 月 8 日 · 农历八月二十 · 星期四

连续晴朗了多日，气温回升了。先前，晚上盖一个夏被还需要苫件薄被，后来却苫不住了，热得掀了。在晴朗和温热里迎来了中秋节，夜里出去行走，看着高天亮亮的圆月，有一种说不出的亲切。

秋收来临了，走出城市，村里到处辛忙。晴和的日子便于收，便于种，天遂人愿。

渐渐寒露近了，以为这个寒露会暖和，名不副实。但是，晴了多日的高天似乎累了，似乎撑不住了，稍一放松，阴云就覆盖了晴空；而且下了雨，雨不算大，却下了整整一天，夜晚还沉沉地阴着。

寒露就在这阴沉中来临了。明日步步开学，张静和他要去太原，下雨自然不好走，未免忧忧的。可是，阴阴的天居然放晴了，云散了，太阳出来了。下午一时半他们出发，四时就听到步步在电话里报平安，到了。

乔梁在临汾的工作告一段落，也要去太原了。他们一家团聚了，是好事，可是，两个儿子都到了外地，心里犹如节令，也凉凉的。次日上午撰写。

2010年10月8日 · 农历九月初一 · 星期五

晚上看气象预报，说今天是寒露，说寒露由凉转寒。

我却没感到。

至少进入十月就没有寒的意思。九月底下了一场雨，天就凉凉的，夜里该称寒了。寒得夏被上又苫了一层被罩，晚上才暖烘烘的睡了。否则，就寒寒地蜷缩着。似乎日子就要这么寒下去，然而，云散了，天开了，太阳出来了，从十月一日亮照到今日。国庆长假难得这样的好日子。

在好日子里出行很惬意，二日同父母去了尧陵，三日带乔梁、乔怡、步步、速速上了云丘山，四日同乔梁全家人去了永和，五日又将从太原回来的宁志荣好友送回了万荣县，乃至六日才松了口气。不过，每次出行都很快乐，说松口气儿也就不那么准确了。

父亲有点小咳，今日陪他去医院化验，做B超，是炎症，没大病。他轻松，我放心。这让大寒更没了寒意，记笔记时已近子时，心热乎乎的。

2011年10月8日 · 农历九月十二 · 星期六

寒露是今年气温的分水岭。

十月一日气温下降到比寒露还冷的程度。乔梁去太原安新家，父母、小平同我一起去暖房，白天暖阳高照，温暖可人。夜里却凉了，盖了棉被添了一个毛巾被方才不冷。第二日天气阴沉，有小雨，在屋里凉沁沁的，只好再穿一身秋衣。这就穿上两重秋衣了。

原以为是太原气温低，没想到三日上午回到临汾，穿这样的衣服也不觉得热，四日早晨又有小雨，当然更热不起来。五日气温上升，六日最高温度达到26℃，便脱去了增加的秋衣。七日气温继续升高。

寒露这天就不同了。白天气温高，中午和晚上在宾馆吃饭有点热，还开空调。晚九时许回到家中，不一时就听见窗外响动，借着灯光看时，下雨了。

次日一早，坐在桌前写这些文字，明显觉得天凉了。

2012 年 10 月 8 日 · 农历八月二十三 · 星期一

白天对寒露的印象不深。尤其是前几天，天很晴朗。今年国庆节长假为八天，其中两天多云，下过一阵暴雨，次日即放晴了。中秋节前三天，与山西省作家协会副主席张锐锋带领二十名作家上云丘山。天晴得透亮，是我来往云丘山感受最好的一次，满目苍绿，间或有一片红叶，使绿色更为珍贵可爱。九月三十日，即中秋节头天下午回到家，乔梁一家也回来了。天气一连数日都继续着晴朗，使这个节日过得分外开心。

过了国庆节，开始为《关汉卿》书稿列提纲，思绪飞旋，伏案敲击，七日晚初步完稿。总体感觉站在了研究关汉卿的高度，有全新的自我认识。这是播种，也是收获。

对寒露的印象是在夜晚。前天睡觉换了凉被，以为比毛毯要厚，夜半却发凉，赶紧找东西往身上苫。始知凉意渐浓，浓出寒露的意味。寒露当天下午走笔。

2013年10月8日 · 农历九月初四 · 星期二

寒露不寒，反而热。

热当然是相对而言，说暖和可能更为确切。秋分后凉了几日，秋衣外套都穿在身上了，以为会日渐凉下去。九月二十八日去云丘山，按常情山上要凉，未料次日红叶节开幕式时天气暖洋洋的。之后，气温持续稳定，没有下滑。

进入寒露该下滑了吧？没有，而且还有所上升。这是很少见的。之所以迟迟没有写这则笔记，是想等寒露像模像样，偏偏等来的是有违常情。昨日最高28℃，今日又升至29℃，下午从打字行回家，走出了一身汗。

央视气象预报近日要降温6℃—10℃，不知是否能如期到来？十三日下午回望手记。

2014年10月8日 · 农历九月十五 · 星期三

寒露之寒可能紧随其后，央视预报，近两天北方大面积降温。

降温是以后的事，寒露来得却很平和，没有丝毫的剑拔弩张之势。人生过了花甲，方才感悟到平和的重要，天气平和，万物易生；人生平和，万事相生。

当然，寒露来寒，无可非议，本身就是寒冷的使者。使者来临，告诉人们今冬寒冷从此开始，这是一种客气，一种礼仪，随之再将寒气送来，即使严寒也不为过。这颇有些先礼后兵的意味。如此想来，这节气之妙可见一斑。其实，每一个节气都是一个使者，一种唤醒。或热，或冷，都可以提示人们做好御热防寒的准备。原以为节气只是把握农事的依据，何曾想到对于生活关系更殷。许多很简单的道理，为什么才迟迟醒悟到？九日上午思之。

2015年10月8日 · 农历八月二十六 · 星期四

寒露确实有了寒意，中午在客厅看电视，穿两条秋裤，仍觉发颤。爱人为我找出保暖裤，立即套上暖和了。

寒露这天上午近十一时，下起了雨，雨不算很大，却是预报之外的。昨日看中央电视台的预报，没雨，一早却阴阴的。刚巧今天《客体散文》一书到货，送来时外包装已有雨滴。拿到楼上，又看见天气预报，也没有雨。可是，雨在下，那阵还挺紧。十二时后，雨渐停。午休起来，屋外有了阳光，伏案写此文，抬头可见蓝天。高阔的秋空，就在额前。

秋分时曾想，变凉的天是否还会回暖？还真回暖了两天，在屋外穿短袖衫未尝不可，只是屋里还阴人，非长袖不可。不过，也就是雨天，天稍阴，风稍吹，雨稍下，就把暖日甩到了后方，而且，今天再现了。寒临大地都凝露，露水里的凉意挂在树叶上、草尖上。当日下午谨记。

2016年10月8日 · 农历九月初八 · 星期六

迎接寒露来临的是一场雨，这场雨来得很不容易，好些日子了，没有一场像样的雨，农田出现干旱，小麦难以下种，农谚云，麦收八十三场雨，八月几乎没有能浇湿地皮的雨，不仅农田旱，城里也旱，路边的樱花树叶子几乎枯萎了，悬铃木也干枯了不少叶子。那日来了一股风，干叶飘落，落在地上，沙沙划过，一副凄凉景象。

因而，七日起床，看到下雨，心中甚喜。喜其补上八月的亏空，将干土寄下的种子润透，麦苗也能出好，不影响明年的收成。当然，秋雨也是降凉的使者，会让寒露实至名归。稍稍不满意的是，近午雨停了，过午太阳出来了，天亮蓝亮蓝。不过晚上还是降了温，后悔没有盖薄毛毯，睡得不沉实。

猛一看日历是寒露，太阳一落，屋里生凉，有些寒意，随手记之。

2017 年 10 月 8 日 · 农历八月十九 · 星期日

寒露不是立冬却让人尝到了冬天的滋味。我由此想到了一句话，一个删节了秋天的年份。似乎秋天根本没有站稳脚跟，刚刚还被炎热统辖，忽而一个交接转换，已是冬天了。

寒露这日处于国庆长假的最后一天，我去云丘山。侥幸去时一路未下雨，游览塔尔坡也未下雨。这个长假几乎被雨霸占了，三日下雨，四日下雨，五日老妈过生日没有下雨，七日不仅下雨还打雷。所以，一路西行在阴云下，不下雨就有侥幸之感。但是，下午回返时还是下了雨。

与雨结伴而来的是寒气，不能说是凉气。在电脑前写，脚直发凉，不得不穿上棉拖鞋。晚上睡觉盖被罩儿不行了，盖夏被，盖两层夏被还不行，升级到盖棉被，严冬有暖气时不过如此啊！十一日记之。

2018 年 10 月 8 日 · 农历八月二十九 · 星期一

晴得只能用亮丽来描写。当然临汾的亮丽总是风的作为。风是临汾环保能手，比人有作为。市长被环保部约谈两次了，环保确实是个难题。

寒露确实有点寒的意味。昨日一早下楼，即感到凉凉的，穿少了。约定给老妈去骨科医院检查身体，右膝盖疼，右臂也疼，走路受影响。上午查完还想做个核磁共振，中午在老三削面馆吃饭，饭后天上散乱了一层云，还滴了几点雨。似乎在宣告这日是寒露，宣告范围最广的是央视气象预报，大面积降温，太原的最低温度都跌到了2℃—3℃了。

秋寒来临，换上厚衣服，晚上盖上棉被。人说，春捂秋冻，年龄不允许与时令较劲了。稍凉，鼻子便稀流开了。只好春捂秋也捂，这是顺时应变吧！十九日晨记。

霜降

一九九九—二〇一八

农事往前赶，千万莫迟缓。
霜降是红线，收种两减产。

霜降送来冬信息

又是一次细微的变化，那些寒凉的露水，不再像往日悬挂在草尖尖，叶梢梢，而是涂染出淡白色的薄纱，这就是霜。《月令七十二候集解》中说："九月中，气肃而凝，露结为霜矣。"

霜降，是秋季最后的一个节气。

霜降，是冬天发来的一条信息。

信息里告诉人们，冬天就要来临。霜降只是严寒哈出的一口冷气，仅仅把露水冻结成霜。更冷的还在后头，不再是把水冻结成霜，而是冻结成冰，甚而滴水成冰。

如此看，霜降像是一座桥，一座在《诗经》《楚辞》《唐诗》《宋词》里，落卧了数千载的独木桥。这一头是"鸡声茅店月，人迹板桥霜"，那一头是"地白风色寒，雪花大如手"。真感叹古人的精明，用节气把天地日月的温热凉寒，编排得有条不紊，只要把足迹践行在他们的思路上，就热不着，冻不坏。霜降，早该把预置好的棉衣、棉被从箱子里、柜子里翻捡出来，放在手边，随时准备披上，盖上。

霜降，又是一柱醒目的路标。用自身的微寒，把就要来临的严寒警示给世人。

然而，古往今来有几人能领会霜降冷面孔里那颗滚烫烫的热心。即使学富五车的诗人，往往也误解了霜降，把它以肃杀的寒凉镌刻进诗词里面。刘长卿笔下是人生的低迷，"人烟湖草里，山翠县楼西。霜降鸿声切，秋深客思迷"；白居易笔下是人生的孤独，"霜草苍苍虫切切，村南村北行人绝。独出门前望野田，月明荞麦花如雪"；李白笔下是人生的忧思，"床前明月光，疑是地上霜。举头望明月，低头思故乡"。岑参笔下是人生的凄凉，“家贫禄尚薄，霜降衣仍单。惆怅秋草死，萧条芳岁阑”。低迷、孤独、忧思、凄凉，诸多人生的伤感，都寄予到霜降来写，把霜降打扮成了冷面杀手。这自然有点不公平。

好在大千世界，不乏高人。迷者暂迷误，醒者独醒悟。诗人杜牧就是一位清醒者，独悟者。他的那首《山行》就是醒悟之作、醒世之作：“远上寒山石径斜，白云生处有人家。停车坐爱枫林晚，霜叶红于二月花。”这里的霜降没有肃杀气，没有颓废貌，没有凄凉景，有的是二月花一般的热热烈烈，蓬蓬勃勃。心胸多宽广，天地多博大；情感多热烈，日月多美好！天地万物，尽可入襟怀；天地万物，尽可出襟怀。入时本真模样，出时千差万别。诚如前人所云，仁者见仁，智者见智。凄凉者见凄凉，忧伤者见忧伤，豁达者见豁达，阳光者见阳光。在心地暖阳朗照的杜牧眼里，霜降染红的枫叶比二月花还要浓艳，还要壮观，还要令人亢奋。

杜牧，堪称霜降的千古知音。

何止杜牧，欧阳修也是霜降的千古知音。只是当过枢密副使、参知政事的欧阳修更务实，关注的是平民百姓冷暖。且看他的诗《新营小斋凿地炉辄成五言三十七韵》：“霜降百工休，居者皆入室。墐户畏初寒，开炉代温律。”到了霜降时节，春夏秋三季忙碌的人们该休息了，该老婆孩子热炕头了。那就把门窗整严实，点燃炉火做饭取暖吧！人法地，地法天，天法道，道法自然。欧阳修真乃得道高人，明白霜降是一柱路标，懂得路标上的警示；明白霜降是一座古桥，懂得古桥那头是寒彻昼夜的大雪和冰挂。他没有畏缩不前，也没有懵懂冒进，而是做好充分准备，脚踏实地的过桥。

愚鲁如我者，不能创新，那就紧步欧阳修的后尘吧！

1999年10月24日 · 农历九月十六 · 星期日

日子在平静中延展着温和，阳光新亮，不像是渐近冬日的样子。

然而，今日我的心却悲凄极了。

凌晨随着电话铃而至，我的心立即揪紧了。爷爷昨日犯病，抢救了一天，晚上见好，我方离开。莫非……果然，赶到财神楼家中，爷爷已没有康复的希望了。

一周过去，我翻看历书，才知这一日是：霜降！拔笔记下伤心事。

2000年10月23日 · 农历九月二十六 · 星期一

霜降了，没有见到霜。

天阴了好几天了。有雨，不大，时下，时停。停了也不晴，云乌乌地盖在头上，天色暗暗的。

霜降就这么来了，就这么过去了。

天仍然阴着，仍然有雨。好几年没见过这种样子了，秋雨连绵，正是。今天已是周六了，还没有暗的意思。昨日天气预报明日转晴，或许会的。

城里的日子仍很平淡。村里却弥漫着对雨的怨意。因雨，有的麦子没出好，花花点点的，是雨板结了地皮，地皮封死了麦苗。水稻收割了，没法脱粒，有的出芽了。

也许，刮一场大风，云会散，天会晴。那样，天气也就会骤然冷了。霜也就降下来了。看来，该有霜时没霜也是悲事。

2001年10月23日 · 农历九月初七 · 星期二

好亮豁的日子。

多少天了，晴少阴多，雨缠缠绵绵的，像是个多情的女子。

二十多年前，还是农业学大寨的岁月，大伙在一块干活儿。种麦子少不了要种到霜降以后。那是因为干活的人不出力，活干得太慢。记得有时去瓣棒子，躺在地上头天砍下来的棒子杆上密密实实了一层霜，活像薄雪。手一触，不是凉，而是冷，冷得手疼。这节令种下去的小麦，分蘖少，产量也就高不了。

今年却又种霜降麦了。汾河西岸的田里，泥泥的难干，墒不行，种不下去，延误到了现在。

好在总算有了晴好的天气，气温也不低。次日晨记。

2002年10月23日 · 农历九月十八 · 星期三

天突然冷了，坐在屋里阴阴的，脊背上生寒，穿了背心，仍然抵不住寒意。出屋去，点把火，燃起了锅炉。

今日霜降了！

前数日，天暖暖的。逢人都说好天气。看气象预报，说北方是十多年来最暖的日子。

人们正暖得舒服，天变了，起云了，落雨了。亮晴了一个多月的天气总算有了雨，对刚种下去的麦子是有些好处，便于发芽、出土、生根。没想到的是，雨一停，风来了，寒意来了，天晴寒晴寒的。

霜降不仅带来了霜，还带来了雪。临汾没有落雪，却从电视中看到北京下了小雪。

2003年10月24日 · 农历九月二十九 · 星期五

早就做好了迎接霜降的准备。准备天寒，前十多天，坐在屋里就凉冰冰的，怕父母挨冻，开了空调。五天前又落雨了，心里怯凉。时逢山西省作家协会通知去运城采风，因而穿了厚厚的衣服。十九日到侯马市下着雨，二十日新田故都文化节开幕却亮晴了。

下午往运城走，就有些热。次日在永济登五老峰，天热，身更热。到芮城大禹渡，观黄河，吃全鱼宴，汗渍渍的。疑是运城地势偏南，气温要高。二十三日上午看完关帝庙，下午回到临汾，陪小平逛超市，同样有些热，才知道凉了数日的气温缓和过来了。除了早晚生凉，白天很是温暖宜人。

温暖宜人。

温暖宜人。

连霜降这日也温暖宜人了。对人来说，尤其对饱尝了今年多云天凉的人来说，真是难得的好日子。但是，对霜降来说却徒有虚名。

2004 年 10 月 23 日 · 农历九月初十 · 星期六

昨日在北京，天气亮堂。

今日回到临汾，天阴落雨。

回家看日历：霜降。

问及父亲昨日天气如何？答是阴天，也有雨。

在京都的晴日里奔走，穿两件秋衣热烘烘的，穿着皮鞋脚烘热得难受，那好像不是深秋，抑或是初春。

而临汾则是深秋了，不，应该说是寒秋。穿了件薄羊毛衫，外面套个坎肩，方可坐在屋里写作，不然冷冷的。

在桌前伏了一下午，写了篇关于陶寺的文章，虽没有疲累感，身上总有些凉瑟。晚饭前在院里活动，主要是甩臂，倒霉的肩周炎又复辟了。去年没有复发，今年突然又有了感觉，连忙运动抵御，已有周余日了。一阵活动，浑身暖了。

饭后手机收到短信，明日阴转多云，有雾，气温5℃—13℃。

2005年10月23日 · 农历九月二十一 · 星期日

是霜降来迟了，还是降霜过早了？

霜降这日，早晨的迷雾终于散去，太阳出来了。连日的阴雨过去了，温度也有些上升。我和小平去她机关里选择照片，一路走去身上热烘烘的。这时候感觉不到霜降的意思。

可是，霜降就是这日光临的。

不过，在这之前，已经下霜了。十月十五日，我乘大巴车去长治，赴平顺县参加散文笔会。一路走去，玉茭秆枯了，叶子黄了，满目如此。就在前数日，还是一地的绿叶。浓烈的深秋笼罩着田野。而这时全然不见了，走过一村，又过一村，到处枯黄。

除了寒霜，谁还有这么大的作为？是霜，让我始知，该冷了。

但在平顺的几天，除了早晚还真没有觉得怎么冷。平顺真好，山好，水也好。可惜藏在深闺人不知，遗憾。

十七日离开平顺时，有了雨，下得不紧不慢，虽然不大，总没停歇。下午四时许回到临汾，也是阴雨密布。

一连数日阴雨不止，天气用阴冷迎来了霜降。

2006年10月23日 · 农历九月初二 · 星期一

中午休息头挨枕头，脖子凉凉的。

晚上躺在床上，腿伸到柜上，凉凉的。

这种凉和一个月前的凉有了明显的区别。那时的凉是一种惬意的凉；这天的凉却是让人萎缩的凉。凉的深处隐藏的是痛苦。

哦，霜降了。

一早起来，看到了一个亮晴的天气。好久没有这样的天气了，笼罩临汾的是这样的面目：似阴非阴，似雾非雾，灰尘杂糅在雾中，雾里迷漫阴沉沉的水气，让人感到压抑。见到这一轮新鲜的太阳，让人感到舒展豁朗。

唯一感到不那么的是，为什么这个晴日会晴在霜降？

午后，有了阴云，云渐渐浓了。傍晚时已是十足的阴天了。后来，下起了雨，是晚上了。我在房间看书，没有看见雨滴。但第二天早晨出去，地上湿漉漉的，还有些许水坑。

霜降伴随着秋雨到来了，结伴而来的是寒凉。

2007年10月24日 · 农历九月十四 · 星期三

霜降这么平和的到来是没有想到的。

连续晴朗了一个礼拜，昨日突然阴了，夜里下起了雨。眼看霜降到了，这雨还会马上就停？千万不要像前段又下它半个月，那可就惨了。对人来说，惨在过早的冷，还在十月，就冷得如同十一月初了；对小麦来说，惨得更厉害，下种过迟，没有分蘖，若是再冷，那基本苗数就很难足了。明年的收成自然难好。说来说去，小麦之惨，还是人世之惨。好在天晴了，霜降平和地走来了。

天气的变化管不了，自己的事情能管了，就抓紧吧！

本周以来主要办一件事，为家乡金殿镇写书。这是久有的夙愿，为家乡留一点文字念想，也不枉这方水土对自己的养育。动手后，已集结成了辉煌古都、王侯胜地、方言鉴史和部分村落遗址。现在正撰写另一部分村落稿件。写作也是一种学习和思考，对金殿的历史有了深层次的认识。同时为辉煌的消失有些哀怨。

心情如同面对霜降一样，乐意平和，又难以平和，但无时无刻不在创造平和。

2008年10月23日 · 农历九月二十五 · 星期四

凉了！

凉是头天下午到来的。上午浓云密布，下了一阵很大的雨，雨停了云仍然很浓，似乎要盘踞些日子。然而，风来了，还很大，不多时云就被吹散了，天晴了，凉也就随着西北风来了。

小平回来说凉，儿媳新越进门也说凉。

霜降就在凉意中来了。这日一早，临汾少见的亮晴。去打印改革开放一书，远远看见了鼓楼，鼓楼背后的西山也就在眼前。晴亮、晴凉，是这个霜降的特点。

这个霜降的另一个特点是美国的金融危机。连日读《次贷危机》一书，晚上连续收看相关电视，甚感当今经济局势有点霜降的意味。逐渐理解了次贷危机的成因，可以说是金融创新中催生的。创新本来是件好事，但是唯利是图的创新确实潜在着危机。

在霜降之时冷静头脑，思考中国，乃至世界的事情是有益的。写这则笔记时，电视正在报道北京召开的亚欧领导会议，主题就是应对金融危机。霜降次日谨记。

2009年10月23日 · 农历九月初六 · 星期五

窗外天色渐渐暗了，日子在平稳和暖中又过去了一天。如同昨天一样，丝毫不觉得凉，更没觉得冷，不像是霜降时节。

昨日暖和迷人。坐在桌前校改书稿《笔墨人寰》，阳光透过窗户照在桌上，撒在身上，暖烘烘的，很是惬意。虽然不是冬日，可肢体对阳光已经有了热恋的意思，很乐意照着，久久的照着，照得从里到外都烘烘的热火。

热火的不只是肢体，还有心思和意趣。阅改这本书稿，实际是检阅人生六十年、笔耕三十年的成果。时常有些侥幸，侥幸当时没有偷懒，没有放过自我的感觉，让那感觉流泻到笔端，鲜活的保存了下来。如果是现今回忆，即使事件能想起来，感觉却大不一样。

霜降的感受是温润的。

这一个霜降还结识了新朋友，乡宁是开发云丘山的老板张连水，晚上在红楼宾馆小叙，请我策划旅游，研究文化。次日傍晚书写。

2010年10月23日 · 农历九月十六 · 星期六

对于游览的人来说，霜降是个好日子。

今天上舜王坪。去舜王坪是因为《尧文化研究》杂志要出一期翼城县的专号，带领九个人前往考察。第一个地方就在这里，路虽然好走了，但是距离甚远，从临汾赶到时已近十二时，在山头吃干粮，风大，且冷，忽然醒悟今天是霜降。

舜王坪早就霜降了，遍地野草早枯萎了，荒落成了一种凄美。唯有蒲公英依然蓬勃，偶尔就从枯草中亮出一朵黄花。在灿灿的阳光下，亮得格外招眼。

站在山头往下看，群山匍匐，连绵重叠，或尖或圆，皆在舜王坪下低矮着。看来，即使先前虞舜没有来舜王坪，舜王坪也是人们对他的真情崇拜。因为，他孝感天地，应该拥有接受群山朝拜的平台。

天蓝云白，不时白云就有变化。时而是一条龙，时而像是一只鸡，就有人指着喊：中国地图。

大家在晴日里享受亮阳，却没有料到次日就会下雨。

时光真快，一阵忙碌，已到了十月的最后一天，匆匆追记。

2011年10月24日 · 农历九月二十八 · 星期一

今年的霜降是感觉到的。

四天前出去散步，突然觉得右腿关节有些微疼，走路难以平稳。昨日行走还是这样。夜里开了电垫加热，今晨感到好些。

今天为黎城黄崖洞景区写文章，没有顾上出去。上午小平带小宇去早教，回来说外头凉了；下午丁丁下班回来，进门也说外头凉了。我也有感觉，坐在屋里尽管穿上了棉拖鞋，还是发凉，脚弯及脚都凉兮兮的。就想到俗语：节令不饶人。

晚上打开电视机，天气预报时屏幕上出现了两个字：霜降。

霜降不再是节气，而是气温。气温虽然不是骤降，但明显比前数日低了。这是渐变，渐变本来感觉不应明显，却还是有所察觉。

当日记下，霜降是感觉到的。

2012 年 10 月 23 日 · 农历九月初九 · 星期二

霜降似乎不是今日来的，而是昨晚就到的。昨晚在电脑前写作，突然有了冷的感觉，找出薄羊毛裤套上了。今日才知道霜降来临了。

今年的霜降和重阳节重合了，和老年节也重合了。上午同小平、新越、小宇一起去财神楼，同父母共进午餐，也是热热闹闹过节。午后，望罔弟弟来家里，说了父母的情况。二位老人都八十六岁以上了，前些时都患了脑梗，出院后弟兄两个各管一人。让老人分居了，望罔弟弟想重新让老人住在一起，让我和望罔商量。

不论商量的结果如何，我心里都不好受，就像是寒霜陡降。人家万年还要为丧偶的父母找个伴，这儿却要扯散父母，与心何忍？霜降夜记之。

2013 年 10 月 23 日 · 农历九月十九 · 星期三

晴朗的日子在延续，延续进了霜降还在延续，今日仍然艳丽高照，没有凉意。央视气象预报要降温，昨日有风，寒流却没有随风而至，气温算是平稳。

平稳不等于没有变化，变化最明显的是夜间温度降低。数日前晚上盖薄毛毯睡觉，前天盖上了厚毛毯，还不觉暖和，干脆又苫上一层被罩。

感冒了，上周陪同涝洰河治理的外国专家考察，连续四日没能午休，早出晚归，疲惫不堪。一放松感冒流涕，且加咳嗽。赶紧放缓节奏，但已迟了，只得采用老办法喝阿莫西林。还好，连服两天见效，今日见轻。

一早去打字行排《临汾史诗》，晚上发行归来，还走的浑身热乎乎。次日夜记。

2014 年 10 月 23 日 · 农历九月三十 · 星期四

一个平常的节气，气温没有突然变化，没有去野外，也就没有看见有没有霜。雾霾却看见了，这个时节的自然产品如期到来。不过，早先只是雾，很少见霾，而今霾与雾总是如影随形。其实，即使没有雾，霾也悠闲地飘在空中，只是没有雾的笼罩，密度相对小些。

连续两三个早晨，不知是晴天，还是阴天，十时以后，太阳渐高。雾气消散，才知道是个晴天。

环境质量能差到这种地步，是始料不及的。侥幸的是，现在比一九九七年前后减轻了不少，空气比那时好多了。只是久违的白云，尤其是成团的，有立体感的白云还看不见。表达自己的心情，借用段协平兄的一句话最确切：渴望蓝天有白云。记于二十七日晨。

2015 年 10 月 24 日 · 农历九月十二 · 星期六

霜降看不到霜降，却降了一场雨。雨起初不大，到了下午渐渐变大，而且下了一夜。第二天劲头不减，从早上下到了接近傍晚。随着雨声，还有风声，风是西北风，自然气温骤降，坐在屋里也禁不住增添衣服，赶紧穿上了羊毛衫。夜里更凉了，昨晚盖了一条薄毛毯，两层夏被，仍凉。脚凉、腿凉，凉得搓热了才睡着。

与气候形成反差的是尧文化突然升温。从十六日省委王书记来临汾起，尧文化成为市委、市政府领导的热门话。连续开了几个会议，并要我起草上报，还要在一个月内出版《帝尧史话》一书，近日忙此事。昨日将书稿版样交领导，下午黄部长回话，罗书记满意。落笔写此文时，阳光照在案几，明丽、温润，外边儿呢？今天（二十七日）应该升温了吧！

2016年10月23日 · 农历九月二十三 · 星期日

头天夜里九时，从罗布泊采风回到临汾。下车时细雨蒙蒙，丁丁开车来接，说要下一周，还真如他所言，这一周几乎没见一天很亮的太阳，不下雨就算不错了。

若用这样的标准衡量，霜降是个好日子，阴而无雨。这日去西门外的秦汉胡同讲读书，没有下雨，出入方便。可是次日就下了，而且下得很不小。连老妈那边也没去，将202房间的大件儿东西和图书搬到了201，以后住这边了。

不只是阴雨，气温连着下降，先盖毛毯，晚上加一层，再加一层，还冷。干脆盖上厚被子，也不暖和，还少不了要苫一层，连热宝也找出来用了。给老妈将电暖器搬到家里，关照她用上，晚上将电褥子也用上，千万不要图省电，不使用每年供暖前都会冷几天，今年冷得长，冷得厉害。二十八日追记。

2017年10月23日 · 农历九月初四 · 星期一

霜降如期而至，却感到姗姗来迟。

所以感到姗姗来迟，是早已尝到冬天的滋味。早已尝到冬天的滋味，那霜降只能跟在寒流后面，亦步亦趋。不是霜降失职，而是寒冷过急，过急，相煎何太急。

原以为过早的泛凉只是暂时的，还会回暖，然而，非但没有回暖，还加快加深冷意。只因为秋雨一场接一场，每场都带着寒凉。所幸天晴了，这是第三天，可是太阳已没有先前的威力，收拾旧山河谈何容易。

今天为尧陵祭祀大殿二十四节气大柱配诗，自然少不了要写霜降，不妨摘录于此：农事往前赶，千万莫迟缓。霜降是红线，收种两减产。

2018年10月23日 · 农历九月十五 · 星期二

央视气象预报的云图上出现了下雨的颜色，虽然不深，不是大雨，也是降温的前兆。预报变现实那这个霜降真会降霜。

然而没有，非但没有下雨，而且天气晴亮，非但二十三日天气晴亮，而且二十四日依然天气晴亮。

更需要晴亮的是办红白事的，今天回金殿上礼，内弟建文的孙女周岁生日，很为天气好而欣喜。在门前的路上摆桌设席，要是下雨诸多不便。然而，对小麦生长未必是好事，自从进入农历九月不见落雨，连日太阳高照，水分蒸发太多，需要补充了。

不过，虽然没有雨水催促气温陡降，天气还是日冷一日，尤其是夜晚，盖上棉被苫上夏被还凉，热水袋也派上用场。二十四日夜记。

立冬

一九九九—二〇一八

田里拔萝卜，窖中藏红薯。
储好大白菜，热炕享幸福。

立冬寒比昨宵多

聪明的读者一眼就会看出，立冬寒比昨宵多这个题目是由“今宵寒较昨宵多”化用来的。是这样，此句出自明朝王稚登的《立冬》诗。原诗是：“秋风吹尽旧庭柯，黄叶丹枫客里过。一点禅灯半轮月，今宵寒较昨宵多。”

毫无疑问，立冬标志着一年当中寒冷时节正式来临。《月令七十二候集解》说：“冬，终也，万物收藏也。”这是农耕时代的节令写照，忙碌的春种、夏耘、秋收都已过去，入冬该是农家的长假了。俗话说，三十亩地一头牛，老婆孩子热炕头。这是对农家一年光景的简练概括，扬鞭催牛耕作三十亩地的辛勤季候已经过去，立冬后该享受老婆孩子热炕头了。如此一想，忽然豁亮，冬日算是农人一年最幸福的时光。

阅读《礼记·月令》，看到立冬在古代是个很隆重的时令。提前三天，太史谒见天子，奏告立冬将至。天子闻言，立即斋戒。到了立冬这日，亲自率领三公九卿大夫，前往北郊迎接冬天。曾经很不理解，为何要以这么隆重的仪式迎接寒冷日子的到来？在童年的记忆里，冬天是一年当中最不能尽兴的日子，没有花卉铺地，没有凤蝶嬉戏，有的只是呼呼号叫的西北风。偶尔风声停歇，温瑞的阳光胜过最好的美食。举行盛大仪式欢迎这么一个让人忧烦的节气，实在不可思议。随着年龄的增长，回味往日，方才明白“田家少闲月”，冬天是唯一可以休养生息的季节，是可以放松肢体，放松心情的难得日子。

当然，立冬仅仅是冬天的开始，刚刚迈进寒冷的门槛，往后的三个月将会和风雪冰凌相伴。如何应对严寒，恰是立冬的主题。古代天子出城迎接立冬，仅是仪式的开端。回到宫中，还有重要的事情要做，那就是赏赐冬衣，抚恤鳏寡孤独。这才是关乎到冬天能不能幸福的紧要事体。准备充分了，衣食丰裕，炉火熊熊，屋里温暖如春，屋外越是冷厉，越能体会到冬天的美好滋味。反之，缺衣少食，无炭取暖，那种“天寒白屋贫”的滋味绝不好受。

如此，再回味《月令七十二候集解》“万物收藏”，就会领悟收藏才是立冬最紧要的事情。藏好粮食，不仅要保证冬天绰绰有余，还要保证开春顿顿饱食。藏好蔬菜，寒凝大地，百草凋零，青菜绝迹，仅靠米面填充肚子不行，还要调理舌尖上的味道，那就要储存萝卜、白菜。还要腌菜，腌咸菜、腌酸菜、腌芥菜……多种滋味都会在勤快的劳作中存酵起来，芳香出来。自然，最不可忽略的还是预置煤炭，光靠柴火取暖不行，不经烧，这边点燃，那边化作灰烬，根本无法抵御窗外铺天盖地的酷寒。唯有烧红一炉煤炭，久久燃烧，慢慢散温，屋里才会暖和，才会有祖祖辈辈渴望的热炕头。

由是思之，看一个家庭好不好，冬天最能鉴别。

由是思之，看一个社会好不好，冬天最能鉴别。

随着农耕时代的渐行渐远，这一切都在成为往事。如今基本的温饱需求，不再是难题。反季节种植的蔬菜，使每一个工棚都在萌发新绿。今日工棚的新绿，明日就会成为餐桌上的新绿。收藏不再是每一家、每一户的主旋律，商品经济让千家万户的需求，成为几家忙碌和赚钱的商机。时光还在轮回，往事不复重现，和立冬有关的民生、民情、民俗都滞留在昨日。唯有回望，还可以给我的生活增加一点物质以外的诗意。只要牢记立冬寒比昨宵多，不要与自然较劲，不要与自然抗礼，不要狂妄到无视严寒的地步，该添衣就添衣，该取暖就取暖，便不会遭受酷寒的肆虐，便能够享受冬天赐予人世的快乐。

1999年11月8日 · 农历十月初一 · 星期一

如果不是翻看日历，自然不会知道这日立冬。

天气太和蔼了，像是一位慈祥的老人；天气太妩媚了，像是光临的早春。大太阳早早就亮堂在高空了，天上无云，云不知都哪里聚会去了，似乎是萌动了凑热闹的春心，都走了，走得那么干净。风也不见，也去了，是否挽着云同去的？弄不清楚，只知道，风是喜欢撩逗云的，有时把云搂得紧紧的，有时把云撕的散散的，好像云是多姿的舞女，风是多情的少男。这少男总是和少女拉拉扯扯个没完。似乎就是在这拉扯中、缠绵中，晕得忘乎所以，不知道立冬将至，风是应该带着寒意肆虐一气的。

有一日，风忽然清醒了，带着冷厉来了。不过，已是立冬后好几日了。无论如何，立冬是不冷，是个难得的好日子。

11月16日夜补记，主办祭尧大典忙得忘了。

2000年11月7日 · 农历十月十二 · 星期二

冬天的经典作品是雪。

雪是冬天的妙笔生花。

不是每个冬天都会有雪。有时候，雪让人望眼欲穿，苦等苦盼，就是等不来雪的一星半瓣。

今年可好！今日立冬，天气就沉沉的阴冷。到了午后，有了零星的雨。雨一落，天更冷了，雨也就成了雪。雪零零星星落着，谁也没指望会下成个样子。

赶天黑的时候，雪突然来劲了。那个气势，活像三九严寒中的暴雪，大团大团落着。走出院来，借着路灯看雪，雪是橘红的，光闪闪的飞舞。

次日下午到了尧庙，雪仍覆在屋上，洁美洁美的。

2001年11月7日 · 农历九月二十二 · 星期三

亮亮的天气突然就暗了，灰灰的阴着，还有丝丝的雨。就纳闷，为啥变得这么快？

撕下一张日历，清楚了，明日立冬呀！

不只立冬，每交一次节，天气都有些变动，似乎是个规律。立冬是天寒的标志，阴阴雨雨，也属常理。

次日早晨，天仍暗着，像是一位威严的老人板着面孔。随时可能从那沉沉的厉色中抖下些寒瑟来。在这样的颜面下，不免有些拘谨，有些萎缩，好像就等着雨或雪，等着那厉色的寒瑟早些抖落。

然而，也怪，到中午时分，云淡了，天亮了，亮着亮着，阳光就铺在了地上，遍地鲜亮亮的了。顿时，心里暖了，浑身也就暖暖的。

立冬不冷，冬天冷不冷？

2002年11月7日 · 农历十月初三 · 星期四

立冬，来得体面、光彩。

风吹着，不冷厉，柔柔的，却也擦净了高天。天蓝着，蓝得亮晃晃的。阳光好胜新鲜，鲜得灿灿的。

前数日，天寒了，冷已让人体味出来了。气象先生在电视上评价，这是五十年来同期气温最低的年份。过了几日，又过了几日，高阳不懈地晒着，南风也来助兴，只管吹着，虽然不大，却也不歇气地吹着。吹着，晒着，天渐渐变了，变成了晴暖的模样。

立冬就这么被风光体面地迎来了。可是，忘乎所以的立冬迷失了自己的职责。

又补：母亲说，立冬定果木。立冬天气好，明年果子收成好。

2003年11月8日 · 农历十月十五日 · 星期六

立冬要是个人，准是个狡诈鬼。

谁都以为，今年的立冬有名有实。离立冬还有两日，天阴了，雨落了，温度降了，雨落成了雪。北京大雪，天津大雪，从电视显示的卫星云图看，北京要漫天皆白了。立冬在这雪花纷飞中来到，当然是最恰当的。

然而，一早醒来，昨日的阴云不见了，天空少有的明净，太阳少有的鲜亮。立冬，用亮晴的喜色和世人见面。人们心里也就暖融融的。天晴到了暗夜，人们暖融融入眠了。梦里也是暖的，暖暖梦见这是一个迷人的冬天。

孰料，一觉醒来，屋外灰暗。天是明了，明得却不亮堂。穿衣出屋，灰蒙蒙的空中飘开了小雪花。

立冬真狡猾，笑脸迎来人们，转眼就换了副冷颜。

2004年11月7日 · 农历九月二十五 · 星期日

北国一立冬有了冬日的意思。昨天和家里通电话，已开始烧锅炉了。按照规定，应是十一月十五日送暖气，而现在屋里已阴冷阴冷的，不烧火已坐不住了。

十月二十七日一早离家，经南京到福州，中间去了武夷山三日，返榕后来到厦门。南国仍暖，穿一件秋衣还有些热。草木茂绿，到处有盛开的花朵，哪里有冬天的样子。

八日到了深圳，天气更暖，穿一条单裤，着一件汗衫，出去上路，走得汗烘烘的。穿皮鞋脚焐得难受，不似春日，像是初夏。鲁迅文学院的同学杨世芳热情招待，饭菜可口，谈吐和谐，谈话间才知道昨日立冬了。她和丈夫十年前下深圳，已经站住脚了。

十日晚乘车北归，上车时，穿着汗衫仍走得浑身淌汗，坐稳后即找水冲洗，以求凉爽。十二日凌晨四时返回临汾，穿了羊毛裤，着了两件体恤，外套一件坎肩，出站时仍有些寒瑟。好冷！

季节是相同的，温度却大不相同，南北差异真大。

2005年11月7日 · 农历十月初六 · 星期一

一点也没有冬天的架势。

这就是今年的立冬留给我的印象。按说，今年的寒霜来得不迟，我以为寒冷也就会接踵而至。谁知，近日转暖，最高温度仍然持续在15℃—18℃之间，最低温度一次也没到了零下。往年，西北风一刮，就冷得人难受，虽然还有半个月才到生火取暖的日子，许多机关已送上了暖气。今年却怪了，已是立冬时节，仍然温温的。

我想起了一句老话：雷震百日暖。莫非正是如此？记得中秋节后我去北戴河，临上车时忽然听到了沉闷的雷声。在远天，像是什么地方放炮炸石，仔细听却是雷声。当时我的心头就闪出了这句老话，但没有怎么经意。今日，回味近来的天气，咀嚼这句老话，觉得这是经验之谈，千万不要忽略。

从响雷到百日结束，还有一个多月的日子，下一步怎么样？我将拭目以待。

2006年11月7日 · 农历九月十七日 · 星期二

一场风给了临汾一个特别明净的日子。这是进入十月以来，临汾最好的日子，好多天灰暗、阴霾的空气让人憋闷得难熬，直怨叹临汾这鬼地方快不适宜人类居住了。因而，见了洁朗的天日，就让人想为之唱赞歌，而且是发自肺腑的。

风不光带来了明净，还降了温。走在外边是有些凉，手不自觉就插进了裤兜。睡至深夜也有些凉，苫了一床夏被温乎了，一连数天再也离不开了。

冬天就在这时候到来了。

来得还真有点冬天的意味。

不过，秋日似乎并不甘这么离去，仍然怀恋着往昔。天气在立冬之后，又有些转暖。最高气温由15℃至19℃，今天居然要达20℃了。

在这换季的当口，人易出病，女儿乔怡尿结石发作，疼痛难忍。市医院以为是阑尾炎也同时并发，住下观察。可是人疼得何能忍耐？长子乔桥带着去了太原，排除后者，很快碎石，不疼了。次子桥梁在太原接应，一切顺利。次日即回来了，多亏人多，凑手，一点也没耽搁。

冬天留给了我新的记忆。

2007年11月8日 · 农历九月二十九 · 星期四

立冬来得比较平稳温和，却也感到了冬天的滋味。

前数日就已感到，在屋里写字手是凉的。晚上坐久了腿是凉的，凉得有些难受。最大的难受是晚上睡觉，盖上厚棉被仍然凉，睡了好一会儿还是凉的。有几个夜晚天快亮了才温和些。只好将喜来健的床垫铺上插电取暖，这才睡得酣沉。

此时想起，村里新居建起，父母要盘土炕。我觉得不卫生，没有睡床干净，行动迟缓。现在想来很是后悔，到自己进入老年，方懂得身体火力下降，睡暖炕舒服。理解老人需要时间，等到明白了父母那时的苦衷，却为时已晚。始知孝顺，顺从为孝。

冬日给我警示，让我清醒，孝顺从此开始，九日反思铭记。

2008年11月7日 · 农历十月初十 · 星期五

如果不是有这张日历标示，实在不知道已是冬日。

前几天曾有些凉，尤其是夜晚，盖薄被不行了，换了厚棉被。但这夜又有些热燥的感觉。早晨或下午，屋里有些凉寒，但只要走到外头，红红的太阳当顶一照，即暖烘烘的。经常到了这个时节，父亲躲在屋里不出了，今年还可以走动。前天回了趟村里，贾兴业去世了，父亲去祭祀。今日，老姨过八十大寿，我们又相随去了，在东港湾生态园进餐，里头还有些热呢！时令的变幻，令人摸不着。

四日，有一件应留在史册的事情，海协会和海基金在台湾签订协议，标志着两岸正式实现三通。改革开放三十年，两岸关系的进程伴随了三十年，可以说这一协议是几代人不懈奋斗的成果。二〇〇二年，我自台湾回来，即完成了书稿《抚摸台湾》，书虽然没有出版，但是曾在《山西晚报》和《太原日报》连载，也算为祖国统一做了贡献。

初冬不冷，心情很好，抓紧在电脑上修改长篇小说《苍黄尧天》。

2009 年 11 月 7 日 · 农历九月二十一 · 星期六

冬天来得很平缓，但是也感觉到了。

最先感觉到是在云丘山中。四日去的，白天登山没有感觉，夜里却寒多了，在桌前看书稿，冻得手疼。只好上床盖了被子去看，晚上睡觉冻得不敢脱衣服，鼻子露在外面，吸进的气太凉，要咳嗽，只好用被子蒙住鼻尖。

次日上山，在一座洞前看到了冰。说是前两天降温结下的，这两天转暖从崖尖山掉下来。冬天光临了大山深处。

六日回到家里，没有那么寒冷，但还是感到较前冷了。前数日盖的被子有些热，尤其是后半夜。现在一点儿也不热了，冬阳依旧，白日依旧，夜晚却悄悄降温了。

去财神楼看父母亲，发现那边要比三元新村凉些。父亲有些发烧，母亲安排输液了。中午时分，让丁丁拉来电暖器，提升一下二老的室内温度。千万别冻着他们。十一日晨补记。

2010年11月7日 · 农历十月初二 · 星期日

今年的立冬掷地有声。

哗哗的落叶宣告着立冬的到来。昨天下午，有些阴，就想该不会像去年那样一入冬就来一场大雪吧？没有，自然是个比任何艺术家都成熟的艺术家，绝不会重复过去的作品。立冬换了一个形式，刮了一场风，一场不算很大的风。住在楼房根本没有听到晚上有什么响动，只是早晨醒来看到了满地的落叶。不仅是悬铃木落叶了，而且小小的柳叶也落了不少，显然是风用力摇晃的结果。

立冬便在这落叶声中来临了！

一早去打印行，文集编选今日最后定稿，刻了盘让乔梁带到太原去。出门一看，天蓝亮蓝亮，但不算冷，远远的天边飘着白云。白云前面是鼓楼。往昔暗淡的鼓楼今日亮堂得可爱，后悔没有带相机，拍下这立冬的风景。立冬当日手记。

2011年11月8日 · 农历十月十三 · 星期二

立冬这日天气好的超出想象，一早新亮的太阳就露出了脸，让人心里亮堂得比太阳还要亮堂。

二日同云丘山的诸位去南方考察，去时天气阴沉，落地就下着雨。上海下雨，乌镇下雨，到了杭州还是下雨，雨一直下到无锡。所幸五日从上海登机时天晴了，可是降落在运城又阴沉沉的。六日阴到傍晚下开了，七日下了一整天，晚上持续着白天的事业，不知要进行到何年何月？

然而，今日天晴了。晴日常见，而这样突兀的晴日不常见，阳光也就鲜美的可爱。天晴了，就温暖了。今天临汾市三晋文化研究会换届，人员交替，午间吃饭还有些闷热。

下午先去尧王台拍片，后去龙山寺拜访常修师傅，并共进晚餐。从饭店出来，有丝丝凉风，觉得明日该冷了。应该，今天立冬了嘛！

2012年11月7日 · 农历九月二十四 · 星期二

立冬天气不算太冷，但是晚上也很凉了，盖上了羊绒被，还苫了个毛巾被。坐在屋里很凉，脚尤其凉得厉害。这样的温度，在村里早就回屋做饭，暖气融融，而在城里竟受着寒凉。头几日父亲就感冒咳嗽，抓紧输液开始好些。寒凉又来了，北风吼叫，落叶满地，温度骤然下降，不敢再让他出屋，只好请医生来家里输液。就想，年纪长得老者难以对付这时的气温，若是灵活些，早点送暖气多好？

七日下午同乔梁去太原，八日他和几位朋友合开的元泉书画茶社开张，签名赠书，并且讲话祝贺。十日乔梁驾车去河北省安国市伍仁村寻访关汉卿墓地，返回时住邯郸。十日邯郸降雨，撑着伞游过丛台返回。路上雨时大时小，潞安段飘小雪化，至晋城阴转多云，继而阳光灿烂。下午四时半到家书写。

2013年11月7日 · 农历十月初五 · 星期四

想等到气温骤降，有个冬天的威严厉势，却一直没有等到。今天只好动笔了。

七日是个响晴的日子。天蓝如洗，日头亮得如新造的，刚出炉一般。当然气温也就没有明显变化，似乎仍在深秋。秋天极不情愿结束自己的统治，也就没把手中的玉玺交给冬季。冬季无奈，只好耐心地等待大权到手。不过，这几日它也没有闲着，时不时也想搅出点自己的个色。天淡淡的阴过，但还没有落下雨点，就被风吹散，又是一个晴朗的日子。这是十一日，我去龙山寺见常修师傅遗憾没带相机。九日尧都区宣传部、文联举办《苍黄尧天》发行式，热热闹闹不少人，算是当地有了点反映。冬天的我，在热火里开了头，就这么进行下去吧！十三日晨记。

2014年11月7日 · 农历闰九月十五 · 星期五

冬天的意味是有了，不在立冬这日，而在头几日就品尝到了。

六日从南宁飞运城。在南宁还可以穿一件衣服，而到了运城一下飞机，凛冽的风揭开衣服往怀里钻，立即尝到了冬天的厉害。晚上睡觉还是有些麻痹大意，明明知道冷，只在被子上苫了毛毯。睡下后好久双腿、双脚冰凉，被子里丝毫没有暖意。发凉，也是睡不着。好不容易睡着了，直到天亮都没温暖的感觉，睡得很不舒服。次日晚上再不敢大意，用热宝先暖被子，而后又泡了脚，躺下就很暖和，很快入梦。及至天亮，仍是暖和的。

入冬这日，还飘洒了几滴雨。不大，地皮只是有些湿。午间即停，午后还有微弱的阳光。次日的阳光好于昨日午后，站在阳光下暖融融的。但是，到了夜晚仍发寒。从财神楼走回来，脚也生凉，赶紧用热宝暖上。

2015年11月8日 · 农历九月二十七 · 星期日

今日没有下雨，却阴了一整天。昨天、前天都下雨，因而气温已像个冬天的样子。更像的是临汾以北，太原、北京都降了雪，还在泛绿的树冠上压着一层白雪，电视里透出的画面很美。每年此时，都有早雪降临的地方，临汾也有刚入十一月就降雪的现象。降雪几乎就是降温的代名词，夜里我盖着棉被，还要苫上薄棉毯，不够厚，双叠两层压上去，才觉得温暖。这样的气温，送点暖气多好，然而，没有，要送还需一周，不知这规矩何时所定，为何不能稍做变更，提前一些，哪怕一周也好。

近来连续校对书稿，编完李琳要为我出版的《只取千灯一盏灯》书稿，又校北岳文艺出版社要出的《关汉卿传》。又接电话，《三晋史话·临汾卷》也得校改。明日又要去永和县策划旅游，事情让初冬变得充实而忙碌。

2016 年 11 月 7 日 · 农历十月初八 · 星期一

阴了一天，气温如常，没有下降，还算温和。次日早上起床，地皮是湿的，才知道下了点儿小雨。

去看日历，才知道这天立冬，而且已进冬日，时间是早上七点四十。

立冬来的不凌厉，悄悄地不动声色来临了。然后，又悄悄地向纵深扩展。刮了不大的风，扫落了一些树叶，并没有给人惊觉性的提示。可是晚上睡觉冷多了，盖了棉被，苫了一层厚被，还有一个双层床单，仍然凉凉的。只好塞进一个暖水袋，靠那点儿温热进入睡眠。

岂止是睡觉冷，坐在桌前读写也冷，左脚后跟因干燥裂缝，隐隐作痛。昨日赶紧泡脚，方才感到舒服了好多。

若在乡村，在屋里做饭，早已是热炕头儿的时光了。城市文明总是让教条的规则搞得冷酷寒瑟。

2017 年 11 月 7 日 · 农历九月十九 · 星期二

天气和世道似乎有相同的脾气，经常开人玩笑。

节令还不到立冬，就让人尝到了冬天的滋味。凉，不应该是冷。每年这样的节令也就过来了，可今年小平说冷，要做厚棉被。打算做了，想想麻烦，还拖延时间，干脆从网上购买。先买来被套，又买来被罩，一周前就盖上了厚棉被，夜里暖暖和和。

不光夜里暖和，白天也一样。今晨醒来，算来要送暖气还需一周，有点儿觉得这个规定不合情理，每年要等立冬一周再送暖气，实在是考验儿童和老人。和小平说过，忽然觉得这几日不太冷，气温没降低，反而有点儿回升。这个立冬有点儿不尽职的感觉。

中午去财神楼家中吃饭，饭后悠然步行回家，走的浑身热乎乎的，居然把外套脱了，不然会出汗的。

2018 年 11 月 7 日 · 农历九月三十 · 星期三

冬天的滋味尝到了，盖着前一天同样的棉被，整整一晚上都是凉的。所幸，还只是凉，没有冷。要是冷，那就更难受了。

报告冬天来临的这一场雨。自进入十月没有下过像模像样的雨，种下去的小麦出苗了，需要点雨水滋润，雨一直没下，天一直亮晴。央视气象预报说，气温偏高与往年同期。

雨终于来了，不算大，滴滴点点，细丝蒙蒙，落在地下都能渗进土壤里去，麦苗盼来了及时雨。天，却凉了，雨带来了冬意。

先前住在乡下，早已生着炉火，在屋里做饭，暖融融的。如今住在城里，统一送暖气要等到十一月十五日，还有一周的时间。这个迟到的日子早该改改了，皇历用到今日确实是一种悲哀。

哀民生之多艰，勿忘季候的提示。

小雪

一九九九—二〇一八

遥想旧时年，小雪即封山。
若要困不住，吃穿早备全。

小雪飞来片片寒

"一片两片三四片，五六七八九十片，千片万片无数片，飞入梅花总不见。"

喜欢郑板桥的这首诗，还主观以为这是小雪的情景，若是大雪漫天飞舞，铺天盖地，何至于还能数得清楚一片两片三四片？小雪就在于小，若是大了岂不是大雪？当然，这只是就下雪的情状而言，以节令而论，则是对寒冷程度的状写。小雪封山，大雪闸河，便是对这两个时节寒冷程度的不同区分。

《月令七十二候集解》说："下雪，十月中。雨下而为寒气所薄，故凝而为雪。小者，未盛之辞。"这里的十月，指的是农历。虽然寒气未盛，可在往昔已经大雪封山，也不是一般的冷。那时候天寒路窄，山庄窝铺更是如此。门前若有羊肠小道，便很不错，往往是草蛇灰线，仅能扎足走过而已。平川不过飘落些零星雪花，深山已经大雪纷纷，草蛇灰线，羊肠小道，尽被覆盖。覆盖道路不怕，怕的是连路边的沟沟坎坎也填塞了个满。出门行走，难辨路径，不知该如何抬脚迈步，只好躲在屋里足不出户。

民间有个笑话，一日午后突然大雪飞扬，飘洒不止。路边有座小庙，走进四人躲避。一时无聊，便随兴联句游戏。首位说，大雪纷纷坠地；第二位说，都是皇家瑞气；再一位说，再落三年何妨？最后那位说，一派胡言乱语！看看这几位，身份不同，出语各异。首位略通诗文，说话带着文气。次者是个小吏，说话携带奴性。再者是个富户，说话无忧无虑。最后那位是个樵夫，下了雪，不能打柴，不能卖钱，家里无米为炊，满肚子都是火气，哪能说出好听的话。

开口见人心，诗文见人心。一个人想自己的事情容易，想别人的事情不易。人与人的高下之分，就在于能否想到别人。那就以雪花为考题，品品古人的诗句。

“征西府里日西斜，独试新炉自煮茶。篱菊尽来低覆水，塞鸿飞去远连霞。寂寥小雪闲中过，斑驳轻霜鬓上加。算得流年无奈处，莫将诗句祝苍华。”这是徐铉的诗《和萧郎中小雪日作》，夕阳西下，诗人在征西府中，试用新炉煮茶。篱边的残菊倒映在水面，塞外的鸿雁飞翔在霞光中，自己却又平添了白发，感叹年华如逝水啊！寓情于景，以景写情，好是好，可只是一己的感喟。

“甲子徒推小雪天，刺梧犹绿槿花然。融和长养无时歇，却是炎洲雨露偏。”这是张登的诗《小雪日戏题绝句》，写的绝不是北国山寒水瘦的严冬，而是南国的景致。小雪不见雪，桐树绿，槿花开，寒冷不能奈我何的俏皮，自然流露出来，好是好，可也是一己的感喟。

“花雪随风不厌看，更多还肯失林峦。愁人正在书窗下，一片飞来一片寒。”这是戴叔伦的诗《小雪舞》，将窗前读书的愁人放在漫天飞舞着雪花的时节来写，不写愁绪，也愁绪满怀；不写凄楚，也凄楚满眼。好是好，可还是一己的感喟。

难道就没有一首咏雪诗能大化出杜甫的境界？像他那样高呼，“安得广厦千万间，大庇天下寒士俱欢颜”，“吾庐独破受冻死亦足”！有，还真有，出自白居易的笔下，那首《卖炭翁》正是跳出一己私欲的悲悯呼喊。听听，“卖炭翁，伐薪烧炭南山中。满面尘灰烟火色，两鬓苍苍十指黑。卖炭得钱何所营？身上衣裳口中食。可怜身上衣正单，心忧炭贱愿天寒。夜来城外一尺雪，晓驾炭车辗冰辙。”且不说冒着飞雪驾着牛车去卖炭，一声“可怜身上衣正单，心忧炭贱愿天寒”，就能感天动地。身为官员的白居易，没有深陷在锦衣玉食的囹圄，没有沦落在自我咏叹的洞天，而是心系弱贫，满腔悲悯，为之而鼓，为之而呼，实在可圈可点，可钦可敬！

1999 年 11 月 23 日 · 农历十月十六日 · 星期二

天不算冷，晴和的日色中有了灰云。也许云、雾、烟融为一体了，天有些低了。

早几日，晨间有过薄薄的冰，以为天会渐渐冷下去。然而，天却转暖了，早上又没冰了。

日子就是这样，气温总是冷暖交替，不是渐变，而是突变。似乎冷和热两头各有一队人马在拔河，一会儿冷占了上风，一会儿热占了上风。

今天，可能是热占了上风，不冷。

不过，总是交节。夜里上床，屋外有了风声，风或许就是冷的使者，雪可能也就快来了吧！

2000 年 11 月 22 日 · 农历十月二十七 · 星期三

今年的小雪告诉世人：平稳过渡。

小雪是冬天的形象节令。这个时候，应该在天上抖开一重不浓不淡的云；而且，这云要落成雨，雨滴下来时变成雪。飘在空中打着旋儿，飘舞着徐徐落下来。落在地上白了一重，如霜，比霜要白。还想再白，雪已停了。

不多会儿，天会变蓝，太阳会撒下些光来。

——这似乎应是小雪的景观。

然而，今年的小雪一反常态，阴了好些日的天，这日开了。日头暖暖地照着，低下去的气温又高起来了。听不见风声，看不见树动，一切都平平和和的，几乎让人忘了这是冬天。

小雪就是这么来的。平平稳稳来的，不张狂，不轰烈，无声无息。

2001年11月22日 · 农历十月初八 · 星期四

晴暖。这是央视气象先生对小雪的评价，评价得恰如其分。

小雪无雪，而且无风，无云。天亮亮的，亮得阳光也绵绵柔柔的，落在脸上柔和温暖，像是肌肤贴在棉絮上、狐毛上，美滋滋的。

先前冷过两日，是立冬之后，地皮硬了，早晨白了，下了霜。人们缩着脖子，戴着手套，还吵天冷。

转过几日，天暖了，暖得加上的衣服又扒拉下来。从电视上看，黑龙江出现了历史同期的最高温度，高出往年20℃左右！

央视气象预报说，寒流今天过来，现在还没有动静，是否正在西伯利亚南下的路上？二十四日晨记。

2002年11月22日 · 农历十月十八 · 星期五

天气时晴时阴，没有风，也没有雨，却明显有些冷了。

屋子里无火坐不住人了。似乎是为了提供给我个印象，偏偏锅炉坏了。原准备去财神楼过冬，所以只待那面送暖气。哪知，那面的暖气主管道坏了，集体的事，办着更难。连忙联系换锅炉，就这也迟了。冷已经悄悄走进屋子，占据了每个角落，每个空间。看书，腿凉，盖了条毛毯。看着看着，拿书的手也凉了，只好两手轮换着在被窝里暖和。夜里睡时，身下垫了条毛毯，身上苫一条被子，才算没有冻醒——哦，小雪了。

次日早晨一看，天地间朦朦胧胧的，是雾，是烟，是气，很不分明，潮黏潮黏的。

2003年11月23日 · 农历十月三十 · 星期日

小雪无雪，平和晴朗。只是感到晴朗是近十二时了。早晨醒来，窗外灰暗，看是阴天，以为雪要来了。正午却日出天晴，原来不是天阴，而是浓雾。雾中有尘，雾中有烟，烟尘将雾也搅得浓稠了，稠稠地弥漫了天地间。

天地间灰蒙蒙的，出去行走，眼睛涩涩的，喉咙呛呛的，就觉得烟尘将人包围了，肆意地向人侵扰。

次日，也是一样。下午五时许，太阳已从天上消隐了。从水车巷出去买药，正是学生的闲歇，一群一伙围着摊位，争抢着买小吃，买到了张开嘴，大口吞下。看得人实在可怕，那口中咀嚼和吞下的不光是食物，还有烟尘。我们的下一代——祖国花朵，正用自己的青春净化环境。能净化了吗？我真担心呀，幼稚的孩子。

我明白了，阴霾满天，不是自然的造化，而是人为的恶化。

2004年11月22日 · 农历十月十一 · 星期一

天不算冷，气温比前几日还略有回升。只是有了变化，变阴了，满天是云，已是九时多了，仍然暗暗的。在街上行走，满是尘色，说不清是尘，是雾，还是烟。同往年一样，这时节城市覆盖了逆温层，炉火冒起的烟，散不开去，就笼罩在头顶。今年，也有这成分，不大，头顶多是云。

正午的时候，云开了一块。太阳抓紧时间露了个脸，和人们照了面，但很快又不见了，退隐了。于是，天地间又成了上午的样子。阴阴的，暗暗的，还有些冷冷的。

天也很短。去看书稿排印的情况，还没发出来，等了等天更暗了，黑了，就有灯光亮了，亮出了夜色。待我拿了校稿出来，街灯全亮着，亮出了冷寂的冬景。

人比往常少了，大大小小的汽车却噪闹着，冷也好，热也好，都没能阻挡它们的热潮、热流。

2005年11月22日 · 农历十月二十一 · 星期二

小雪这日我在桂林。在桂林已经待了一个礼拜。去桂林的时候，临汾温度不算低，以为桂林要更暖，准备一路南行，脱了坎肩，再脱羊毛衫，带了衬衣，带了短袖衫，随时准备换上。

岂料错了，桂林之冷，冷过了临汾的气温。不仅未能脱了羊毛衫，而且把准备的短袖衫也套在了里边。从我国香港、台湾及新加坡、马来西亚去的客人都买了棉衣，把自己包裹起来，对付寒冷。

小雪这日下午五时，我乘车回返，次日晚上九时许到西安，没有觉得寒冷，次日在街上转悠也不寒冷。晚上九时许到临汾，出站也没有寒冷的感觉。

第二天，我去机关，也温温的，小雪没有带来寒冷。

今天已是小雪后一周了，昨日虽然刮了些风，气温有些下降，但还算不上寒冷。看来，雷震百日暖又要应验了。

2006年11月22日 · 农历十月初二 · 星期三

上午出去，街道上铺了一层落叶，桐树叶，仍然哗哧哗哧在地上移动。风不大，却是冬天的架势，让人觉得寒冽，其实天气并没有多么冷。

睡了个午觉醒来，天空灰蒙蒙的，阴云四合，而且迷漫着雾，雾中又有灰尘，天色很暗，似乎应该下雪。有一段滴雨未落了，气温特高，襄汾农田里的麦子有的拔节了，这反常必然导致减产。但是，这又印证了那句古话：雷震百日暖。

我记得八月十五日后的几天响过一次雷，难道就这么灵验吗?

下午六时赴北京，明天上午十一时飞广州。《中国作家》杂志社举办中国作家看神州活动，要去一个礼拜。走近日历一看，今日已是小雪了。看看气温变化像是交节的模样。于是坐下来写这则笔记，就要落笔了，才发现小雪的时间是十九时。

这可能是迄今为止唯一提前写的一则节令笔记，我走在时间前头了。

2007年11月23日 · 农历十月十四 · 星期五

应该说，在我的甜睡中已进入了小雪。

小雪却很平静，平静是从几天前就开始的，风刮过一两天就停了，降下起的温度有些回升，天不是那么凉。

这个时节的临汾总是让人生厌。悬浮在盆地上空的烟雾尘灰失去了翅膀，无法跳出大山的高昂，也就四处弥漫。昨天黄昏下去打篮球，也就有点呛，喉咙辣辣的。

连续讲了几次课，关于十七大的，在金殿、在南街、在县底中学，每场都有新的感受，要鲜活，要有味，才会拿住人心，让人乐意听。

课余便是读书，书总是读不够的。一本韩少功的书，里头颇多思想蕴含，不忍读完，读一读，嚼一嚼，浓得化不可。晚上看电视剧《秋海棠》，看到了一种从容，一种难得的从容，也就反思自己的写作，能否从容一些，能否离功利更远一些?该动笔写长篇了。

于是，考虑从尧入手。

2008年11月22日 · 农历十月二十五 · 星期六

小雪这日阳光明丽，不看日历，绝不会知道是在交节。过去常听奶奶讲，交节天气要变脸，这个小雪却没有变脸。早上起来就在电脑前忙碌，《苍黄尧天》修改第三遍了，实际是在通读，就这也用去了将近一周的时间。下午读完了，考虑到该有个说明，于是就着热劲儿写了个千字短文。写完了回味短文，我完成了一件大事，用文学诠释考古，活画史料，演绎了上古历史。虽然不敢说是上古史诗，但总是朝这个目标努力的，可惜成书时遇上了俗文化时代，在拜金主义的引领下，真不知道这样的作品会是什么命运。不管其命运如何，我自认为给社会干了一件好事。

今日是小雪后的第二天，天阴了，正午的时候太阳照了一会儿，但是很快就没影儿了。四点钟屋里就有些暗，灰蒙蒙的。前几天，临汾的天空少有的亮丽，不仅有蓝天，还有白云。可是一转眼，蓝天没了，白云没了，看来环保仍是个要紧事。

2009年11月22日 · 农历十月初六 · 星期日

小雪这日在四川眉山，出席中国散文发展趋势及在场主义散文研讨会。上午研讨，是继续昨日。前日报到，昨日就研讨了一天。会间感到喉咙不适，但没有意识到感冒，只喝了阿莫西林。今日才觉得是感冒了，浑身难受，下午参观三苏祠、纪念馆。纪念馆里阴冷，更为难受。回到宾馆后试图发汗，蒙头大睡，尚好一些。

南国气温高些，但是穿多厚也没觉得热，还穿着自北国来时的棉衣。

北地可冷了。刚立冬，就下了雪，而且下了我这生见过的最大的雪。十日下了些，不算小。十一日中午又下，下得极大，地上积雪超过一尺。不少树枝仍柔柔的，被压折了。不仅临汾这样，河北下得也很大，电视报道，暴雪成灾。

十七日赴太原，仍大雪盖地，不少街道积雪压成冰，极滑。十八日出席山西省散文学会成立大会，我当选为副会长。次日即乘火车去四川赴会，回来已是二十五日。抓紧校完东方出版中心为我结集的随笔《万古乾坤》一书，即写这则笔记，看看日历已是三十日。

下雪后集中供热方才施工，居住的三元新村今日才有了暖气。

2010年11月22日 · 农历十月十七 · 星期一

小雪这天在千岛湖。

头晚到的，随临汾开发区田文杰副局长去杭州研究街边公园的雕塑，完后顺便游览了西溪湿地。二十一日去了同里，又赶到了顾炎武的家乡——千灯。看过后径直奔千岛湖，上路不久即下起了雨，越下越大，到时已近暴雨。

吃着饭担心明日会下雨，扫了游兴。

睡着觉也担心雨不停，看不下样子。

次日一早雨停了，开窗鸟声即飞了进来。上船游时，太阳露脸了，登上第一个小岛，阳光鲜亮了。浓云消退，一个晴日将千岛湖的水光山色呈现得靓丽迷人。

午后去黄山。浙江工艺美术研究所陈工开车相送，没有走高速，用导航系统走捷径。在山路上盘旋弯绕，看遍了乡间民居，山间风光。上高速时，天黑了，晚七时到了黄山景区。二十七日晨补记。

2011年11月23日 · 农历十月二十八 · 星期三

天很晴亮，是缘昨日傍晚的风。

太阳高悬，却明显冷了。早晚的那点寒气，是会被阳光驱散的。小雪这日一早，我去财神楼家中。头天过生日，乔梁和张静从太原赶回来。吃饭时，乔梁说他口渴，便约定给他化验个空腹血糖。一路步行，刚出门，还觉得凉气扑面，走一走就全身热乎乎的。进了家，就把外套脱了。

外面温度不低，屋里暖气就显得更热。坐在家里还有些干燥。燥的鼻孔干涩，喉咙干渴，只好多喝水。

年来年去似乎一样，但是，气温高低却大不一样。天时对人的影响尽在其中，人无法左右天时，但古往今来借助天时的能人却比比皆是。

小雪次日书之。

2012 年 11 月 22 日 · 农历十月初九 · 星期四

两天了，连续多云，有阳光也被迷迷蒙蒙薄雾掩照着亮不起来。不过，温度却没明显变化，不算寒冷。中午十二时去财神楼父母那边，出门就过来一股凉气，起风了。到了街上，相对空荡，风挟裹着树叶飘飞、奔跑。就想风是一种潮流，或政治的，或商业的；叶是人，人在风中或是被挟裹，无能力解脱，成为潮流的一分子；或是自甘入流，向往那空中的飞翔，地上的远动。毕竟长期牵挂在枝头，即使偶有所动，也难以跑起来，飞起来。好不容易等来了风，就如同人等来了飞黄腾达的机遇，怎能错过？于是，欣然从凉，先在空中飞，后在地上跑。然而，风终于会停，如同潮流会过去。后来，树叶不动了，成为垃圾，被人扫去。此时，唯有不入流者还挂在梢头。梢头的树叶很少，但却值得礼敬。

送暖气一周了，还是不好，昨日来人看了说是修理，不知能否修好？记于傍晚。

2013 年 11 月 22 日 · 农历十月二十 · 星期五

小雪是北京渡过的。为给父亲治病来到北京医院。

这日天气晴朗，心里却十分悲凉。父亲的检查情况出来，病情不好，无法治愈，只能采取头疼医头，脚疼医脚的办法。和大夫交换意见，一致认为减少痛苦，延长生命是上策。

可是，心里无法接受这样的检查结果。难过得想哭，又不能哭，还得在父亲面前强作笑颜。当他问到为啥不能做前列腺手术？为啥咳血止不住？只能搪塞。

世界上没有这么痛苦的事情了，看着亲人一步步走向生命的终点，你却无可奈何，真是刀割心肝！

天晴着，天寒着。心阴着，心比天还寒。二十六日出院住乔梁处，二十八日回到临汾家中，父亲没有精神，无奈啊，无奈！十二月一日晚忧郁追记。

2014年11月22日 · 农历十月初一 · 星期六

小雪摆出了下雪的架势，看来要实至名归。头天央视预报，乌云笼罩着临汾。次日一早起床去财神楼，天气阴沉。阴沉恰是此日的心态，怀念阳光，更怀念逝去的父亲，上香、鞠躬，心里仍未轻松。九时许，云丘山派车来接，前往考察。先至乡宁县城看寿圣寺、千佛洞，天气阴沉，似乎就要降雪。然而，一直到云丘山看过安汾古村落，看过多宝灵岩寺，仍未下起来。近晚，下了，却下得是雨。去八宝食府进餐，来回都在雨中，以为晚上会成为今冬首场雪。

今日早晨起床，不见雪花，小雪就这么与雪擦肩而过。

云丘山窑洞宾馆是地暖，没有一点寒冷，恰与初冬的气候吻合，若不，为何会小雪无雪？又是一天过去，仍然阴，且有雾，还无雪。二十三日下午走笔。

2015年11月22日 · 农历十月十一日 · 星期日

小雪未必下小雪，大雪未必真有雪。

这个小雪真下了雪，而且下得很大。不过，不是小雪当日下的，而是两天后的夜里下的。下雪的时候，人们都进入梦里，次日睁开眼睛往外一看，哈呀，怎么地上厚厚积了一层，树枝也全白了，白得纯洁无瑕，白得玉洁高雅！

大雪不是突然来的，是久久的积蕴，已经一周以上没有见过晴天了。太阳偶尔露脸，也是瞬间即逝。这场雪的范围很大，早上看到太原发出的微信，也下了雪。北京，下得更早，而且气象预报说是数年少见的早雪、大雪。对于临汾来说，不算早雪，也不算大，但是，且慢，雪还在下，而且下得慢条斯理，说不定会再大，更大，大成之最。二十四日上午记之。

2016年11月22日 · 农历十月二十三 · 星期二

大风，降温，有雪。

中央电视台气象预报为小雪的到来鸣锣开道。大风来了，扫落不少树叶，青叶杨几乎落光了，悬铃木却只抛下几片应付差事。这一招被雪学了过去，浓重的乌云做了个要下的动作，就被风吹散了。不过，北边下了，南边的运城也下了，只有临汾没下。气温明显下降，坐在家里泛凉，加了个坎肩儿。

连续两天都有轻雾霾，算起来仅有二十三日一天晴亮，那是风的作用。风一停，雾霾立即复辟，似要站稳脚跟，长期安居下去。所幸今晚看电视，又有一股寒潮降临，寒潮无腿，乘风而来。风一来，雾霾也会被驱除走。现在的雾霾，主要是汽车尾气，若是云压天低，有呛人的感觉，喉咙也发涩。环境质量，一冬一春最是焦虑。二十五日感叹。

2017年11月22日 · 农历十月初五 · 星期三

风不算大，却给了落叶飞翔的最好时机。

每一片落叶都变成了翅膀，不用扇动就可以飞翔，而且还可以在飞翔中翻转旋舞。只是不久就落在地上，完成了整个生命过程，接下来就是与土壤融为一体。

随同落叶飞逝的还有云，云乘着风飞远了，天空蓝得碧亮。冬天的雾呀，霾呀，和云一起没了踪影。在街上行走，呼吸一口像是在吃糖葫芦。温度自然随着西北风的来临下降了。幸运的是东城由海姿供暖的片区，这日终于微微暖了。一个城市沦为这样的状态，有悖人心。

每年规定十一月十五日送暖，已是很晚了，已是立冬后一周，如果再不按时供暖，心寒呀！

天空无比明净，自然与下雪无缘。小雪节气是冷得一步台阶，冷却没有与时俱进。二十三日记之。

2018 年 11 月 22 日 · 农历十月十五 · 星期四

小雪天气晴亮，蓝天如洗，万里无云。气温没有下降，反而有点回升。

气温下降是十六日。临汾下了雨，雨不算大，但太阳只要不出来，温度就会降低。原来约定十七日去蒲县采访扶贫工作，没能去成，那里下了雪。二十一日成行，进入吕梁山果然阴坡里还有不少积雪。下午去东开府村采访，看见的是残雪，感到的是寒冷。在村巷里走动，不一时就冻得人缩手缩脚，始知山上山下温度相差十度左右。多亏去时穿了厚棉衣，不然那就惨了。

今日继续采访，实地考察了蒲伊村、河底村。午后去刁口村，走动不再那么冻，但是阳光照不到的地方积雪还在，大致有三厘米厚，脚踏上去绵绒绒的，发出咯吱声。小雪之后还真享受了今年冬雪的礼遇。山中采访，山中访雪，不乏意趣。当日下午蒲县归来乘兴而记。

大雪

一九九九—二〇一八

繁华早消散，枯枝朝蓝天。
锁住旧年轮，伸根待回暖。

大雪闸河成追忆

如果让我为大雪时节画像，我会画出闸河的情景。自然这意向来自民谚“小雪封山，大雪闸河”。大雪闸河，给我的印象实在太深了，如今已经过去五十多年，我还历历在目。

那时候天真冷，冷得现在的人根本没法想象。现在的我不知道当初的我为何会那么勇敢，敢于迎着寒冷站在冰封的汾河岸边。站在岸边是要过河去，去河东的亲戚家里。可是，站在那儿我好久好久没有移步，在寻思夏日那滔滔的洪流哪儿去了？天气炎热的时候，我渡过汾河，河水浪涛奔涌，吼声喧闹，木船划进激流，十几个生龙活虎的小伙子，喊嚷着拼命划桨，那船还是不能横过对岸，边飘边行，落在渡口下游几里开外。然后，下船的人再和划桨的小伙子一起把船拉往渡口。那水是何等声威，是何等张狂啊！

此刻，那张狂的河水一点也看不见了，一层白色的冰凌，平展展覆盖了河面，安详，平静，令我好不惊奇。父亲催我踏着冰凌过河，我很害怕，害怕一脚踩破冰面，掉进下面的激流。就在此时，来了一挂牛车。黄牛悠然迈步，铁轮缓慢转动，气定神闲地下到河道，碾压得冰凌隆隆作响，响着，响着，过到了对岸。冰面只留下两条铁轨般的辙痕。我这才放心，蹦蹦跳跳着扑向河道。

这就是闸河。

这就是大雪。

大雪时节，即使不见万里雪飘，千里冰封则是最为常见的。可是，四季照样轮回，节气照样来去，往日闸河的景象现在看不见了。汾河水小得难见激流，难见波浪，也看不到哪年冬日坚冰覆盖河道。闸河只能成为茶余饭后的谈资。

谈起大雪，时常想起程门立雪。北宋年间，杨时和游酢来到程颐门下拜师。不巧，程颐正在午休，二人不敢冒昧搅扰先生休息，侍立院中等他睡醒。天不作美，飘起雪花，二人侍立不动，恭敬等候。先生睡醒，院里积雪盈尺，二人已成雪人。想起此事，就很感动，感动杨时和游酢尊敬师长的一片真心。偶尔也会一想，那时真好，有尊师的学生，也有值得尊敬的老师。

透过弥漫的大雪，还会看到一个躺卧在河冰上的身影。那是王祥，他在卧冰求鲤。求鲤是给母亲治病，母亲患病，郎中说要吃鱼。大雪时令，冰封河面，如何能捕到鱼？王祥居然躺在冰上，以体温融化冰凌，开河捕鱼。心诚则灵，等他暖开河冰，真有鲤鱼跳了出来。王祥如愿以偿，治好了母亲的病。而且，这位母亲还不是他的亲娘，是他的继母。这事传扬开去，王祥卧冰求鲤走进了中国传统的二十四孝。想想，王祥真是不易，坚冰闸河，天气何等寒冷，以身化冰，确实可敬，可敬。

古人和雪的故事，实在太多了，蓦然又跳出个孙康映雪。孙康喜爱读书，家境却贫寒无比，晚上要读书连灯油也点不起。冬日某夜，一觉睡醒，窗纸发白，以为天色快亮，其实是下了雪。看着光色，比荧光不弱，于是，兴奋不已，映雪读书。可敬，实在敬慕那不畏严寒的意志。

《月令七十二候集解》说："大雪，十一月节。大者，盛也。至此而雪盛矣。"雪盛，是自然现象，是外在因素。人既要有适应外在的能力，也要有内在的操守。杨时、游酢、王祥和孙康，都有自我的精神气度，所以才能跨越时空，让世人难忘。还有难以忘记的，那是柳宗元。"千山鸟飞绝，万径人踪灭。"他竟然"孤舟蓑笠翁，独钓寒江雪"。

独钓寒江雪，这才是内在精神的高峰。

1999 年 12 月 7 日 · 农历十月三十 · 星期二

无风，无云，天晴得真好。冬日难见的好天气。

天却很冷。

人们见面说：利利的冷了。

利利的冷该是哪个利利？利利，是利落的意思；离离是指气温上的差距；厉厉是冷的突然和厉害的意思。

或许用厉厉的冷更为好些吧！

这种冷民间还有个说法：干冷。冷，似乎是风雪合作的产物，即使二者不合作，也应该由其一送来，而独自来的冷，就被唤作干冷。

因而，大雪这日是厉厉的冷了，而且是干冷。

夜里有风了，后半夜来的，呼呼吹到天亮，又继续吹着……

2000 年 12 月 7 日 · 农历十一月十二 · 星期四

茶几上有一张不知谁撕下的日历。

偶尔一瞥正好看见，觉得不像常日的历页那么简练。顺手拈起，一看，果然多了些画图。这是交节的标志——大雪了！

大雪来得极为平常。平常得我连一点感觉也没有。昨日我方从保定回来，连续数日在河北奔走，探访帝尧的遗迹。先看唐县，再看顺平，又看望都，奔波在残墙废墟间。行走出奇的顺利，最好者莫过于天日。天暖得如春日，在阔野上驻足，在山路上攀爬，时常浑身热烘烘的，还流汗泥！

回到尧都也没有寒的感觉，气温依旧平和。大雪，就这么平平淡淡来了！

难道节后还有想不到的反跌？

我等待着，等待着。今儿已是大雪后的第三天了，仍然没有寒意。

是个平和柔美的大雪。

2001 年 12 月 7 日 · 农历十月二十三 · 星期五

时至大雪，雪花在电视里纷纷扬扬，北京飘雪，太原飘雪，郑州也飘雪了。咱这地方却默默无闻，只给亮晴的天空散布了些云，将大地遮盖得暗暗淡淡的。

天也不冷。似乎寒意没有清醒，从梦中爬起来，睡意蒙眬，还没有行使自己的职权，人也就可以温温于户外行走。

好长时间了，没下雨，也没下雪。前几天，像是飘了几片雪，小小的，碎碎的，如灰，如尘，人还没有看清楚，雪就不见了。一度泥湿的地里，干了，硬了，旱了！

尧都广场十一日要竣工了，是在亮晴中，还是在飞雪中？不知天意如何？大雪次日下午手记。

2002 年 12 月 7 日 · 农历十一月初四 · 星期六

大雪真下了大雪。

天不甚冷，却阴了五六天。每日迷迷蒙蒙的。像雾，有雾，也有烟。人在屋外走过，呛得难受，嗓子辣辣的。

周四傍晚滴开了雨点，稀稀拉拉的，却很耐心，地上总算湿了。天黑后，雨点变成了雪花，虽不大，也落个不停。只是随落随化，次日早间地面上少有积雪，只湿漉漉的。雪和雨又不大不小了一天，后来，劲头大了，雪成了团，漫天尽兴地撒落，天地间飞絮飘花，好风光。

夜里火暖，添了新的缠绵。

好久未入眠，回味着大雪的滋味。

次日，天晴了，少见的亮豁。冬阳斜射，红光闪耀，另一种好风光。

2003 年 12 月 7 日 · 农历十一月十四 · 星期日

大雪派出了两支先锋部队。

一支是瑞雪，四日到达。那天，我去河底乡讲授尧文化，动身时下雨，入山成了雪。雪很大，漫天飞舞着白绒绒的花朵。走了一时，坡里、沟里，全白了。高高低低的乔木、蒿草都挂满了雪，世界好洁净。唯有汽车碾过的路上，雪化了，在白雪中那路就黑得深暗，车行其上，人也就在黑暗上穿过。背阴的路上积雪了，很滑，车上不去，只好搭上防滑链爬坡。

另一支是寒流。寒流跟在瑞雪后头。下雪的当天夜里，风刮了一晚。不算大，却让人在梦中时不时听到了响动。早晨云散了，天蓝了，阳光亮眼，却冷得人发抖。

接连两天，都很寒冷。大雪这时到来了，来得无声无息。而且，仅隔一日，天温和了好多。下午，从院外往回提了几桶炭，暖暖的，要出汗了。看样子大雪不会太冷，但不知还会不会下雪？

2004 年 12 月 7 日 · 农历十月二十六 · 星期二

天色晴亮，人却说：今天冷。

一人这样说，两人这样说，看来真冷。

一看日历，明白了，应该冷，因为今日大雪。

按说，今日这大雪够仁厚了，没有阴云，没有西风，更没有雪花。别说大雪，连小雪也没有，大太阳亮亮豁豁的。

而且，一连数日都亮豁着。

在亮豁中过生日，孩子们都来了，簇拥在一起，好热火。年龄大了，喜欢清静，偏偏一见小辈就忘了清静。张蕾来了，抱着几个月的小女儿，白净的脸皮，微红，看一眼增一份爱心。怪不得大妹爱得那么着迷！

感谢阳光！

感谢温暖！

感谢这个不冷的大雪，给了亲人欢聚的最好气氛。

2005 年 12 月 7 日 · 农历十一月初七 · 星期三

公道说，大雪吸取了小雪的教训，决心要让大雪像个大雪的样子。这是个十分负责任的大雪，用自己所有的能量来准备自己的节日。搅动北方的气流，成群结队向南方奔波，形成了不小的西北风。西北风过后，树上的叶子哗哗啦啦落了，落了一地。一地的寒冷似乎就是随那叶子降临的，天气骤然变得寒不胜寒。

这日，我去襄汾考察文物，看了邓庄的灵光寺，去看晋王坟，站在阔野里冻得人瑟瑟地发抖。到了席村，看到了收藏在村委会的半截断碑，上头有字：先贤席老师……后面看不清了，但从中知道这里曾有帝尧巡视，席老师击壤而歌的传说。匆匆吃了午饭，到了陶寺，看过张相村，赶到安李村，在李社稷先生带领下去看唐代的土桥，站在高崖上向下望去，人就像蒿草一样冷得抖动。

大雪就这么过去了，虽然严寒，却没有下雪。原来下雪需要云，少了云，少了这样的天机，只凭自身的寒力而奋斗也是不成的。

2006 年 12 月 7 日 · 农历十月十七 · 星期四

大雪有雪花，却少得可怜。早起的人看到了，零星的飘飞了几片，像是风中的鸡毛，细看时已没有了。天阴阴的，就盼能再下点雪，然而，雪终归没有来。大雪就在浓重的阴沉中到来了。

大雪的到来应该引发一场大雪吧？于是，就盼望。

盼望了一天，又一天，天是阴的，却没有雪。还想耐心地等下去，风却来了。风吹云散，天上出现了少有的明净，天蓝得少有，罕见，因为一丝云也没有了。

今天已是十六日了，天仍然碧蓝，雪是没有指望了。原想等到雪再写这则笔记，自然没有这种可能了，因而，赶快着手写。

五日从广东回来，办了两件事，一是重校了父亲的书稿，二是校了我要编的《乡村记忆》书稿。十多日了没有进入写作状态，如同大雪没雪一样，成了徒有虚名的作家。

不写不行了，昨日薛屹峰来电，《神话传说》一书需要补充三万文字，该动笔了。

2007 年 12 月 7 日 · 农历十月二十八 · 星期五

大雪了，若不是日历上的显示，绝难知道已是这个时节。

曾记得，大雪时鹅毛飞雪，冰凌遍地，到处寒瑟。然而，今儿这大雪却暖融融的。究其原因，一是天气所致，确实没有那么冷；二是出去就坐车，到了就进屋，根本感受不到寒意。因而，冬日不像冬日，大雪就难像大雪了。

这日去研究《尧颂》音乐舞蹈史诗的剧本，导演、作曲都到位了，济济一堂，各抒己见，看来将搞成一场大剧。昔年，我在尧庙，曾经有过这样的设想，不仅想搞戏剧，而且想搞电视剧，可惜局长不干了，也就搁置了此事。好在将语言研究的成果转化为随笔《尧都土话》，刊发后大受欢迎，居然出了三个版本，还行销到日本。《尧颂》若是搞成，也算了却一桩心愿。

大雪之寒寒在煤矿，头天洪洞又一矿瓦斯爆炸，已死七十余人，太惨烈了。不知为何今春一平垣矿难事故还未公布结果，这可能也是造成矿难频仍的原因。

天寒无法抵御，却可以用各种方式回避，而人为的寒冷却是任谁也无法逃避的。

2008年12月7日 · 农历十一月初十 · 星期日

大雪这日不冷，太阳照得暖融融的。

但是，大雪却是被寒流迎来的。连着刮了两日风，温度骤然下降，到球场上锻炼冷风扑面，眼睛不由得流泪，跑几步要长呼吸，吸进的气儿也是冷的，肺腑都是冷冷的。往常跑十分钟就浑身暖和了，那两日跑过十分钟才不冷了。

大雪时气温却回升了，没了前几日的冷厉，不像是冬日。

这个季节值得铭记，早上就被叫到机关推荐干部，下午又去机关，考察干部。晚上区委常委会召开，任命了干部，标志着我退位。本来早应退了，却因为领导变动迟了两年。退出来就是自由身了，可以随心所欲地说自己想说的话，干自己想干的事儿。其实从二〇〇二年到宣传部已自由了不少，而且经过这几年的过渡，已在写作领域开拓了新的领地。有趣的是为什么我退位此日是大雪？而且是个不冷的大雪。记住这日，这个节令。十日记之。

2009年12月7日 · 农历十月二十一 · 星期一

大雪果真大雪纷飞。

早上起来飘着雪花，但不算大，午后大了，在漫天的飞雪中睡去，睡醒了还见雪花在飞，而且，飞得密集。天阴得沉重，屋里暗暗的。历来是躺在床上看书的，这时却无法看，光阴太暗。起了床，干脆坐在桌前写作吧！

今冬的天气应了一句俗语，下破头，易下。正是，算起来该是第三场雪了。

这第三场雪下得紧，去得也快。今日一早，天晴了，太阳出来了。原以为会有雾，却没有，太阳亮亮的。天气不见冷，昨日那场雪，落地就化了，地上没有一点积雪。这大雪天气，居然比立冬的那些天还要暖和。天数无常呀！那些天屋里没有暖气，想想不知是如何熬过来的。现在气温回升了，暖气却送得很热，这天道、世道都令人啼笑皆非。次日晚走笔。

2010年12月7日 · 农历十一月初二 · 星期二

不仅小雪没雪，大雪了也没雪。

不仅小雪不冷，大雪了也不冷。

时近冬日的时候，有人说今年将是历来年最冷的最冷的一个冬天。不知道这说法有何依据，只知道暖气提前预热了，收暖气费时还承诺要提前送气。天气不冷，也就没有提前送气，只试供了，按时送上也算不错了。是不是供热公司这么造势？没有证据。

当然不会和这么造势的人赌气，不过，历来我行我素，也不会受他人的思维制约。去年说冷就冷，刚刚入冬，就大雪纷飞，一下冷得寒意彻骨。今年却一改去年的做派，换了一副温柔的姿态。五日在云丘山上行走，窑洞外的向阳处，居然还开着灿灿的小黄花。上到山脊仍有绿叶、绿草，有人问叫什么岭为好？我即答：暖冬岭。是啊，岭上也暖融融的。

今天是十三日了，大雪过去近一周了，还是暖阳亮照。

2011年12月7日 · 农历十一月十三 · 星期三

接连三四天阴暗的天气不见了，一早太阳就亮照着城市，让人心情舒爽。数日的压抑过去了，气温却仍然不低。早饭后去尧文化会，整整步行了一个小时。身上不仅不凉，还热乎乎的。按说起码耳朵应该有冷的感觉，也没有。无论怎么说，过去的日子给人留下的印象是暖冬。

暖冬这说法一点不错。前几日曾飘了一场雪，雪是从雨开始的，下着下着，漫天飞舞成雪花。从窗户向外望，树枝上很快发白，地上也铺了一层洁净的地毯。可惜，没有多时雪即停了，即化了。匆匆来，匆匆去，寒冷也随着雪的消融消失了。

这个冬天还会冷吗？央视今晨预报，大风降温，局部要降10℃—14℃，临汾怎么样不得而知。只知道昨晚回来时有风，却是顺风，吹得我行走便捷。今晨阳光比昨日的还要明丽，也不知外面冷到何种程度，打开窗户进的气却不寒。次日早晨记之。

2012年12月7日 · 农历十月二十四 · 星期五

小雪时节真的落了一场雪，不大，名实相副的小雪。

大雪会有雪吗？开局是个亮堂的日子，今天一早去出席区委组织的十八大辅导报告会，天气不算冷。散会后近十二时，阳光灿烂，暖融融的。刚回到家，对台办崔主任来电话要一同进餐，去鲜源火锅店，聊了一个多小事。很久没有参加对台活动了，总是凑不上。不过，感情还是有的，多年因为是台属的缘故，常受关照。

连日阅读《苍黄尧天》，北岳文艺出版社要出版，抓紧再看一遍，还是有些错误，可能是自己的文章，读来难以一字一字过，就容易落下漏洞。今日《光明日报》整版推出《嘿嘿，万荣笑话万荣人》，在国家级报刊上占这么大的版面尚属首次，也算一个进步。次日晚记。

2013年12月7日 · 农历十一月初五 · 星期六

天气不冷，丝毫没有大雪的意味。艳阳高照，气温要比常年高。

天不寒，人心寒。父亲的病日日加重，令我心寒彻骨。

从北京归来，想保守治疗，缓解病痛，解除痛苦，即和祥生舅联系，他委托女儿晓霞给治。晓霞在市四院，非常认真，给办理了住院手续。为方便父亲食宿，决定在家治疗，每日去拿液体。但是已输四天了不仅没有作用，而且带痰的血变成了血团。

身冷，心寒！

母亲悄悄对我说，你爸扛不过去了，准备棺材吧！

一句话让我泪满心间，只能往心里流。

温瑞的大雪令我痛苦不堪。当日夜记。

2014年12月7日 · 农历十月十六 · 星期日

大雪很平静，风刮过了，前几天树叶从梢头飘下来，落在地上。落在地上，又飞了上去，重又落下来。风不只是和树叶游戏，还带来了冷空气，明显寒了好多。不过，这寒流很难坚守阵地，摧垮寒意的不是别个，是阳光，阳光连日照射，天变暖和些了。阳光的重现却是风的大手笔，未刮风前连日雾霾，在户外走走，很不舒适。风一刮，雾霾消散，大大的太阳悬在高空，寒意消融了。

风是寒意的携带者，又是寒流的消融者

今天是大雪之后的第二天，早八时多了，屋里如同黄昏。坐在桌前手记这点儿感兴，不得不开灯照亮。央视昨日预报，今天有雪，不知是否能下了。若能下，这个大雪会颇有意趣。平平静静，不露声色，却没有忘记担当的角色。人生如此，也是高境界啊！

2015年12月7日 · 农历十月二十六 · 星期一

今日急呼西北风，只缘雾霾又重来。

这是一早看见窗外的感受。小雪时下了雪，大学时没有雪，雾霾又来了。所以说又来，是因为小雪的那点雪一消，就大雾弥漫，令人没有要事不敢出门。来了一场西北风，天空明净了几日。二、三两天北京的记者来临汾采访，赶上了好天气。可是，只几日雾霾又复辟了。北京更甚，昨日看气象预报，北京居然启动雾霾红色预警。这是首次，连年治理污染，污染却在升级。这真是要钱不要命啊！

从来没有想过，空气质量会滑落到这种地步。童年时住在村里，河水一到冬日冒着蒸汽，两岸的树枝和蒿草挂满了雾凇，颇是好看。雾也很大，一米之外难见真容。可是，那雾是洁净的，敞开呼吸，吸进肺腑是舒服的。而今，已非昔比，空气成了生命的第一威胁了。

不该成问题的问题居然成了大问题。记于次日上午。

2016 年 12 月 7 日 · 农历十月初九 · 星期三

天气略微降温，降温的原因是风。风的意义不在于降温，而在于吹跑了雾霾，使天地开阔，可以放心呼吸。

大雪就这么来了！来得让人可心，前一周，临汾环境质量沦为华北几十个城市的倒数第一，不得不启动红色预警。最严厉的举措是汽车限号，单日单号行驶，双日双号行驶。大雪来时，解除了。

还有一个好消息，就在前几日中国的二十四节气被列为世界文化遗产名录，而大雪便是其中之一。听到这个消息心里热乎乎的，总算这个中国瑰宝得到了世界的认可。屈指一数，自一九九九年写节令笔记到现在已快二十年了，当初有这种动意就是深感节气对人生有着举足轻重的意义，但是被人忽略了，没有提到应有的位置。二十年前的愿望实现了，让大雪也变得暖暖的。大雪无雪，只阴了昨天一下午，今日又阳光灿烂。次日走笔。

2017 年 12 月 7 日 · 农历十月二十 · 星期四

小雪无雪，大雪有雪吗？

大雪这日天气晴亮，是缘于西北风吹动。温度降低了，但不算太冷，从三元新村走到财神楼，依然浑身如同先前热乎乎的，这种感觉犹如凉身子钻进棉被窝，说不出的适意。

进家门，老妈问：冷吗？

答：不冷，走得暖暖的。

老妈不以为是这样，心疼她的儿子。儿子说的却是实话。

下午要去尧陵布展工作室审画稿，出屋下楼，风更大了。树叶乘风飞舞，在空中成群结队飘扬。这可能是树叶一生最得意的活动，在梢头时无法摇动，无法移动，更无法舞动。可是，舞动就是降落，在地上滑动一程，生命便会终止，会与泥土融为一体。次日一早拔笔而记。

2018 年 12 月 7 日 · 农历十一月初一 · 星期五

大雪无雪，却冷得像模像样。前数日从卫星云图看像要降雪，满怀期望，眼见天阴了，天黑了，就想明晨大地一片白茫茫真干净，天空万朵银花齐放真壮美，然而，梦想成空，天亮开窗只有一两朵雪花懒洋洋落下。不多时，这懒洋洋的雪花也不见了。

盼次日，次日却晴了。

晴了也不算冷，以为冷还遥远，谁知说来就来。有风，也不算大，连天上的云也没吹散，只是淡了些。或许就是这淡淡的云遮住阳光的原因吧，猝然觉得冷了。在外面行走，时不时就想起该戴顶帽子。昨日凌晨，妹夫平川父亲去世，下午前往家中吊唁，那个冷是干冷。冷得晚上还在发寒，腿尤其难受。赶快喝药、发汗，才算没有感冒。

尝到寒冷的厉害，翻到今天的日历，始知大雪来临了。

十二月七日夜记。

冬至

一九九九—二〇一八

冬至气候寒，进入数九天。
人人怕冻伤，煮饺示保暖。

数九酷寒隆冬至

在二十四个节气中，没有被国家列入节日，可是最具有节日意味的就是冬至。

没有号令，没人动员，北方几乎家家户户都吃饺子，南方几乎家家户户都吃馄饨。吃过饺子，吃过馄饨，不冻耳朵，这道理三岁小儿也挂在嘴上。就这么挂着，一代人挂大了，挂老了，又一代挂着这话蓬蓬勃勃、茁茁壮壮起来了。挂了一代又一代，挂到了今天，还将挂向明天。

冬至这习俗，何时挂在国人嘴上的？时在东汉。东汉时期出过个名人张仲景，大家都知道他写过《伤寒杂病论》。在众生的印象里，他是位医生，能够治病救命。能够治病救命不假，但查考他的阅历，医生却不是他的职业。他曾经是位官吏，担任过长沙太守。不过，他年少时学过医，当了官也不忘记给百姓治病，而且治病还不收钱。可古代的衙门不是贫苦百姓随便能进去的，他干脆规定每月初一和十五不问政事，大开衙门，专门治病。他端坐大堂上，诊病开方，解除了不少病人的痛苦。如今人们把居家看病的医生称为“坐堂医生”，就由此而来。后来朝政混乱，作为太守，张仲景无法为民造福，便辞去官职，专门行医治病，解除百姓痛苦。

回到家乡河南省南阳，时值隆冬，北风呼啸，大雪纷飞，有钱人躲在家里取暖，穷苦人却在讨吃要饭，不少人冻伤了耳朵。张仲景在家门前支起一口大锅，买来些羊肉和辣椒、祛寒药，一起煮进锅里，点火慢慢煎熬。熬好汤，把羊肉捞出来，用擀好的面皮包住，捏成耳朵形状，再下锅煮熟。他把这种食物称作“娇耳”，让大伙儿边吃边喝汤，温暖全身，保护耳朵。就用这种“祛寒娇耳汤”治好了很多穷人的冻伤。大家记住了“娇耳”，来年自家做着吃。久而久之，北方流行为饺子，南方流行为馄饨。

冬至，吃饺子、吃馄饨的习俗就起自于张仲景。张仲景不仅解救了当时的人们，也为后世子孙树起了警示标志：冬至，是酷寒到来的日子，防冻保暖，切切铭记。

这就是冬至的意义，也是诸多时令中唯一带有警示作用的节气。先祖不把别的节气当节日来过，而将冬至当节日，足见何等重视防寒保暖。

是这样，立冬仅是小冷，冬至才是大冷的开端。君不见立冬后面尾随的节气是小雪、大雪，而冬至后面紧跟的节气是小寒、大寒。小寒、大寒都是数九天，数九就开始于冬至这天。一九二九冰上走，三九四九冻破石头……人们进入一段十分难熬的日子。难熬也要熬，熬过这段日子，就会春暖花开。如何打发着难熬的时光，有人不乏情趣，找一张白纸，画一枝素梅，枝杈上勾画八十一朵梅花。而后，每过一日，便用朱笔染红一朵。待到一枝红梅亮眼前，屋外已春回大地，杏花炸开，一个温暖可心的季节来临了。这就是九九消寒图。消寒图消得雅致，消得富有逸兴，把一种煎熬换成乐趣，多么美妙！

冬至还有一个标记，那就是白昼短到了尽头，从此开始变长。民谚说，冬至当日回，就是这个意思。真感谢先祖帝尧，在四千多年前就摸准了阴阳转换的规律，无私地传导给世人，并称作“敬授民时”。给人指路而不趾高气扬，还谦卑恭敬，这才是中华民族祖辈相传的风范。

冬至，是一柱路标。

冬至，是一种警示。

冬至，是一种风范。

过冬至，何止是吃饺子，吃馄饨，是在品味和吸收先祖的美德传统，然后精神饱满的应对严寒，迎接春天。

1999年12月22日 · 农历十一月十五 · 星期三

从杭州坐火车，是个艳阳高照的中午，赶到泰安正好是第二天早晨。到旅店用饭的时候，一轮红日从楼顶上来，天却寒寒的，似乎是大厅里没有暖气。饭后乘车去曲阜，下了车，才知道什么叫冷，才知道没有把外套穿上，让它安卧在车上的提包里实在是天大的愚蠢。冷得人手插在口袋里还冻得疼，看祭孔表演，冷得坐不住，来回踱步。表演的人也缩手缩脚的，动作很难到位。下午游孔林时，慌忙把大衣披上，感觉好些了。

与家里通电话，也冷。次日，本来是要去大连，飞机已飞上天了，广播却说，飞机出了机械故障，需要返回济南机场检修。这声音简直比炸雷还响，要是降落不了，要是跌落下去，要是……要是……好在谢天谢地，终于落地了。

改变行程，退票，进济南城，找个汽车，一口气坐了九个小时到了太原，连夜乘车赶回临汾。第二日中午吃饭，是饺子。方明白冬至了，怪不得突然冷了好多。

2000年12月21日 · 农历十一月二十六 · 星期四

冬至是个好天气。

冬至的前两天是愁人的天气。早晨起来，天地间茫然一片，大雾迷蒙，难见人影。到了正午，仍是这个模样，让人愁愁的。那不是雾，而是灰尘笼罩着。

突然，有风了，风呼呼叫了一个晚上，梦里也吼叫不止。

第二天起床，好美呀！天蓝得像是冲洗过的，简直可以和天山顶上那一尘不染的晴空媲美。地也开阔了，人也精神了。天地人和，都和在天象的变幻里。

过了一天，天仍亮，亮蓝亮蓝的，却比有风的那日暖和了。

这时候冬至来了。

2001年12月22日 · 农历十一月初八 · 星期六

交节的天气会有变化。

这是多年来祖祖辈辈的体验，事实也证明是这个理儿！

今年的冬至却特别。印象很平和，平和得无风无雪，连云也不那么多，只是偶尔有一丝，在蓝天上浮着。无愧冬天的是有些冷。冷是因为数日前刮过风，来过寒流。

似乎要印证规律的铁定性，所以，冬至过了，没有动笔，等了一天、两天、三天、四天过去了，日还是亮的，风还是和的，天气比冬至那日更暖和，我才始信交节了也有不落俗套的。

冬至就这么平平稳稳地来了，平平稳稳地去了。

2002年12月22日 · 农历十一月十九 · 星期日

冬至这日大雪纷飞。

已经连续三日了，天阴，落雪，但不大，似乎是一种什么花，到了花期，又不是盛期。而冬至这日则是怒放了，放得洋洋洒洒，漫天飞白。只是天不寒，从天上广寒宫来的雪花到了人间，落地即化，一地湿漉漉的。夜里入梦雪花也在飘洒。

哪知，二日一早，鲜红的太阳跃上了蓝天。天新亮的迷人，太难得，太珍贵了。真想收藏这一份冬的厚礼。

谁料，晴得太猛了。再过一日，早晨起来，遍地都是银白的了。凌晨又下雪了，下到天亮仍然兴味未尽，抖絮撒银。

正午却晴了，出了太阳。但是，不见暖，天寒了。入冬的第一个冷日子是：十二月二十四日。

2003年12月22日 · 农历十一月二十九 · 星期一

太阳挂在东天和西天一个模样。说清这模样真没有现成的词语。有个比喻恰如其分，用来说明却又俗了这轮万人敬仰的太阳。我觉得那太阳活似打在碗里的鸭蛋黄。黄中泅红，红中泅黄，且那红是玫瑰色，那黄闪着亮，却没有往日刺目的锋芒。太阳无芒，是因为漫天是雾，雾消隐了光箭。上午十时过了，雾仍未散尽，天也就一直灰蒙蒙的。

站在二楼的窗台前向外望，烟囱里青烟直立着，如一根柱子高高耸起。往日这柔姿万缕的娇魂，没有了风的抚弄，竟然刚直成了汉子。高高直起的烟向上，向上，去那灰蒙蒙中聚会了。

天气是平和而寡淡的，然而却很冷。坐在楼上写字手凉凉的；看书，手也凉凉的。觉得炉火不旺，暖气不热，便跳过栏杆捅了捅烟囱，让火焰尽情地放纵。

这个冬至，虽不声色俱厉，却冷得够味了，是有点含威不露的样子。

2004年12月21日 · 农历十一月初十 · 星期二

阴阴沉沉了几日，迷迷蒙蒙了几日，好像就是这个目的：

——落雪。

雪下得不小，昨夜下起，一直下到了今晨，上午也还飘洒了一会儿。这不是今冬的头场雪了，只是这场最大。似乎前数日的阴沉、迷蒙，都是为了迎接这场雪。

和雪同来的还有节令，今日冬至了。

冬至，就是数九。一九今日开始。

民间有个说法，头九有雪，九九有雪。今年不仅头九有雪，而且，数九的头一天就下了雪，那今后的九中该是什么样呢？应该留心一下。

翻翻前年的笔记，冬至这日也下了雪，影影绰绰记得那年也下了不少雪，只是没有达到九九有雪。就这也印证了百姓民谚其实是一种实践经验的概括。

又有说法，冬至定果木，是说，明年要树木挂果多少，由今年冬至的天气决定。那么，看来明年的水果难以丰收了，也应该留点心。

2005 年 12 月 22 日 · 农历十一月二十二 · 星期四

天冷得像是冬天，却一个雪花也没有落下。电视上播放，烟台、威海暴雪成灾，而临汾却一朵雪花也不见。这就是天气，什么时候能公道啊？

冬至这日，天晴晴的，太阳很亮。头天刮了一场风，风是临汾环境卫生的第一位清洁工。她一来就扫净了满天的阴霾，空中透明得鲜美。中午去给吴丁记上礼，他的二小子结婚，因为要见高茂森兄，上礼后在那儿吃饭。人真不少，满满坐了一大厅。是正日子，结婚典礼很隆重，又很滑稽。主婚人夫妇，穿了戏装，且男女错位，丑化成了三花脸。这就是尧都的现实，一个礼仪文化的发祥地，居然滑落成了这么个样子，大有礼崩乐坏的气势。我实在不敢苟同。

冬至日举行的婚礼不会与天气有什么联系，我总觉得如此状况会惹得天怒人怨。人怨是不可能了，看看满堂笑乐的人们，似乎都已习以为常。然而，人们品格的滑落，不能说明天也失去尊严。于是，天便将眼睛瞪大瞅着临汾，看你们要把世道折腾成啥样子？这一瞪当然把雪也误了。

2006 年 12 月 22 日 · 农历十一月初三 · 星期五

八时十三分冬至，大约也就是此时，我打开了电视机，中央二台马斌读报，读的竟是关于临汾的消息：临汾成为全球污染第一城，这消息令人很不是滋味。

冬至天不冷，气温反而比前数天有些回升，可就是这回升，让空气质量变得浑浊不堪。这季候，一没有风，临汾就有一个逆温层。这是书面语言，老百姓说头上戴着顶雾锅盖。这样空中的悬浮物便集聚一体，弄得空气浓稠浓稠的。十点多了，仍然见不到太阳的光泽，似乎是阴天，其实不阴，是个晴日，只是太阳要穿过浓雾，须在中午十二时了。

下午五时去操场打篮球，出去了就有些后悔，到处灰蒙蒙的，张口一呼吸，还有些呛人。硬着头皮蹦跶了一会儿，回到家时，嗓子是黑痰，鼻孔是黑涕，在这样的环境中生存，实在有些艰难。

2007 年 12 月 22 日 · 农历十一月十三 · 星期六

连续几日无风，气温平平稳稳，临汾却阴霾弥空。每天十时后才可以看到太阳的影子，而且从雾中透出来像是月亮般的。没有感到有降温的征兆，可也进入了实质性的寒冷阶段。这时候，屋子需要暖气，然而，今年的暖气却极为不好。阴面尚有些，阳面的两个屋子都没有，坐在桌前写这篇短文，手凉，腿麻，干脆将空调开了，取点暖。

暖气这事已反映给小区，可惜未查出问题再没人问了。这就是管理上的弊端，事情还没有着落，为什么就不再继续呢？据说，在三元小区仅是九号楼这样，可这烦人的事却凑在了自己头上。所幸的是，财神楼暖气不错，二老住到了那边，不然可就麻烦了。

今天去尧庙镇搞讲座，是个僵硬的刻板话题，听讲的对象是村人，是农民，我就用方言讲，讲他们最喜欢听的，讲他们最为关心的事情。一口气讲了两个小时，大伙儿听得仍然兴致不减。只是时已近午，慌忙停住，不然会误了大家吃饭。今儿这饭非同小可，要吃饺子，吃了饺子不冻耳朵，但愿如此。

2008 年 12 月 21 日 · 农历十一月二十四 · 星期日

看冬至的时间是在二十时零四分，到了晚上，其实一早，不，头天晚上就到了。

寒风呼啸，扫净了天空的云烟，也扫去了天地间残存的一点暖情。在外头行走，立即就感到了什么是冷酷无情，或许是衣服未及增加，浑身冷得肌肉抽搐，瑟瑟发抖。屋里的暖气也似乎不如先前，晚上看球赛，看易中天讲法家，躺在沙发上盖着薄棉被。

前几天看电视散文讲冬至，说到古人在数九这日画九九八十一朵梅花，每日描红一朵，待全部染红了，寒冷的九日就过去了，这就是数九的来历。无疑，这来历富有诗情画意，过去曾考究过数九，但还没查找到这种说法，又长了点儿知识，

和小平、丁丁去财神楼吃饺子，得知老妈早上六时就去广场买东西，可冻坏了，令人忧心。爸爸晚上觉得饿，馏了两个馍吃了，方才好些。其实是低血糖，含块糖就可以。人老了，迟钝了，同样令人忧心，离不开提醒，离不开关照。

2009 年 12 月 22 日 · 农历十一月初七 · 星期二

冬至这天比三天前要冷。前天刮了风，来了寒流，天果然晴亮，气温却下来了。在屋里坐脚有些凉，晚上躺在被窝里，好一会儿了脚还是凉凉的，被子也好像比前几天薄了。放在床前的水，晚上一口也没有喝，不过，睡醒了感觉不错，不干燥，头脑清爽，能保持这样的温度也不错。

这日下午，去邮局领稿酬，顺便将贺年卡寄了出去，常联系的师长、朋友都发了，总共一百份。外面不算冷，太阳晒上一大会，气温便升高了。这温度和刚入冬相比，要高。气候真反常了，当然，我说的反

常不是指偶然现象，而是说这样的征兆不仅是临汾，而且全国，全球都有所反应。

继续写作快快乐乐学作文，《语文报》已经连载了六十篇，不时会被转载，网上看到被选的很多。能普及作文的技巧，又不枯燥说教，也是乐事。那就把快乐进行下去。当日晚写就。

2010 年 12 月 22 日 · 农历十一月十七 · 星期三

冬至来得有点平庸，没有冷的感觉，还有些回暖。

前几日连续冷过几天，用人们的话说是干冷。干冷的原因在于入冬至今没有下雪。别说下雪，连像模像样的阴天也没有。这就奇怪了，从报上看，连续两个月没有降水，麦子干旱了。

这些日子，除了应酬，主要是阅改长篇小说《苍黄尧天》。今日上午改完一遍，觉得还应继续修改。该让人流泪的地方流不了泪，关键在于侧面写了，或者到了要害处回避了，也就逊色了。本应接着修改，但为了拓展思路，决定先看个长篇小说撞击一下固定思维。下午开始读迟子建长篇小说《白雪乌鸦》。

散文选集开始装订了，但对封面、开本以及扉页都不满意，留有缺憾。看来办成一件好事很难，总有许多难以如愿的地方。从遗憾中走来，向遗憾中走去，时光就是这样的逻辑。写在冬至当日。

2011 年 12 月 22 日 · 农历十一月二十八 · 星期四

冬至了，没有感到冷。

今年的大衣还没在临汾穿过，前十天去太原开会穿了几日，一回临汾就脱了。去财神楼，老妈见了问：为啥不穿大衣？

我告她不冷。

是不冷，在街上行走，走着，走着，还暖乎乎的。既然这样，就只有让大衣闲置着。

昨晚看气象预报，说是有个寒流过来，温度要降2℃—3℃。今天再看，没有提及，仍然是晴亮的天气，降温需要继续等待。

不冷还好说，关键是不降雪。再要不下雪，小麦就缺水了，这对根系生长不利，明年的收成要受影响。村人常说，头九有雪，九九有雪。但愿这个头九会有一场雪，那就可以——

瑞雪兆丰年了。当日晚急就。

2012年12月21日 · 农历十一月初九 · 星期五

天是晴了，地上却盖着一重雪。

头日下了一整天，不是太大，时断时续，地上却全白了。下午五时许去草根会馆策划《草根丛书》首发式，地址在汾河滩。车行其中，满眼皆白。空中飞白，是雪花；树上挂白，如雪枝；脚下铺白，像地毯。下车来吸几口气，冰凉冰凉，肺腑顿时通畅好多。策划完毕，在路上步行一段，脚踩在雪上咯吱、咯吱，久违的绒绵感觉回来了。

次日，太阳露脸，天晴了。上午备课，下午去尧都区安监局讲尧文化。

再过一日，天仍晴，晴亮亮的泛冷。不过，最冷的是今天（二十三日）。中午十二时后外出，耳朵疼得像刀裁割一般。很久没有这样的感觉了，今天却又尝到。这才意识到冬至过了，数九天来到了，一年中最冷的季节光临了。

2013年12月22日 · 农历十一月二十日 · 星期日

迎接冬至来临的不是寒风，不是阴雨，更不是雪花，而是阳光。阳光充满了已有的冬日，使瑞雪几乎没有降临的可能。天气确实冷了，临汾到了零下7℃。

不过，比天气还寒冷的是心情，寒彻周身，寒彻肺腑。

父亲在一周前病逝了，时在十二月十五日，昨日刚刚安葬。

绝没有想到父亲会走得这么快！去北京医病前没有想到父亲会走，在北京固然有了思想准备，可也觉得父亲去世是很遥远的，至少也会在一年之上。岂料，我这幼稚的想法被打破了。回到家中不到十天，父亲已难以支撑独自活动。后来，就下不了床。即使如此，我也觉得他会在床上躺个半载以上。然而，仅仅躺了三天，他老人家就撒手人寰。

就在这样悲凉的气氛里冬日渐深，冬至走来。

2014年12月22日 · 农历十一月初一 · 星期一

冬至是周一，今天周六了才开始写这则笔记。不是遗忘，不是懒惰，而是想等到冬至的寒冷意味。然而，等来等去，还是未等到。

倒是冬至之前还冷了几天。虽然称不上严寒，却也比这几日要冷。上周去云丘山，行前天有些阴，却未下雪。到了乡宁县，天晴了，地上铺着一层薄雪。拿出相机拍照，手指冻得发疼。次日一早，去看鹿凹塔、上川、下川古村落，脚踏着积雪，咯咯吱吱。柔软舒适，清凉的气息扑面而来，和我呼出的热气融为一体，别有一种滋味。可惜诗意引发大意，一脚下去踩落村巷的枯树叶，插进洞中，划破了。破就破了，没有在意，岂料竟然发炎，至今没有痊愈。多少年没有发炎了，莫非这是冬至留给我的痕迹？

2015年12月22日 · 农历十月十二 · 星期二

打坐窗前望寰宇，满目雾霾罩大地。

只盼北风早光临，尽扫污垢吃饺子。

这是冬至那天，随兴而吟的小诗。雾霾漫天，已经好几日了。出去不戴口罩呛得喉咙难受，近日连财神楼老妈那儿也没去。临汾如此，北京更甚。乃至今天，北风吹来，临汾已重见青天，可以大口呼吸了。然而晚上从电视上看北京的天气状况，明天仍然有雾霾。如此状况，令人忧患。

到年底了，时光好快。电视台约我去谈猴年马月，新一年的贺岁文章该动笔了。冬至写起，到昨夜完稿，今天修改了两遍，读起来比较顺畅，只是文化反思少了些，思想含量不足。可是，再也挖掘不出资料，是资料不足，还是水平不及，我看还是检点自己为妙。二十四日记之。

2016 年 12 月 21 日 · 农历十一月二十三 · 星期三

冬至是进入严寒的标志。

奇异的是冬至没下雪，却下了一场雨。入冬以来，一直没雪，天气较暖，下也是雨，而且不是像模像样的雨。好不容易盼来了天阴，但是没下成雪，只是雨，雨也不大，天亮后几乎不再下，下午天气干脆转晴了。

天晴云散，必然靠风。幸运的不是天色晴亮，而是满天雾霾被风吹散。又经过了一个雾霾的浓烈时段，临汾城中再次采取车辆限号，单日单号，双日双号。而且，坐公交车不收费；而且，洒水车来回喷洒。然而，人为的减排似乎不起什么作用，雾霾之浓依旧如故。所幸，治污已引起了重视。

2017 年 12 月 22 日 · 农历十一月初五 · 星期五

天气晴亮，自从上周四下了一层薄薄的雪，云被风吹散，蓝天一直蓝着。雾少，雾淡，霾缺了挂身的衣服轻了好多。相比较，今冬是雾霾最轻的一年，固然生炉子、烧煤取暖的人日渐减少，但还是时不时吹来的风起了决定性作用。

风扫雾霾去，环保的根本出路依然没有走出自然的根本控制。

要写下一个名字：常班宣。今年扩大集中供热取暖范围，方法还是老一套，向群众收取接口费，这是国家明令禁止的，但收取了多少年，今年总算有人站出来维权，这人就是常班宣。从微信上看，他家被人断了暖气，给予报复，实在有些欠妥。愚民行为总是把群众利益置之一边，而看上司的脸色行事。精神雾霾比物质雾霾危害更大。次日晨起即记。

2018 年 12 月 22 日 · 农历十一月十六 · 星期六

冬至来了，天气却比前几天温和了，大致是十天前，那可真是冷，在外面行走，冷得把衣服上的帽子拉到头顶。走不多远，背上也冷冰冰的。平川爸去世了，回伍默翟村去，在客厅里坐了近一个小时，无火，有种冻透的感觉。晚上有感冒症状，马上喝了药，小平熬酸辣汤喝了才睡觉，次日早晨方好。不敢再掉以轻心，第二次再回村里穿上了棉裤。

仅仅过了三四天，气温回升，棉裤穿不住了，羽绒衣也穿不住了，换上先前的衣服。

老妈胸口下有个肿块，嚷嚷住院很久了。二十日安排住卫校医院，昨日输液过敏，遭了一难。两个多月为住院我和小平与其他人意见分歧，我们以为保守治疗为好，他们不听，推波助澜，险些造成大憾。

当日夜记。

小寒

二〇〇〇—二〇一八

农家无闲时，冬天忙纺织。
一年穿和戴，早早预备齐。

小寒冰画挂窗前

很喜欢小寒这个名字，小而不是大，谦和自持，一点也不放纵。小寒，自然还不够严寒，更够不上酷寒。何时才该严寒，酷寒？当然是大寒。从名称看，似乎小寒的寒冷不及大寒，逊于大寒，但是，实际不是那回事，谁要是这么认为不是粗心大意，就是涉世未深。在我的印象里，小寒不一定寒得不够劲，大寒也不一定就比小寒多了寒冽的滋味。若是进一步细想，大寒过后是什么时节？是立春，是新一个轮回的起点。立春是温暖的开端，温暖不可能突然到来，一定是在渐变。渐变的起点在哪里？只能是与立春相邻的大寒。因此，大寒已包孕着内在滋生的温暖。所以，在我看来小寒与大寒相比，只有名称的不同，没有寒冷的高下之分，还包含着生存的哲理，即不要把话说到极致。

小寒彻骨的寒冷，早在童年就已深入我的脊髓。那年头乡村老屋的窗户上只糊一层麻纸，没有人舍得买块大大的玻璃透亮。只在窗户当中安上很小的一块，能看见院子里的动静即可。本是用于窥视的那块小玻璃，留给我最美妙的记忆就在小寒这个时节。某天早晨起来，就觉得屋子里没有平常亮豁，掀看小小的窗帘一看，禁不住惊讶地叫出声："好美呀！"让我惊讶的是小玻璃上的冰画，那上面横看成岭侧成峰，远近高低各不同；正看如云斜如水，上下左右变无穷。盯住小小的一片看，像是一株开花的梨树；扫过整个画面，犹如一坡爆开的山杏。站起来看，像是一群安详吃草的绵羊；坐下去看，像是一脉高低错落的山峰。真是奇怪，冰未变动，却没常形，展现出一个变化多姿的屏面。那时候没有电视，墙上的几幅年画是最华丽的装饰。可是，那画上人是人，山是山，树是树，哪像冰画这么形姿多变。

更为意趣无穷的是，别看随着蒸笼的热气喷出，今日的冰画会化为虚无。可是明日起床，准会有一幅与昨日完全不同的图画。你再看吧，想象有多少，花草树木就有多少，山峦峰岭就有多少。我一直以为这是上苍的厚爱，不会因为贫穷，而封杀了你飞扬神思的天性。

与小寒同时登场的还有雾凇。雾凇是村外母子河畔最壮观的美景。秋去冬来，河边婆娑的柳树，高昂的杨树，还有垄坡里各色草木，都褪去绿衣，枯萎枝条，怎么看都有些穷困潦倒。可是，小寒的早晨再来看，全部穿银装，戴银帽，还要挂银链，素洁而典雅。让人感叹，寒冷竟有这般魔力，将穷困变富贵不费吹灰之力。而且，这里没有高低贵贱差异，一律都装点得新颖合体。

寒冷到这种程度，岂能是小寒？小寒，无疑是谦虚低调的称谓。

如今的小寒，虽然没有往昔那么酷寒了，可是也不要把豆包不当干粮。添加衣服，及时保暖，才是应对严寒的最佳选择。青春年华，壮硕岁月，不畏苦寒，早出晚归，辛勤操劳，那是应守的本分。民谚里“夏练三伏，冬练三九”，就是对世人的谆谆教诲。倘要是花甲古稀，寿高耄耋，切不要强做抗争，当服老时就服老，该藏冬时就藏冬。看看人家白居易，那么一个有作为的人也不和严冬闹别扭，他袖手过冬不说，还邀请朋友刘十九也来分享：“绿蚁新醅酒，红泥小火炉。晚来天欲雪，能饮一杯无？”米酒酿好了，火炉烧热了，乌云浓重，又有雪倾，共饮一杯不亦乐乎！

古代将小寒分为三候：“一候雁北乡，二候鹊始巢，三候雉始鸲”。这三候的表述颇有意思，大雁要北归还乡，喜鹊要筑巢育雏，野鸡不甘寂寞，鸣叫求偶。它们已透过小寒看见了温暖的春天。有希望就有力量，禽鸟为我们吹响了前行的号角。

2000年1月6日 · 农历十一月三十 · 星期四

这世界真让人难以活下去了。

漫天灰沉沉的，不知道是雾还是尘，太阳照在当顶，却如同隔了厚厚的云层，看上去不刺目，活像月亮，还没有月亮那般洁净。

整天这样，连续好几天了，是污染。有人呼吁：这地方不适宜人待了！

今天突然晴了，晴得痛快亮洒！昨夜风忽忽地吹，吹得外面塑料棚不住作响，是西北风。西北风如今成了众所公认的最佳环境保护工作人员，因而，对之时常有些向往。

果然，天蓝得耀眼，太阳亮得刺目。早晨出去，一望好远，远远的天一直蓝到什么也看不见的地方。心情也就像天气一样阔朗而舒展。

只是冷了，气温下降了10℃。我觉得这是冬日以来最冷的一天。下午去尧庙广运殿西边，看布置走弯弯的场地，冻得人连手机也握不住，只得找个背风的地方打电话。

莫非，这就是小寒的滋味。

2001年1月5日 · 农历腊月十一 · 星期五

二十一世纪的小寒带着节令的风貌来了。

早上，天色晴好，不算冷，毕竟是数九的天气。下午却有了淡淡的云，云渐渐厚了，天也就昏暗了。刚刚有些变长的天气，好像突然又缩短了。昏黑了不多时，天就黑严实了。

坐在家里，听见有风，风不大，轻轻地，似乎是怕惊醒了梦中人，又似乎轻唤着孩童早些入睡。屋里却有些凉，脊背上冷冷的，想坐就披了件棉衣。

睡着了，却觉得亮亮的。亮晃得人醒了，显然这亮光与平日不一样，就觉得是落雪了。

出得屋来，果然是个银白的世界，好大一场雪，小寒带着雪来了。

2002年1月5日 · 农历十一月二十二 · 星期六

似乎时光老人颠倒了物候，把春光撒播在冬天了。小寒居然暖和了，暖得像是春天光临。

走到户外，阳光柔柔的，气温绵绵的。步行开去，不多会儿，走得浑身暖烘烘的。活似走出了冬寒，拥入了春的怀抱。

民间有语：暑里一九，九里一暑。莫非这就是九里一暑？屈指数来，正是二九第六天，哪里有数九天的冷味？

隔日如此。

再隔日也如此，起了几阵风，风也不寒，不凉，怎么也是春风的性格？

晚看电视，美国仍在阿富汗作战，巴基斯坦和印度局势紧张，人怎么就没有自然的温情？

2003年1月6日 · 农历腊月初四 · 星期一

小寒是从寒冽中来的。

未近小寒，日已严寒。连着两场雪覆盖了大地，下雪不冷，消雪冷，冷得人寒瑟瑟的。天气预报最低温度在零下15℃，而最高温度也在零下。人们见了面，都说冷。我冷得居然感冒了，上下后屋楼梯都凉沁沁的，还戴了帽子。

时进小寒，已近三九，是二九第七天了。过去人说，一九二九不出手，三九四九冰上走。今年，一九二九就冰上走了，那三九四九不知要冷到何种程度。

不过，今日已是三九第三天了，太阳暖洋洋照着。昨日随中央电视台去官雀拍片，不冷，今日看来仍暖，莫非要变变滋味了，三九四九能出手？或许吧！

2004年1月6日 · 农历腊月十五 · 星期二

天阴了一天，像是要打造个冷冷的小寒。

可是不知缘何，次日却晴了，太阳火火地挂在空中，寒气消退了不少，不像个小寒的样子。

自立冬前落了一场小雪，迄今不再有雪。天空不时迷漫着雾，却凝不成云，下不成雪。

没有雪的冬日，自然不会太冷，这是个暖冬。

忽然又想起民谚：雷震百日暖。

立冬的那场雪，太原打着雷，北京打着雷。临汾虽没有打雷，可也下了雪，是场急匆匆到来的雪。冬寒与秋温交会得太快了，就有些剧烈碰撞，人便有不适的感觉。

世事会否打破民谚？拭目以待，一天、两天、三天……天非但没有阴，没有雪，晴得更亮堂了。

我在亮堂的房中走笔记事，时在一月十三日上午。

2005年1月5日 · 农历十一月二十五 · 星期三

与冬至相比，这个小寒实在不怎么样，说穿了是不称职。

冬至那日飘了雪花，而且，以后数日寒冷天天升级，冷得阳台上的玻璃晚上都结了冰。到了上午九时，才能逐渐消融。到外面走走，人们穿得好厚，把御冷的厚衣服都披挂在身上。

这几日已有了些缓和。气温逐渐回升，明显的表现是阳台上的玻璃不再结冰。亮明的蓝天要到中午十一时才能看到，早上有雾，雾不大，却阻拦了烟尘的上升，因而，很是沉闷。

小寒便是在这个低谷到来的。

这也是节令的一种形式。世上似乎没有统一标准的事物，节令也好，季候也好，都是一个大致的范围。要是把这个范围当成衡量物事的尺度，按标准认定，那就时时充满了失望。

理解自然，理解社会，必须理解人生。而理解人生，必须要有丰富的阅历，还不能缺少了思考的头脑。

2006年1月5日 · 农历腊月初六 · 星期四

小寒是真的寒冷了。

天阴沉沉的，刮着西北风。近十二时写完《狗年说狗》的短文，送出去打印，走在街上冷冷的。回到屋里暖了半天，方才温暖了。

没有下成雪，不过，一九的最后一天却下了雪。雪不算大，但地上下白了。过三四天，又落了一场雪。那日去《临汾晚报》开三周年座谈会，出来天上飘飞着不小的雪花。一个小姑娘在人行道上捕捉雪花，捉到手里化了，又去捉。真是一幅绝妙的风景画。

雪下过去，天未开，直阴到小寒这日，呼呼的西北风刮了一天一夜，天晴了，晴得好蓝好蓝。站在城中远眺，姑射山好像就在眼前。

第二天，去慰问老干部，在车里不暖和，出了车是寒的。这个小寒，还真有点称职的意味。

2007年1月6日 · 农历十一月十八 · 星期六

小寒的代表作是寒风。

寒风的作表作是晴日。

头天就刮起了风，树梢的枯叶随着寒风飘飘忽忽，落在地上也难以安宁，仍然滚滚爬爬。地上的风景不必在意，关键是天上的景致引人注目。

自进入二〇〇七年，一连数日阴霾漫天，雾罩长空。百米以外的景物难以看清，地面升上空中的烟气根本上不去，压在头顶，形成了一个重污染的封闭层。明显的感觉是，在外头行走呛得难受。

这就是临汾，全球污染第一城。

好在总算有了云开日出的日子。小寒来了，不知是它带了风，还是风带来了它，反正天高了，雾散了，长空明净，真是满天的乌云风吹散。

今天是九日了，天空仍没积云、积雾、积尘，万幸。

2008年1月6日 · 农历十一月二十八 · 星期日

小寒如果是个人，是个修炼到家的聪明人。如果这个聪明人道德高尚，那他便是含而不露的做派，舍此则是老奸巨猾。

小寒这天不冷，一点也不冷。哪里有一点寒冷的意味，倒有点对寒冷的辜负。这是二九的第七天了，一九里尚冷了几天，进入二九，却一点也不冷了，温温的，让人失去对冬天的戒备。

就在此时，小寒的真实面目暴露出来了。

今天是小寒后的第四天，坐在屋里天暗暗的，不得不开了灯读书。就在此时，电话响了，我的文稿打印好了。我下楼去二中路口拷盘，一下尝到了寒冷的滋味。风不大，却恰好对脸，掀开我的棉袄直往里灌，两肋间凉飕飕的。最觉寒冷的是脸上，两颊里如一双冰手按捺上来，顿时就觉得心里抖了一下。我没敢畏缩，挺挺胸，大步走上前去。若是畏冷，就会更冷。

好在没走几步路，我已钻进了暖屋里。想想当年进城换大米，在寒冷中奔波一天，这才叫幸福。十日追记。

2009年1月5日 · 农历腊月初十 · 星期一

天没有刮风，更没有变冷，气温还有些回升。三日，表妹越兴长子完婚，去坛地村待了一上午。坐在院里，阳光暖融融照着，晒得很是惬意，像是立了春的日子。这种日子延续下来，到了小寒依然是这样。

在外面走动，自然是好事，不冷，十分难得。然而，对于小麦却是件坏事，入冬以来未下过雪，遍地干燥，地里的麦叶梢都枯干了。今晨电视飘字：山西中南部出现中旱。如果再不下雨，就会减产了。刻下的局势有点儿不甚好，农业仍然靠天吃饭，其他各业又都笼罩在金融危机的阴影下。

当然，要是看报道还是挺受鼓舞的。媒体传播，今年元旦广大民众的购买力非但没降，还大有增长，增长了13%。听起来大受鼓舞，细一想不以为然。今年的元旦已进入腊月，人们的消费都是冲着大年来的，倘若不是这样，肯定不会增长，说不定还会下降，盲目乐观不是好事。次日记之。

2010年1月5日 · 农历十一月二十一 · 星期二

小寒于临汾是平稳的，几乎没有什么太大的变化，气温还像数日前那样。

临汾幸运了。

此时，北京暴雪，河北暴雪，连山东部分地区也是暴雪。处于风口浪尖的内蒙古更是暴雪连天，一辆火车陷在雪中，滞留了十余个小时，方才被救出。这股寒流趁势南下，让上海、广州都感到冬天的寒冷，而临汾却躲过了，实在是幸运。

云丘山的书稿初成，征求意见说应该添些关于风水的内容。七日一早再赴云丘山，下午看过八宝宫，返回五龙宫。山里是比川里寒，站在宫前，冷风飕飕，鼻子里直往下流鼻涕。风一吹还流泪水，又一次感受到了高处不胜寒。原来还准备上山顶，严寒难耐，加之雾气迷蒙看不清楚，干脆不去了。次日经乡宁回临汾，山里阴坡还有一层白雪。到了山下，艳阳满地，像是回到了春光中。三日后追记。

2011年1月6日 · 农历腊月初三 · 星期四

天是很冷了，外边冷，屋里也不暖和。

似乎是暖气不够好，但还是温度走低的原因。今冬这冷和平常不一样，平常的冷，多是因为降雪之后引发的低温。今冬迟迟没雪，近来才降了一场，但是那雪实在小的可怜，地皮刚刚发白，就停了。原以为晚上还会悄无声息地下些，往年常如此，这次却不。一早推窗望去，外面洁白无瑕，雪却很薄。早上隐约有了太阳，到中午时晴了，下了一场皮皮毛毛的雪。

但冷没有缺席，晚上在屋里坐着，脚凉得厉害，手也发冷，就抱了热宝，或将之放在脚上。上床的时候，将床上的加热垫儿开了，暖和了再睡。睡得不错，早上动手修改《苍黄尧天》，改了将近三分之一，情节变动不大，但语句还是变了不少。看来要锤炼成精品，还需要再雕琢一番，争取春节前改完一遍吧！

2012年1月6日 · 农历腊月十三 · 星期五

太原天气是比临汾冷，最高温度零下1℃，在金辇大酒店出席全省三晋文化研究会工作总结及新春座谈会，早九时在大门口合影，寒凉寒凉的。

一上午会议，午餐后回返。一路上车行如飞，两个小时多一点即回到临汾。自灵石往北，温度就低，明显可以看阴坡里仍有残雪。往北，背阴的厦坡里也还覆盖着雪。算起来这雪该有将近两个月了，还是十一月初下的，如果气温高应该消掉。相比较而言，灵石之南就没有积雪，温度要高，而且雪也下得小。

回到临汾，没有那么冷，空气质量也好些，尤其好于介休。介休雾霾满天，和临汾前段的天空一样，车驶过还有难闻的气味。从财神楼散步回家，虽在夜里，还是走得浑身温暖。回家，趁暖记下。

2013年1月5日 · 农历十一月二十四 · 星期六

小寒是个晴日，天气有些冷。临汾的最低温度滑到零下10℃，最高温度不过2℃。但不是从这日冷的，也就没有什么节令交替的感觉。

九时许，同三个妹妹去杜家庄。表妹夫小胖去世了，前去吊唁。提前已去一趟，给送了五千元，用以安葬。表妹吉兴是大姑的女儿，大姑有些痴呆，女儿也有些弱智。小胖不弱智，却耳聋体弱。俩人只能过一份穷光景，穷得现今仍住在破旧的土屋。尽管多年都给予救济，可是救急容易，救贫难也。眼下唯一的希望是刚从部队回来的小儿子郭栋，扶持他挑起大梁，家里或许会有起色。

祭祀过回城，阳光还是鲜亮的，照在身上依然温暖，心里却未免寒凉。晚上看电视，始知今日是小寒。

2014年1月5日 · 农历腊月初五 · 星期日

我终于写小寒这则笔记了。不写是希望，希望小寒能寒冷起来，尤其希望寒冷里有一场雪。这场雪不是我的梦想，而是央视气象预报有征兆。从云图看，我头顶上覆盖了一层云，大面积笼罩着。

按照往昔的情形，一场大雪将会铺天盖地，可是没下，一朵雪花也没有飘。覆盖了两天的浓云散去了，淡淡的阳光出现了。天阴时气温也就下降了两三摄氏度吧，随着阳光的再现，温度上升了。

动笔写这则笔记，小寒过去已近一周，对严寒，对瑞雪，我不再期待，只有失望。失望这个冬天太干燥，干燥得胜过以往。一月十一日上午失望地敲记。

2015年1月6日 · 农历十一月十六 · 星期二

小寒，比昨日稍稍冷了些，但还是不够劲。

最不够劲的是前些天，哪里像个冬天的样子。早晚发发寒，太阳一出便消散了，温情缭绕，犹如初春。

到也有好处，三日是父亲去世一周年的祭日，我们商量好要去坟茔。老妈也要去，担心她身体能否承受了，主要还是怕天寒。然而，天遂人愿，不寒，不冷，老妈也就去了，天意可人啊！

天气继续着自己的风格，即使小寒来了，也没有换上严苛的面目，依然如故。昨日，还飘来一点阴云，但没多时便不知去向。于是，今晨的阳光复归在头顶。

认真算起来，今冬还没下一场雪，二九也过去了好几天，雪还没踪影，雪还会来吗？当日傍晚手记。

2016年1月6日 · 农历十一月二十七 · 星期三

小寒是个好日子，连续多日的雾霾被风吹散了，难得啊！

一早去壶口看冰挂。早有心思，一直未能去。十五年前去过一次，然而未能看上，却看到了满河床的冰凌堆积的高山。登上冰山，从东岸可以爬到西岸，虽很壮观，不是要看的风景。这次去总算如愿了，却没有满足感，还略有遗憾。原因在于想象得太好了，冰挂规模没有想象得大，想象得多，也就不过瘾。然而，不乏收获。黄河水不算最浑浊，站在瀑流汹汹沉落的龙槽口，忽然想起“浪花卷起千堆雪”。此处不是千堆雪，胜似千堆雪，又由浪花想到开花，想到这是黄河花，黄河怒放的花，黄河爆开的花。

从壶口归来，中午二时许。往常来回一天还匆忙，如今路好走了，轻省多了。十七日追记。

2017年1月5日 · 农历腊月初八 · 星期四

如果日历上不标明小寒，谁敢说这样的气温是小寒？

去年曾冷过几天，感慨应该有个棉帽，连同耳朵一起护卫起来。儿媳张静恰恰就送来个戴帽子的风雪衣，真乃雪中送炭。然而，炭备足了，雪却迟迟不来，不仅无雪，天气根本没有进入严寒。小雪，不冷；大雪，不冷。冬至了，数九了，依然不冷。倒是雾霾不少，晴亮三五天就是一个雾霾过程，漫天迷蒙，不得不戴着口罩行走。

今日是小寒后的第二天，看气象预报，云图覆盖了临汾，悄悄欣喜。一冬都没有一场像模像样的雪，实在干燥。早上起床，只见天地昏暗，阴得很重，过一会儿，地皮泛湿，不见雪花，以为是悄然落了几朵。中午去财神楼老妈那边，一下楼额头发凉，小雨滴落在头上。大步走去，走着浑身泛热，竟然生汗，干脆解开拉链儿，敞怀而行，反常，气温反常。

2018年1月5日 · 农历十一月十九 · 星期五

天气阴沉，像是还要下雪。

昨日没下，阴沉了一天，中午太阳挤出来一会儿，稍稍露个脸，又被云层掩盖。雪是三日夜里下的，时间不长，地上积雪已有一寸多厚。这雪才像模像样，不似前面那场雪，应付了事，走个过场。既没有给天气增加寒度，也没有给空气增加湿度。

气候干燥，易于生病，流感悄然蔓延。郭轩宇上学的那个班有十二个同学都进了流感的罗网，没能上课。班主任在微信里发来照片，后面的课桌空旷一片。

这场雪降了温，小寒有了寒的滋味。昨日傍晚去操场上踏雪散步，尽管还戴着手套，冰凉冰凉，回来拧开龙头洗手，走前摸到的凉水，居然有了温暖的感觉。气候的冷暖变化，左右着人的冷暖感觉。

大寒

二〇〇〇—二〇一八

窗外飞鹅毛，檐前冰凌吊。
贴好红对联，春节阖家笑。

大寒已知春消息

“旧雪未及消，新雪又拥户。阶前冻银床，檐头冰钟乳。清日无光辉，烈风正号怒。人口各有舌，言语不能吐。”

这首北宋文人邵雍的《大寒吟》，真切描述了大寒时令冷彻肌骨的情形，竟然“人口各有舌，言语不能吐”。

我亲身经历过这种刻骨铭心的寒冽，时逢大寒，大雪突降，覆地一尺多厚。不过，下雪时并没有感觉到冷，酷烈的寒冷是伴随着消雪而来的。太阳早早就升起了，却久久不见光影。迷茫的大雾笼罩了天地，夏日炎热的太阳绵软无力，被浓雾裹挟在其中，一两个时辰透不出气来。直到快近正午，头上才有了淡白的光影，屋瓦上的积雪化了个薄薄的表皮，顺着瓦沟往下流淌。刚流到屋檐就被冻住了，再流去，再冻住。只两日，屋檐前便垂挂下数尺长的冰凌，一条一条，活像巨兽吞噬尘世的利齿，除了雪人不怕，谁人不怕？的确，大寒的冷，不是一般的冷，冷到了极点，冷到了巅峰。

这时候要是去看壶口瀑布，那瀑布才是名副其实的壶口。波涛滚滚的巨澜，奔涌到这里，满河道都是冰凌。大块的，小块的，层层叠压，彻东到西，缕连一体，如山峦起伏，将河床堵塞得严严实实。唯有十里龙槽留下个小小的入口，洪流倾注进去，犹如往壶中灌水，不是壶口又该如何相称？大寒时节的壶口河道，是冰天雪地，是冰峰雪岭，那架势横亘纵卧，坚如磐石，令人难以想象该如何摧毁这铜墙铁壁。

可是，切莫多虑，大寒后期温润的太阳已在动摇冰峰雪岭的根基。不匆不忙，不急不躁，太阳就那么照着，每日刚刚感到有些暖意，就收敛了那微弱的光热。然而，终有那么一天，坚如磐石的冰峰雪岭，突然松软了身肢，猛烈垮塌下去，垮得一发不可收拾。转眼间，河道开了！这时候，大寒也随着激流去了。留下来观赏壶口瀑布的已是暖洋洋的春日。

大寒，就是这样矛盾，既要固守严寒，将之推向极致，还要沟通冬春，将温煦导引进来。大寒，一身托两极，负阴而抱阳。它是阴阳对立的顶点，是阴阳化育的起点。

最能代表大寒这种身份的是腊月二十三。腊月二十三，是祭灶节，也称小年。祭灶，是因为玉皇大帝派往人间的灶神要回天上述职，人们为他老人家送行，让他上天言好事，回宫降吉祥，保佑一家安居乐业，福寿绵长。灶神回宫，标志着一年严密监视的终结，再要重返人间已到了下一个新年。当除夕夜噼噼啪啪的爆竹响起，那就是迎接灶神的重新到来。灶神伴随新年到来，有时属于大寒时节，有时就到了立春时节。若是到了立春时节，如何还能展示大寒这阴阳转换的拐点？于是，用一个小年的称谓锁定了大寒的责任担当，角色转换。

大寒，又如黎明前的黑暗，翻过这伸手不见五指的峰峦，那边就是光明灿烂的温暖。

在历史深处，早有人悟得了大寒的奥秘。张耒写道："残雪暗随冰笋滴，新春偷向柳梢归。"欧阳修写道："雪消门外千山绿，花发江边二月晴。"曹松的《除夜》诗写得更为透彻："残腊即又尽，东风应渐闻。一宵犹几许，两岁欲平分。燎暗倾时斗，春通绽处芬。明朝遥捧酒，先合祝尧君。"酷寒随着腊月渐渐离去，东风带着暖意悄悄来临。庭燎燃尽，斗转星移，春天的花朵就要绽放。手捧酒杯，共祝尧君再世，同享安康幸福。冬将去，春将来，大寒充满了希望！

2000年1月21日 · 农历腊月十五 · 星期五

漫天飘舞着雪花，雪花迎来了节令：大寒。

从小寒到大寒，仅仅半个月，已是三场雪了。第一场雪来得是有些艰难。记得一九九八年一冬就没有雪，阴沉沉的，有那么一两天，看似要下了，也飘了几个蒜皮似的白絮，没让人意识到雪，就停了。这个冬天，晴日见多，偶尔昏黑了，不是天阴，而是环境污染加重，灰尘笼罩了视野，蓝天也被封锁住了。因此，对于下雪是多了盼望，少了希望。

谁知道，雪说来就来，后半晌开始的，一直下到夜里，厚厚盖了一重，足有五寸。不日，刚露脸的太阳，不见了，又加了一重。出得城去，银装素裹，世界洁净得令人十二分地爱怜。

下雪不冷，消雪冷。连日温度在零下14℃（最低温度）。天冷，雪也就难以融化，屋前的檐头有了尺把长的冰柱。一连数日，向阳的地垄刚能见了点湿土。然而，这一场雪又盖严实了。

雪盖三重被，枕着馒头睡。也许这农谚和瑞雪兆丰年是一样的道理，却比之要生动得多。

2001年1月20日 · 农历腊月二十六 · 星期六

大寒不寒。

腊月二十三，灶爷上了天。该扫扫家了。扫家，在临汾乡下唤作扫guā，什么guā？挂，是把扫净的家里又挂好画像。刮，似乎是把扫不下来的灰尘刮干净。可是，想想，村里说你家我家，不就是你guā，我guā吗？这就亮豁了。扫guā就是扫家。

大寒不寒，艳阳高照，让人想到一句谚语：九里一暑，暑里一九。大寒正在四九，四九是恶九，正寒冷的九。偏偏四九不冷，暖暖的，扫家很便利。东西搬进搬出，衣物洗净晒干，都不觉冷。暖洋洋的迎接着大年。

气温会平缓下去吗？看当初，会的。但是，没多久天变了，腊月二十九天降瑞雪，正可谓飞雪迎春。除夕夜的尧庙，光色朦胧，瑞雪飞落，把殿堂装点得像玉宇琼阁。二月四日夜追记。

2002年1月20日 · 农历腊月初八 · 星期日

大寒了，并没有感触到寒冷的意思。

动身赴台湾，先去太原坐飞机，暖暖地上路，离开了温情的故土。难道就是这故土的温情融化或者阻御了应有的寒凛？

太原冷。下车住进云山饭店，天已昏暗。夜里蜗居没有体味出冷。次日一早去省委接受培训，一出门，就觉出了不同凡响的冷，冷得尖厉，冷得像是十足的冬天。因而，就感到大寒应该是这个样子。

下午打电话回去，得知，家乡也冷了，寒流到了。

大寒在不知不觉中迷漫了天地。

到广州，广州人说，冷了；到香港，香港人说，冷了；到台北，台北人说，前几天还穿短袖衫，今天就冷成了这么个样子！

2003年1月20日 · 农历腊月十八 · 星期一

大寒，一年中最冷的节令到了。

大寒，一冬天最暖的日子到了。

艳阳高照，和风扑面，真如立春后的景象。散步出行，走得好暖，好暖，觉得树该长叶了，草该探头了。可是，这在四九呀，四九的第三天，真奇怪！莫非真是暑里有九，九里有暑？

十二日晚中央电视台焦点访谈将尧都区12·2煤矿死亡事故隐瞒不报的事曝光，临汾人议论纷纷：先前冷，是三四十位冤魂闹腾，现在是有人平冤，还暖了！

民意不可欺，民意从来都是天意。

享受暖冬，迎接春光。

2004年1月21日 · 农历腊月三十 · 星期三

这个大寒是个独身闯天下的汉子。

没有阴云，没有冬雪，只一阵速速的风就把大寒送到了人们面前。

前数日，人们还在念作，今年不冷。没有厉风，没有厚雪，不知不觉就要春暖了。

但是，寒气来了！赶在除夕这日弥漫了迎接大年的人们。人们行走在晴日中不住地嚷冷。

因而，这个春节就如同气象先生播报的那样：晴冷。

初一晴冷。

初二晴冷。

初三又添了些风，更冷了。

大寒用自身的能量统治了整个天地。一直到了正月初九，方有些和暖。可是初十又起风了，十一去鸦儿沟拍照古戏台，在山脚下冷得直抖动。应约为辽宁人民出版社写一本关于山西古戏台的书，出马就遇上了寒流，恐怕要一波三折了。

2005年1月20日 · 农历腊月十一 · 星期四

早晨迟迟没有见到太阳，以为天阴了。该阴了，是大寒了。

大寒，寒冷些理所当然。可是，迎接大寒的却是温暖。连续温暖一周以上了，在屋外能感觉到，在家里也能感觉到。

坐在桌前写作《中国神话》，刚刚冬至的那几日，写着，写着，鼻子就流鼻涕了。以为感冒了，然而离开桌案，休息一晚又好多了。始知伏案时太专心，凉气最易浸染，因而，加了一件坎肩。此后，再没有流过鼻涕。

这日依然穿着坎肩坐在桌前，却有点热燥了，不免生烦，这还坐得住吗？想了想，脱了坎肩，清爽了，可以一心走笔了。

晚上睡觉也有了感觉。睡醒来口下舌燥，鼻孔也干得难受，清理一下鼻孔中的积液，还带血丝呢！有点上火了。

气温明显高了。

高气温迎来了大寒。正是四九天气，我以为会冷些呢，可谁想十时过后，窗户亮了好多，阳光照在玻璃上，屋里温乎乎的。

大寒换了容颜。

2006 年 1 月 20 日 · 农历腊月二十一 · 星期五

飞雪迎春到。飞雪不光可以迎春，还可以迎接大寒。

飘了一天雪花，从白天飘进黑夜。黑夜积起雪来，雪映光亮，天地不那么暗乌了。夜里的梦，似乎也变成了白日梦。

穿过白日梦，进入白日，零星的雪花仍然飘落着。飘了一日，大寒也就来了，像是被雪花迎来的。

我在大寒里忙碌。去年，是忙着为江苏少儿出版社写《中国神话》，今年是为襄汾县写历史文化。去年的书拿到了手上，散发着油墨的香味。今年的书仍在流淌，我的思绪从摇动的笔杆里流出来，流在纸页，成为文章。雪花落了，消融了，融进土地，滋生禾谷，可是收获的时候，可是美食的时候，能忆及雪花的又有何人？我笔底的文字不会消融，还会成为别人的思绪，我比雪花要幸运得多，何乐而不为？

趁着大寒走笔，写晋文公，写到了大寒后的第一天，太阳露脸了。

2007 年 1 月 20 日 · 农历腊月初二 · 星期六

大寒来时是四九的第三天，应该很冷，三九、四九冻破石头嘛！然而，今年的大寒实在平庸，一点也没有冷，哪里像是四九天气？平庸得我几乎不知道该如何评价这样的节令。

于是，我等待寒流的到来。

从二十一日起粉刷三元新村的房间，小儿丁丁定了腊月二十一完婚，想办得风光体面，当务之急是把屋舍弄好。墙上显然有些黑了，重新刷白，一连忙碌了四天，忙在倒腾东西上。尤其难弄的是书柜，不动书，搬不动，一动一大摊，整理颇费时间，干脆，客厅的书柜一个也不动。

四天纷乱过去了，又忙了两三天，屋里才见点眉目。二十五日下午，抽空隙出去看家俱，看汽车，起风了，而且扬着尘灰。返回时车过迎春路和鼓楼东大街的十字口，一个白色的塑料袋飘飞起来，悠然从车前升起，这白色污染不可不管了。

我以为随风而至的不仅是灰尘，还应有寒流，然而，寒流没来，大寒不寒，四九也就不会冻破石头了。

2008年1月21日 · 农历腊月十四 · 星期一

大寒，大大的寒了。

雪一场接一场，八天下了三场雪。头场雪未消，二场盖上了。二场盖好厚，第三场又下来了。麦田积雪达一尺厚了。

踏着雪走走，想走到野外。出门往东，到了新修的铸钢路往北，没通，折回来了南行，往东，向段店方向走。走到了原先的农田，现在被砖墙围在中间，里头也要建楼了。

城市化步子加快了，东城开发进展很快，可以用热气腾腾形容。

然而，人间再热火，也征服不了自然。该冷还是冷，十多年少见的大雪仍然在下。

这一天，还出了件怪事，汾西蔚家岭煤矿爆炸，死了二十多人。上个月洪洞出事，将市长撤了。可是居然把尧都区因煤矿出事免职的头儿派到市上管煤矿了。因而，一管就出事。

天怒人怨，大寒真寒。十二月三日追记。

2009年1月20日 · 农历腊月二十五 · 星期二

连着两日满天阴霾，大寒就在第二日光临了。这日比前几日冷些，不是因为其太冷，而是因为前数日太暖和了。暖和得如同在春日，在花开燕啼的春日，十八日家里擦玻璃，一点儿也没有冷的感觉。这自然是反常的，入冬以来，没有下雪，连一片雪花也没有飘下。再过几天就是另一个年头，莫非雪要为这个冬日留下空白？

天不冷，人却很冷。是三元新村停烧锅炉，不再供暖。算起来整整一周了，这似乎有些可气，为何三九天停止供暖？然而，不能这么武断，暖气费收不回来是根本原因，没有钱如何买煤？没有煤，如何烧锅炉？巧妇难为无米炊，停止供暖是顺理成章的。

暖气的问题去年就出了，我住的九号楼不暖，一直没有修好。今年连续修理，较前好了，但是电业局一直没有交暖气费。这还是就集体而言，不自觉的个人就更多了。我曾念叨该交费了。但念叨有何用，一个人的能量再大也改变不了大势。无奈，只好在冷寒中写下此文，左手指触在纸页凉麻，不得不开空调取暖。次日谨记。

2010年1月20日 · 农历腊月初六 · 星期三

如果这也叫下雪，这雪下的实在草率。

如果这不叫下雪，那飞扬的雪花该如何理解。

大寒似乎是要当个真正的大寒，于是天阴了，还有些许的寒风。寒风不错，吹走了接连数天萦绕在天地间的阴霾。阴霾笼罩天地，实在有些可怕，黄昏出去打球，居然喉咙呛得难受，匆匆扔了几下，赶紧躲回屋里。

其实，大寒即使没有雪花，有这样寒风也让其像模像样了。可惜，其还要来个完美，硬牵扯出不愿上场的雪花。雪花飘下几瓣，在眼前旋转了几个漂亮的舞姿，似乎是开场的先导。正欲看下面更为精彩的表演，却久久不见雪花再现。于是，就等待夜晚，像无数次的降雪一样，悄无声息在夜里铺开一地。

然而，我失望了。次日一早拉开窗帘，地上没有一朵雪花。

这是大雪后的第二天上午，雪没再下，还艳阳高照，只得写下：大寒企求完美，却得了个蛇足之嫌。

2011 年 1 月 20 日 · 农历腊月十七 · 星期四

二十五日才写关于大寒的笔记，是想等待几天，看大寒是否能寒冷，是否能有所作为。看来是白等了，温度没有降低，反而继续回升。大寒没有小寒冷。

小寒冷了几日。十二日去北京出席首届当代国学论坛，这一日在国家博物馆北面安放了孔子雕像，便想去观瞻。十五日会议结束，一早去了天安门广场，从西南角步行到东北角，经受了十五年来以来最寒冷的考验。冷风扑面而来，裁割着耳朵，不得不又竖衣领，又捂围巾。插在口袋里的手不敢出来，出来就冷得发抖。匆匆走近，留张影，撤退。晚上回到太原，乔梁说也降温了，但是坐车回家没感受到。

次日回临汾，温度一天天回升，到大寒时竟然有暖冬之感了。二十三日给父母扫完冢回三元新村，一路走来身上暖烘烘的。

2012 年 1 月 21 日 · 农历腊月二十八 · 星期六

今冬少雪，眼看兔年就要过去，龙年就要来临，除了刚入冬飘过一阵雪花，再没有下过。阴倒是阴过，甚至连阴几日，没有落雪，云却散了。让人觉得，雪是恐怕难以下了。

然而，雪竟然来了。漫天飞舞，像是小蝴蝶翻飞游戏。气温不算低，落地就化了，汽车碾过的地方更是水渍渍的。冒着雪去看邓学义，一个残疾人，连小学也没上，竟然能写出很好的小说，难能可贵。家在西王村，很近，踏着小雪进入农家院落，他已坐在沙发等我们。连活动也很困难，轮椅也上不去，还需轻轻扶上去，实在艰难。正是这样，少了外部世界的诱惑，他才能安静写作啊！

雪还在下，不大，白天没下够，晚上还在下，第二天早晨起来，花池里铺了薄薄一层。

看日历，明天是大雪。父母随乔梁一家去海南过年，头天去的。电话里告我，下飞机热得甩掉了外套，两个世界啊！

大寒两日后，正月初一夜撰写。

2013 年 1 月 20 日 · 农历腊月初九 · 星期日

大寒不算冷，却下了一阵大雪。这日张蕾结婚，天阴沉沉的，随时要下，回家雾蒙蒙的。午后张静要返太原，令人为之担忧。下午五时漫天飞雪，从窗户向外望，白茫茫的。禁不住给张静打电话，已快到太原，马上下高速，而且路上未下雪，真是天照应啊！

天气较前几日冷了些。雪前的气温如同立了春一般，记得曾写下几句诗：三九没有二九寒，一九残雪今消完。冷暖何时遂人意，切莫斗胆说胜天。

大雪下了一阵即停了，次日午间艳阳露脸，地上的积雪随即化完。今日午间出行，空气凉甜，气候温润，走得很是舒爽。走去走来，轻松自然，不像是在冬天，倒像是过了正月十五一般。二十二日夜记。

2014 年 1 月 20 日 · 农历腊月二十 · 星期一

风刮过了，天亮晴了，大寒出场了。可是，怎么感觉大寒都不像是大寒，像春天的一个丽日。

左元龙母亲今日安葬，一早同振忠兄去柴里村，到处亮晴亮晴。十二时起灵，转村，我们跟着走了一周，丝毫没有寒冷的感觉。在前面吹打的，是洪洞龙马的八音会人士，一出张连买布全部革新成了当代内容。悠远的曲调，时新的内容，形成了反讽，看的人禁不住夸好。没想到还有更好的，叫马能连的那个小伙子，吹起唢呐一口气吹了四五分钟。长音，高上去，再高上去，高到蓝天深处还在高，真不知道他是如何换气的。这里面的窍门是祖传的，还是自个儿领悟的？这样的演奏，就是上春晚也是上乘，可惜没人包装，只能散落乡村。

今晨写这篇小札，邮递员来送稿酬，说是天冷了。大寒真来了？唯愿。次日上午记。

2015 年 1 月 20 日 · 农历腊月初一 · 星期二

小寒令人大失所望，不仅没下雪，天暖如春，甚至有的初春也比这个小寒还要冷。这是一个不称职的小寒。

小寒如此，大寒如何？

大寒这日也令人失望。走在街头，暖阳高照，如沐春光，如沐春风，哪里有个大寒的样子。还好，可能大寒也意识到了人们的失望，也想弃旧图新，恢复常态，次日寒风习习，在街头行走有了点寒意。但是，与大寒应有的寒度相比，仍差之甚远。时下正值四九，人云三九四九，冻破石头，这天气能冻破石头吗？哪能！

气温变暖了，而且大面积变暖。从央视天气预报可以看到，今冬气温大面积偏高，人类需要警惕了。二十二日记。

2016 年 1 月 20 日 · 农历腊月十一 · 星期三

大寒是个求真务实的大寒，似乎早就摆好伏击架势，单等时光进入自己的领地，给点威严厉色看看。其实，大寒当日不算冷，还保持着前一段的风格，虽是冬日，却不无温和。然而，刚过一天，就气温骤降，刮风，扬尘，走在外边，耳朵生疼，只好轮换着用手捂住，取暖。

偏在此时，海姿给城市供热的管道坏了，而且连续数日没有排除故障，临汾半个地区成为冰窖。今天在微信上看到李艳华散发的照片，大玻璃结冰，看得浑身生寒。城市公共设施无小事啊！

临汾没有下雪，南方好多地方都被大雪覆盖，这也是少见的。北方不下雪，南方雪大，雪厚，不符合常情。长子乔桥开车返回深圳，滞留在杭州已有几日了，未能南行，牵挂啊！

2017年1月20日 · 农历腊月二十三 · 星期五

大寒大寒，冷成一团。

记得一九九一年在水车巷里居住时，院子里水池边结很厚的冰。过年了烧水融冰，确实很冷。有一次，把二楼的暖气管也冻裂了。而今早没有了往日的寒冽。央视气象预报要降温，还真降了温，不过要和往昔比，气温还真没有初入冬时寒冷。好在弥漫在空中的雾霾被寒风一扫，顿时无踪无影。天空碧蓝，阳光明丽，好风景。

然而，就在大寒前一天，环保部约谈临汾市市长，严重污染，二氧化硫超标，全国倒数第一。在恶劣的环境里艰难生存，不易。

今年的大寒恰与小年一天。腊月二十三，灶王爷上了天。按常规可以扫家除尘，然而现在灶在变，灶阁、灶王都没了，家里早就扫过了。一切在变。二十四日晚记。

2018年1月20日 · 农历腊月初四 · 星期六

一年最冷的时节到了，却没有感觉到严寒。相反感到的是气温回升，前些天积存在阴暗处的雪日渐融化，散步半个小时浑身热乎，快要出汗。这像是四九天吗？不像。

温度回暖，是因为寒流未来。

寒流未来，是因为没有刮风。

没有刮风，雾霾就占领了整个空间，外出不得不戴上口罩。身在其中尚有些麻木，外地归来，立刻有些难忍。二十一日去山西省图书馆讲尧文化，晚上近九时下高铁落地临汾西站，明显的感觉是：刺鼻、呛喉。鼻子里是煤烟味，喉咙里有些呛扎。太原则不然，中午还有些迷雾，小风一吹，下午亮丽，呼吸是凉甜的感觉。二十二日晨记。